# 动物实验证据合成
# 多学科交叉研究与实践

主　审　杨克虎　张　凯
主　编　马　彬　曾宪涛
副主编　张俊华　张天嵩　花　放　吴　强

人民卫生出版社
·北京·

**图书在版编目（CIP）数据**

动物实验证据合成多学科交叉研究与实践 / 马彬，曾宪涛主编 . -- 北京 ： 人民卫生出版社，2025. 6.
ISBN 978-7-117-37407-1

Ⅰ. Q95-33

中国国家版本馆 CIP 数据核字第 2025DN8234 号

| | | |
|---|---|---|
| **人卫智网** | **www.ipmph.com** | 医学教育、学术、考试、健康，购书智慧智能综合服务平台 |
| **人卫官网** | **www.pmph.com** | 人卫官方资讯发布平台 |

**动物实验证据合成多学科交叉研究与实践**
Dongwu Shiyan Zhengju Hecheng
Duoxueke Jiaocha Yanjiu yu Shijian

主　　编：马　彬　曾宪涛
出版发行：人民卫生出版社（中继线 010-59780011）
地　　址：北京市朝阳区潘家园南里 19 号
邮　　编：100021
E - mail：pmph @ pmph.com
购书热线：010-59787592　010-59787584　010-65264830
印　　刷：北京瑞禾彩色印刷有限公司
经　　销：新华书店
开　　本：787 × 1092　1/16　印张：14　插页：1
字　　数：349 千字
版　　次：2025 年 6 月第 1 版
印　　次：2025 年 7 月第 1 次印刷
标准书号：ISBN 978-7-117-37407-1
定　　价：108.00 元

打击盗版举报电话：010-59787491　E-mail: WQ @ pmph.com
质量问题联系电话：010-59787234　E-mail: zhiliang @ pmph.com
数字融合服务电话：4001118166　E-mail: zengzhi @ pmph.com

# 编　者 （按姓氏笔画排序）

马　彬　兰州大学循证医学中心
王　浙　兰州大学循证医学中心
毛　智　中国人民解放军总医院第一医学中心
邢　丹　北京大学人民医院
孙　凤　北京大学公共卫生学院
花　放　武汉大学口腔医院
李　博　首都医科大学附属北京中医医院
李林静　兰州大学第二医院
李朝霞　甘肃省第二人民医院
豆　莉　兰州市第二人民医院
吴　强　兰州大学第二医院
宋旭萍　兰州大学公共卫生学院
张天嵩　复旦大学附属静安区中心医院
张俊华　天津中医药大学循证医学中心
陈耀龙　兰州大学循证医学中心
武珊珊　首都医科大学附属北京友谊医院
罗慧玲　兰州市第二人民医院
孟玲慧　首都医科大学附属北京安定医院
赵　霏　西北民族大学医学部
赵晚露　四川大学国家生物医学材料工程技术研究中心
袁　波　四川大学国家生物医学材料工程技术研究中心
耿劲松　南通大学医学院
郭　明　中国人民解放军总医院第五医学中心
曹世义　华中科技大学公共卫生学院
曾宪涛　武汉大学中南医院
谢　蓓　兰州大学基础医学院

秘　书
冯丽媛　兰州大学循证医学中心
刘　晨　兰州大学循证医学中心
吴　妹　兰州大学循证医学中心
丁奉兴　兰州大学循证医学中心

# 序 一

　　兰州大学循证医学中心是全国较早开展循证医学教育与研究的机构之一，自 2005 年成立以来，已走过了 20 个春秋。除循证医学的教学和科研工作外，教材和专著的编写和翻译也是推动循证医学知识传播、普及和交流的重要途径和手段。目前，兰州大学循证医学中心已经出版了包括《循证医学》《生物医学信息检索与利用》《循证医学证据检索与评估》《卫生信息检索与利用》《世界卫生组织指南制定手册》等多部主编和主译教材。自 2008 年起，兰州大学循证医学中心开始策划编写"循证研究方法与实践系列丛书"。第一部《系统评价指导手册》于 2010 年正式出版后，又陆续出版《诊断试验系统评价 /Meta 分析指导手册》《网状 Meta 分析方法与实践》《系统评价 /Meta 分析在基础医学领域的应用》《GRADE 在系统评价和实践指南中的应用》等系列丛书，受到读者的广泛好评。

　　《动物实验证据合成多学科交叉研究与实践》是这一系列丛书中的又一部新作。众所周知，动物实验作为一种研究方法，已被广泛应用于包括医学在内的诸多学科领域，虽然系统评价研究方法在医学领域的发展至今已逾 30 年，但鉴于医学所具备的"医工、医理、医文"多学科交叉属性，不同学科领域下的实践均存在一定的差异及其特点。因此，本书的主要目的是突出实用性，详细介绍动物实验系统评价的制作流程，并通过具体案例为读者详细剖析其在不同学科领域下的应用实践过程，为各学科研究人员提供可操作的动物实验系统评价的实践流程和方法。我们期望本书能够为预期开展和实施动物实验系统评价研究工作的基础医学、口腔医学、兽医学、生物材料研究、大气环境与健康等专业领域的教学、科研人员，以及实践应用者提供一整套可操作的方案。

　　本书的主编马彬教授是国内较早开始在基础医学领域中学习与探索动物实验证据合成方法学的学者，并连续获得国家自然科学基金（青年和面上）项目的资助，发表系列方法学文章，同时主编出版国内第一部《系统评价 /Meta 分析在基础医学领域的应用》论著。鉴于兽医学、生物材料研究、大气环境与健康等学科专业与医学的差异，经过长期酝酿准备，马彬教授团队基于多年的实践和经验积累，联合来自国内多家高校 / 科研机构不同学科领域内的中青年同道，反复论证、讨论、修改和完善，共同完成本书的编写工作。

　　2002 年《柳叶刀》期刊发表述评文章提出，"需要将基于动物实验系统评价的研究结果，作为决定是否开展任何一个新的临床试验的先决条件"。系统评价作为从证据到实践应用过程中的重要一环，其结果对实践决策和后续临床研究的开展具有重要意义。动物实验系统评价的开展和制作，必将大力推动和促进动物实验全过程的透明化，避免卫生资源的浪费和实验动物的重复利用，促进其质量和转化价值的提升。相信本书的出版，必将促进动物实验系统评价的科学规范开展与实施,并进一步推动临床前动物实验证据合成研究在国内的进一步传播和发展,促进医学及其相关学科领域临床前动物实验成果的转化和利用。

杨克虎

兰州大学循证医学中心

兰州大学循证社会科学研究中心

2025 年 2 月

# 序　二

　　生物材料研究自 20 世纪中期出现以来,已逐渐发展成熟为一个涉及材料、化学、物理、生物医学、机械和临床工程等多学科、多功能的研究领域。动物实验在验证生物材料产品从实验室到临床转化过程中的概念、可行性、性能、安全性和有效性方面,发挥着至关重要的作用,已成为生物材料基础和应用研究的常规实践。由此,在生物材料研究领域,与动物实验研究相关的学术出版物数量也呈现了显著增长趋势,积累了海量数据。但由于这些海量数据的非系统、非规范和无序、杂乱等特点,导致其利用率不高。因此,我们亟需建立一种新的方法学体系,以更加有效地利用这些海量数据,将其转化为有助于解决具体生物材料基础和应用研究的科学证据,从而提高生物材料产品从基础研究到临床应用的转化效率和质量。

　　循证医学诞生于 20 世纪 90 年代,是医学科学自我反思的结果,可为生物材料研究提供新思路、新工具、新方法和新途径。本书主编马彬教授和我共同牵头,联合中美循证和生物材料研究界多位知名专家提出"循证生物材料研究"的概念,并开展多项实践研究。例如:近年来,以镁、锌等及其合金为代表的可降解金属作为一类非常具有应用潜力的医用金属材料逐渐成为了骨折内固定材料的研究热点。可降解金属植入物相关的动物实验研究,可为产品的临床前评价提供数据,并为临床研究奠定前期基础。尽管许多研究已对可降解金属植入物在动物模型中的生物相容性、体内降解、成骨及骨折修复效果等进行了不同程度的探究,但这些研究普遍存在如动物模型的构建过于简化,仅停留在生物相容性评价,研究临界尺寸以下骨修复的效果等问题。理想的可降解金属内固定器械的动物研究应以预期临床适应证为导向,并建立体现产品功能的动物评估模型。因为植入物在不同骨折动物模型中的降解速率和组织反应均有所不同,所以不同研究之间的可借鉴性和可比性非常重要,此类研究对后续临床试验具有重要的启示和指导意义。然而,当前可降解金属材料动物实验研究中的材料体系、模型构建及评价方法均有所差异,导致不同研究间难以进行借鉴和比较,并可能造成相互矛盾的研究结果,阻碍了证据的采纳和应用。

　　循证生物材料研究为解决上述问题提供了一个可行方法,其本质是为解答生物材料研究中的科学问题,采用以系统评价为代表的循证研究方法生成证据并评价证据质量,从而为生物材料研究、开发、应用和转化提供参考依据。循证生物材料研究是将已经发展成熟的循证思想和方法从医学研究领域扩展到生物材料研究领域,是循证思维范式和循证研究在医学研究领域之外的又一次扩展。我们的研究也得到《科技日报》、《中国医药报》、医疗器械专刊、中国食品药品网医疗器械频道等国内多家知名媒体和机构的专题报道。

　　我相信《动物实验证据合成多学科交叉研究与实践》这本专著,不仅有利于动物实验系统评价这种研究方法的规范化开展和实施,以及循证思想在医学相关交叉学科领域的深入发展与传播,更加有利于推动和促进基于证据的生物材料研究的开展,同时提高生物材料领域研究数据的利用率,缩短生物材料从实验室研究到临床转化的周期,引领生物材料研究进入遵循科学证据的循证研究时代。

张 凯

美国医学与生物工程院会士

国际生物材料科学与工程学会联合会会士

中国生物材料学会首批会士

四川大学医疗器械监管科学研究院副院长

2025 年 1 月

# 前　言

　　系统评价是按照一定的纳入和排除标准,全面收集国内外所有已发表或未发表的相关研究,对其进行定性分析的一种二次研究方法,若研究间具有足够的同质性,可采用 meta 分析方法进行定量数据合并。系统评价发展至今已逾 30 年,最早被应用于临床实践领域,随后逐渐向包括公共卫生、社会科学等不同学科领域扩展。

　　众所周知,动物实验是连接实现科学研究从分子细胞水平到实践应用的重要桥梁与纽带,在生命科学领域中,许多里程碑式的研究成果都来自动物实验,在基础研究和成果应用与转化中起着重要作用,也是保证科研成果独立完整和提高科研项目成熟度的重要方面。同时,动物实验作为与生命科学相关的不同学科间交叉融合的重要纽带和主要研究手段,占比很大且产生了大量的数据,但由于动物实验在设计、实施和报告等诸多环节方面的局限性,使得同类研究结果间出现差异,甚至结论相悖,导致其研究成果的转化和应用率不高。因此,必然需要建立一套标准的方法体系,可以更加科学地评价和利用这些海量数据,以提升研究质量并降低转化风险,最终促进其成果的转化和利用。

　　2002 年 *Lancet* 期刊发表述评文章提出,"需要将基于动物实验系统评价的研究结果,作为决定是否开展任何一个新的临床试验的先决条件"。动物实验系统评价可以大大降低将动物实验所获结果引入临床时的风险。同时,还可帮助随后开展的临床试验中计算效能时,增加其估计疗效的精度,降低假阴性或假阳性结果的风险,用于决定动物实验结果何时可被临床接受,或终止不必要的临床试验,更好地促进动物实验向临床研究的转化。目前,开展动物实验系统评价已被认为是探索提升动物实验对临床研究指导价值的有效途径。荷兰、英国、加拿大等国家已相继成立专门机构和组织,促进本国动物实验系统评价研究的发展,提高动物实验的质量及研究过程的透明化,促进动物实验结果向临床的转化,并通过编辑原则提高其科学报告透明度,增加动物研究的转化价值。

　　随着医学与诸多学科的交叉融合发展,对动物实验证据合成研究的需求越来越多。尽管目前国内循证医学相关教材中关于动物实验系统评价的内容多为我们团队撰写,但受限于版面,内容相对简单,属于知识普及层次水平。加之,动物实验作为与生命科学相关的诸多学科的主要研究手段,亦被广泛应用于兽医学、生物材料研究、大气环境与健康等不同学科领域,不同领域下的实践均存在一定的差异及其独有的特点。本书正是在这样的学科需求背景下孕育而生,我们邀请来自国内多所高校和科研院所的中青年专家,组成多学科的编者团队,结合多年的方法研究和实践经验,以期为相关领域科研人员提供一整套可借鉴的方法和实践参考。

　　本书编写内容主要包括四个部分,基础篇、方法篇、工具篇和实践篇。本书最大的亮点体现在,以实践可操作性手段,详细介绍动物实验系统评价方法,并通过具体案例为读者详细剖析其在不同学科领域内应用的实践过程,可为各学科研究人员提供可操作的实践流程。一方面,所有编写内容基于国际前沿和标准,以及编者团队的科学研究成果,保证了内容的科学性和学术性;另一方面,本书内容包括所有编者在其各自研究领域下,具体开展和实施动物实验系统评价研究的一线实践经验和总结,保证了其创新性和实践的可行性。

　　目前,动物实验系统评价在医学及其相关学科实践中仍存在一定的挑战和很大的探索空间。作为国内第一本全面介绍动物实验系统评价方法的著作,尽管编者团队付出了最大的努力,力图做到最好,但不足之处在所难免,希望读者在阅读和学习的同时,也可以对书中的观点和内容提出宝贵的意见,并发送至 mab@lzu.edu.cn,以便再版时及时修正、改进和完善。

　　在此,我想首先特别感谢本书的两位主审——杨克虎教授和张凯教授,无论是在本书的构思阶段,还是在具体执行推动过程中,两位教授都给予本书极大的关注和支持。同时,也要感谢全体编写老师对本书倾注的所有努力,才最终有了这本书和读者见面的机会。最后,兰州大学循证医学中心的易少威、王浙、杨金伟、薛景、杜婉贤、罗雅婷、周熙尧同学承担了部分资料收集、整理和分析,以及大量的文字校对工作,对各位同学的辛勤付出表示诚挚的谢意。

　　本书得到"兰州大学教材建设基金资助"的大力支持,在此表示衷心的感谢。

马　彬

兰州大学循证医学中心

兰州大学医疗器械监管研究中心

甘肃省医疗器械循证研究与评价标准行业技术中心

2025 年 1 月

# 目 录

## 第一篇　基础篇

### 第一章　系统评价概述 ⋯⋯⋯⋯⋯⋯⋯⋯⋯⋯⋯ 2
第一节　起源与概念 ⋯⋯⋯⋯⋯⋯⋯⋯⋯ 2
第二节　特点与分类 ⋯⋯⋯⋯⋯⋯⋯⋯⋯ 4
第三节　现状与挑战 ⋯⋯⋯⋯⋯⋯⋯⋯⋯ 6

### 第二章　系统评价的制作流程 ⋯⋯⋯⋯⋯⋯⋯⋯ 10

### 第三章　系统评价的证据来源及检索 ⋯⋯⋯⋯⋯ 22
第一节　证据检索的基本知识 ⋯⋯⋯⋯⋯ 22
第二节　证据检索的资源 ⋯⋯⋯⋯⋯⋯⋯ 24

### 第四章　meta 分析的基本原理和方法 ⋯⋯⋯⋯ 44
第一节　概述 ⋯⋯⋯⋯⋯⋯⋯⋯⋯⋯⋯⋯ 44
第二节　基本原理与模型 ⋯⋯⋯⋯⋯⋯⋯ 46
第三节　经典统计方法 ⋯⋯⋯⋯⋯⋯⋯⋯ 51

### 第五章　发表偏倚的评估与校正 ⋯⋯⋯⋯⋯⋯⋯ 60
第一节　发表偏倚的概念与评估 ⋯⋯⋯⋯ 60
第二节　发表偏倚的校正与控制 ⋯⋯⋯⋯ 63

### 第六章　证据质量与推荐强度的分级 ⋯⋯⋯⋯⋯ 66
第一节　证据质量与推荐强度简介 ⋯⋯⋯ 66
第二节　GRADE 分级系统 ⋯⋯⋯⋯⋯⋯⋯ 68

## 第二篇　方法篇

### 第一章　动物实验系统评价概述 ⋯⋯⋯⋯⋯⋯⋯ 74
第一节　动物实验概述 ⋯⋯⋯⋯⋯⋯⋯⋯ 74
第二节　开展动物实验系统评价的意义 ⋯ 76

　　第三节　动物实验系统评价制作步骤概述 ·················· 76

第二章　动物实验系统评价研究方案注册 ·················· 80
　　第一节　研究方案内容及其解读 ···················· 80
　　第二节　研究方案注册流程 ······················ 83

第三章　证据检索步骤 ··························· 86

第四章　动物实验证据质量评价 ······················ 94
　　第一节　动物实验常见偏倚来源 ···················· 94
　　第二节　干预性动物实验的研究特点 ·················· 95
　　第三节　动物实验偏倚风险评估工具 ·················· 96

第五章　动物实验 meta 分析的特点与数据处理 ·············· 101
　　第一节　动物实验 meta 分析与临床试验 meta 分析的区别 ······· 101
　　第二节　动物实验 meta 分析的步骤 ·················· 102

第六章　GRADE 分级系统在动物实验系统评价中的应用 ········· 107
　　第一节　应用的必要性 ························· 107
　　第二节　实施过程 ·························· 107
　　第三节　当前应用的挑战 ······················· 113

第三篇　工具篇

第一章　meta 分析在 RevMan 软件中的实现 ··············· 116
　　第一节　简介与安装 ························· 116
　　第二节　数据录入与读取 ······················· 119
　　第三节　异质性检验与合并效应量的计算 ················ 123
　　第四节　森林图的绘制 ························· 127
　　第五节　发表偏倚的评估 ······················· 129

第二章　头对头 meta 分析在 Stata 软件中的实现 ············· 131
　　第一节　简介与安装 ························· 131
　　第二节　数据录入与读取 ······················· 132
　　第三节　异质性检验与合并效应量的计算 ················ 133
　　第四节　森林图的绘制 ························· 137
　　第五节　发表偏倚的评估 ······················· 138

**第三章　剂量 - 反应 meta 分析在 Stata 软件中的实现** ……………… 141

　　第一节　临床前动物实验剂量 - 反应 meta 分析介绍 ……………… 141

　　第二节　数据录入与读取 ……………………………………………… 142

　　第三节　剂量 - 反应 meta 分析在 Stata 软件中的基本步骤 ……… 144

　　第四节　剂量 - 反应 meta 分析图的绘制 ………………………… 147

　　第五节　发表偏倚的评估 ……………………………………………… 148

**第四章　网状 meta 分析在 Stata 软件中的实现** ……………………… 152

　　第一节　网状 Meta 分析概述 ……………………………………… 152

　　第二节　Stata 相关程序包的安装 ………………………………… 152

　　第三节　数据录入与读取 ……………………………………………… 153

　　第四节　数据预处理与网状结构图的绘制 ………………………… 154

　　第五节　不一致性检验与异质性检验 ……………………………… 156

　　第六节　合并效应量的计算及疗效排序 …………………………… 159

　　第七节　贡献图的绘制 ………………………………………………… 161

　　第八节　发表偏倚的评估 ……………………………………………… 163

**第五章　meta 分析在 R 软件中的实现** …………………………………… 164

　　第一节　简介与安装 …………………………………………………… 164

　　第二节　数据录入与读取 ……………………………………………… 168

　　第三节　异质性检验与合并效应量的计算 ………………………… 172

　　第四节　森林图的绘制 ………………………………………………… 176

　　第五节　发表偏倚的评估 ……………………………………………… 177

**第四篇　实践篇**

**第一章　动物实验系统评价在基础医学领域的应用** ………………… 180

　　第一节　动物实验在基础医学领域的价值 ………………………… 180

　　第二节　动物实验证据在基础医学领域的转化 …………………… 181

　　第三节　基础医学领域动物实验系统评价案例解读 ……………… 181

**第二章　动物实验系统评价在口腔医学领域的应用** ………………… 185

　　第一节　动物实验在口腔医学领域的价值 ………………………… 185

　　第二节　动物实验证据在口腔医学领域的应用 …………………… 187

　　第三节　口腔医学领域动物实验系统评价案例解读 ……………… 191

**第三章　动物实验系统评价在兽医学领域的应用** …………………… 194

　　第一节　动物实验在兽医学领域的价值 …………………………… 194

　　第二节　动物实验证据在兽医学领域的应用 ……………………… 194

　　第三节　兽医学领域动物实验系统评价案例解读 ………………… 196

**第四章　动物实验系统评价在生物材料研究领域的应用** ………………………… 198

第一节　动物实验在生物材料研究领域的价值 ………………………… 198

第二节　动物实验证据在生物材料领域的转化 ………………………… 199

第三节　生物材料领域动物实验系统评价案例解读 ………………………… 200

**第五章　动物实验系统评价在大气污染与健康领域中的应用** ………………………… 202

第一节　动物实验在大气污染与健康领域的价值 ………………………… 202

第二节　动物实验证据在大气污染与健康领域的转化 ………………………… 203

第三节　大气污染与健康领域动物实验系统评价案例解读 ………………………… 205

**中英文名词对照索引** ………………………… 207

# 第一篇

## 基 础 篇

# 第一章　系统评价概述

## 第一节　起源与概念

卫生服务质量与人类健康息息相关,基于当前可获得的最佳证据进行卫生保健决策的科学性和合理性也越来越被人们认可。特别是循证医学(evidence-based medicine, EBM)理念和思维方式得到广泛推广的今天,系统评价(systematic review, SR)作为一种证据合成方法,被公认为是当前最高级别的证据。

### 一、起源与发展

#### (一)从证据综合到系统评价

20世纪80年代,科学家们就注意到,在对原始研究进行综合分析时,由于缺乏规范的研究过程,在纳入研究、分析资料及得出结论方面,主要靠研究者的主观臆断,而非客观透明的方法,因而针对同一问题得出的结论大相径庭。因此,正如原始研究需要严格的方法学指导,综述研究的质量也需要严格的方法学来保证。Light等人陆续出版《研究综述评价年鉴》和《总结:综述研究的科学》等系列专著,系统介绍了传统综述研究的方法和原理,启发了医学研究人员对医学综述研究质量的关注。随后,Mulrow等人调查了1985—1986年间在《美国医学会杂志》(*The Journal of the American Medical Association*, JAMA)、《新英格兰医学杂志》(*The New England Journal of Medicine*, NEMJ)、《内科医学年鉴》(*Annals of Internal Medicine*)、《内科学文献》(*Archives of Internal Medicine*)这4种发行量超过50 000册的医学期刊上发表的50篇传统综述研究,发现普遍质量低下,基本没有使用科学的方法去甄别、评价和综合信息,故无法充分为读者提供有价值的信息。因此,他们提出应该从以下7个方面提高传统综述研究过程的科学性和规范性:①医学综述应该致力于解决一个具体明确的问题;②检索应有效率;③应该制定详细的纳入、排除标准;④评价方法和过程应标准化;⑤结果的整合应全面、客观;⑥只有经过系统全面的收集、评价和整合信息,最后的结论才可信;⑦评价者应指出当前综述研究的局限性并提出以后的改进建议。这一发现立刻引起医学界的关注,并为系统评价方法的提出和发展奠定了方法学基础。1988年,Oxman和Guyatt等学者开始发表系列文章指导读者如何阅读、评价医学综述质量。北美医学研究者们的这些动向正在呼唤一种全新的研究综合方法的出现。

与此同时,欧洲一些临床医师也在不断关注和探索如何更科学系统地整理和收集研究证据的方法。1972年,英国临床医师和流行病学专家Archie Cochrane的《效果与效率:卫生服务中的随想》一书明确提出:由于资源终将有限,因此应该使用已被证明有明显效果的卫生保健措施,而随机对照试验是检验干预效果最好的方法。1979年,Archie Cochrane进一步提出应将医学领域里所有相关的随机对照试验收集起来综合分析,并随着新的临床试验的出现不断更新,以便得出更为可靠的结论。英国产科医师 Iain Chalmers 深受 Archie Cochrane 思想的影响,并将其设想付诸实践。例如 20 世纪 80 年代的欧洲,对于有早产倾向的孕妇是否应该应用糖皮质激素存有较大争议,临床实践中是否给早产孕妇使用糖皮质激素,大多基于临床医师自身的临床经验和散在的一些临床研究证据。因此,1989 年,Iain Chalmers 教授研究团队对短疗程、低价格类固醇药物治疗有早产倾向孕妇的随机对照试验进行总结归纳,结果有力地证明了类固醇药物可大大降低婴儿死于早产并发症的风险,该研究成果最终被写入《妊娠和分娩领域的有效治疗》一书。基于这个研究结果,类固醇药物在欧洲得以广泛使用,从而使欧洲新生儿死亡率降低了 30%~50%,现代意义上的系统评价雏形在这本著作中已经形成。

**(二)从 meta 分析到系统评价**

19 世纪上半叶,为减少随机误差的影响,德国数学家 Karl Gauss 和法国数学家 Pierre-Simon Laplace 发明了一系列合并效应量的统计方法,形成了 meta 分析的方法学雏形。meta 分析从理论走向实践最早是在天文观测研究领域。当时的天文学家发现,在多个场合测量恒星的位置往往导致每次估计上的差异,需要一定的方法来合并估计,从收集的结果中得到一个平均数。1861 年,英国皇家天文学家 George Airy 出版了一本针对天文学家的"教材",在书中阐述了这种定量合成过程所采用的方法,即 meta 分析。1904 年,时任伦敦大学学院生物测定学实验室主任的 Karl Pearson 应伦敦政府的要求,评价一种伤寒疫苗有效性的证据。他收集了在英国不同地区服役士兵中进行的 11 个相关研究的免疫力和病死率数据,计算其中每一个的相关系数,并将这些相关系数合为两组,得出平均相关系数,使得结果更加客观全面。该研究成果最终发表在《英国医学杂志》上,该研究被认为是 meta 分析在医学领域中的最早应用。20 世纪 30 年代,英国农业统计学家 Ronald Fisher 提出了合并 $p$ 值的概念,在其领域发展并运用了类似于 meta 分析的方法。1976 年,心理学家 Gene Glass 正式提出 meta 分析的概念,并迅速在卫生保健领域得以传播和应用。此后,医学研究者将这种统计方法迅速应用到临床、公共卫生等领域,并在应用的过程中考虑进一步减小系统误差,使得该方法向真正意义上的系统评价研究方法靠拢。

20 世纪 90 年代,为降低偏倚而提出的科学综述的方法与为减小机遇而逐渐成熟的 meta 分析的方法在医学领域最终结合到了一起,催生出了一种全新的证据综合方法。1993 年 7 月,《英国医学杂志》与英国 Cochrane 中心的方法学家和编辑们在伦敦召开会议,将这种方法命名为"系统评价",并大力推广和使用这一新术语,由此揭开并推动了证据综合研究的新篇章。

## 二、定义

虽然医学"系统评价"这一术语早在 1936 年就被使用,但并非表达其现在的真正含义。自 20 世纪 90 年代以来,随着系统评价和 meta 分析逐渐被认可和应用后,已有多个组织或个人对其进行了定义,其中在第 5 版 *A Dictionary of Epidemiology*(《流行病学词典》)中对"系统评价"和"meta 分析"作出了详细的定义。

**1. 系统评价** 运用减少偏倚的策略,严格评价和综合针对某一具体问题的所有相关研究。meta 分析可能但不一定是这个过程的一部分。

**2. meta 分析** meta 分析是一种对独立研究的结果进行统计分析的方法,它对研究结果间差异的来源进行检查,如果结果具有足够的相似性,便可采用这种方法对结果进行定量合成。

　　系统评价制作过程严谨、科学,具有良好的重复性,可为某一领域或专业提供大量新信息和新知识,在循证医学证据分级体系中被认为是临床研究证据中最高级别的证据。但由于该研究是基于原始研究文献的二次综合分析和评价,其质量会受到诸多因素的影响,如原始研究的质量、系统评价方法及评价者专业知识和水平等。因此,在阅读系统评价的观点和结论的时候,仍需严格评估其内在真实性和科学性,谨慎对待。

# 第二节　特点与分类

## 一、特点

### (一)系统评价与传统文献综述的区别

　　传统文献综述(traditional review),又称为叙述性文献综述(narrative review),是一种定性叙述性的研究方法,是研究者为了了解某一领域学科发展现状,通过阅读复习该领域某一段时期的研究文献,提取并分析研究文献中的结论,通过评价研究成果的价值和意义,发现存在的问题,对未来研究的发展方向提出建议性意见,使读者能在短时间内了解这一领域的研究历史、当前进展和发展趋势的一类研究。传统综述的写作无固定的格式和规范流程,亦无对纳入研究质量进行评价的统一标准,其质量高低易受到作者专业水平、资料和数据采集方法、纳入研究的质量等多种因素的影响,且不能定量获得干预措施的总效应量,不同作者对同一领域的研究结果可能得出不同的结论。因此,在接受和应用这类研究证据时,须持谨慎态度。

　　系统评价和传统文献综述均是对临床研究文献的二次分析和总结,但两者又存在较大差异。确定一篇综述为叙述性文献综述,还是系统评价,主要看其是否采用科学方法减少偏倚或混杂因素对结果的影响。传统文献综述常涉及某一问题的多个方面,如糖尿病的病理、病理生理、流行病学、诊断方法及预防、治疗、康复措施等,也可仅涉及某一方面的问题如诊断、治疗等,有助于广泛了解某一疾病的全貌。系统评价的研究问题往往非常明确和具化,如益生菌对小肠坏死性结肠炎的治疗效果,这一类问题具有一定的深度,有助于深入了解某一具体疾病的诊疗(表 1-1-1)。

表 1-1-1　系统评价和传统文献综述的区别

| 区别要点 | 系统评价 | 传统文献综述 |
| --- | --- | --- |
| 研究题目 | 有明确的研究问题和研究假设 | 可能有明确的研究问题,但经常针对主题进行综合讨论,而无研究假设 |
| 文献检索 | 制定广泛而全面的检索策略,收集所有发表和未发表的研究,以减少发表偏倚或其他偏倚对研究结果的影响 | 通常未制定详细的检索策略来收集所有相关文献 |
| 文献筛选 | 清楚描述纳入研究的类型,可减少因作者利益出现的选择偏倚 | 通常未说明纳入或排除相关研究的原因 |
| 纳入文献偏倚风险评估 | 评价原始研究的偏倚风险,发现潜在偏倚和纳入研究间异质性来源 | 通常未考虑纳入研究方法或偏倚风险的差异 |
| 研究结果综合 | 基于方法学最佳的研究得出结论 | 通常不区别研究的方法质量 |

**（二）系统评价与其他证据资源的关系**

系统评价并非横空出世,而是证据综合研究和 meta 分析发展的必然结果。自 1993 年正式提出"系统评价"这一术语以来,其理念和方法已越来越广泛得到政策制定者、研究人员、卫生保健人员和患者的认可与使用,并一度被作为循证医学证据分级中的最高级别证据。但随着其他循证资源的出现,越来越多的用户需要更加可信、方便、快捷的决策证据,系统评价由于其涉及问题有限、制作周期长、内容复杂冗长、如不及时更新便很快过期等局限性,并非一线用户的首选。2009 年 Brain Haynes 提出获取和利用卫生保健证据的"6S 模型"（图 1-1-1）,简明准确地反映了当前卫生保健证据各自的关系,清楚地阐述了系统评价的作用和地位。

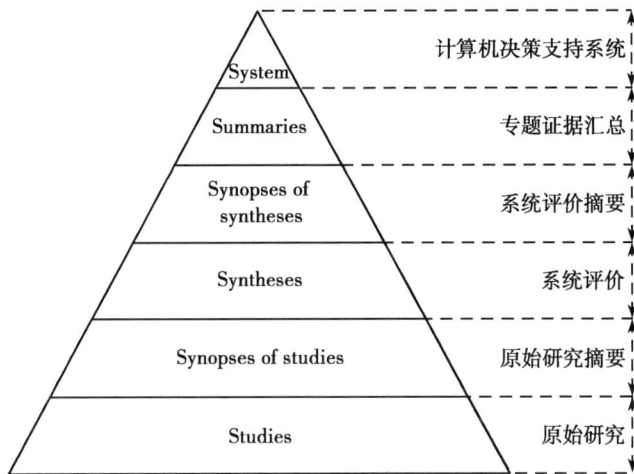

图 1-1-1 6S 模型图

## 二、分类

系统评价并非仅限于对干预措施的疗效进行综合分析与评价,根据不同的临床问题、不同的研究领域等,系统评价会有不同的分类（表 1-1-2）。

表 1-1-2 系统评价的分类

| 分类依据 | 类型 |
| --- | --- |
| 研究领域 | 基础研究、临床研究、医学教育、方法学研究、政策研究等 |
| 临床问题 | 病因学、诊断学、治疗学、预后学、卫生经济学等 |
| 纳入原始研究的类型 | 随机对照试验、非随机对照试验、队列研究、病例对照研究、横断面研究、个案报道等 |
| 纳入研究的方式和数据类型 | 前瞻性 / 回顾性 meta 分析、累积 meta 分析、网状 meta 分析、个体病历资料的 meta 分析、系统评价再评价等 |
| 是否采用统计学分析 | 定性系统评价、定量系统评价 |

# 第三节　现状与挑战

## 一、现状

发表情况：以 "Meta analysis［Title/Abstract］OR Meta analyses［Title/Abstract］OR systematic review［Title/Abstract］OR Meta-analysis［Publication Type］OR Meta-analysis as Topic［MeSH］" 检索 PubMed 数据库。截至 2024 年 12 月，PubMed 数据库发表系统评价共计 514 822 篇，数量庞大且呈逐年递增趋势（图 1-1-2）。

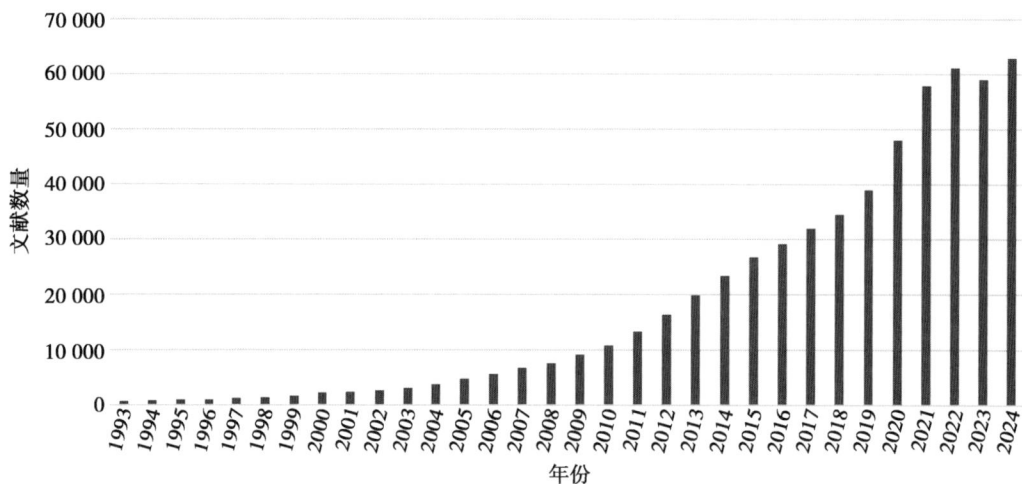

图 1-1-2　系统评价发表数量随时间变化趋势

从各大洲的分布来看，以欧洲为最活跃（图 1-1-3），其次分别为北美洲和亚洲。

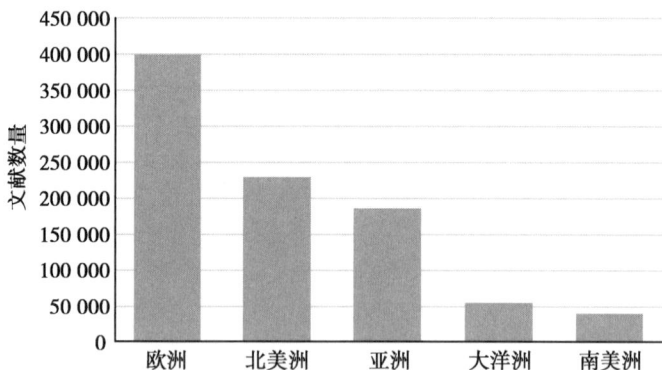

图 1-1-3　发表系统评价的大洲分布

## 二、挑战

### （一）系统评价的局限性

虽然系统评价一度被作为循证医学证据分级中的最高级别证据，但并非所有的临床问题都能通过系统评价进行研究，或者从当前的系统评价研究中找到答案。

1. 针对某些临床实践问题而言,虽然有高质量的系统评价研究,但可能由于纳入的原始研究质量较低或还缺乏相关原始研究,导致系统评价研究尚无法得到确切结论。

2. 某些新的疗法,例如新药物、新手术方案、新的护理手段等,由于在临床实践中使用时间较短,尚缺乏大量的原始研究,由此导致缺乏足够多的原始研究用于系统评价的生产。

3. 罕见疾病研究多以个案报道为唯一的证据形式,缺乏进行系统评价研究的数据。

4. 评估不良反应时,由于系统评价纳入的临床试验特别是随机对照试验样本量和随访时间往往有限,难以发现潜伏期长、罕见、对患者有严重影响的不良反应,此时相关的不良反应监察数据库可提供更为全面的信息。

**（二）未来的发展**

20 世纪 80 年代,世界著名未来学家 Naisbitt 在其著作《大趋势》中提出:面对知识饥荒,我们却淹没于信息海洋,用现有手段显然不可能应对当前的信息。在信息社会,失去控制和没有组织的信息不再是一种资源,而是信息工作者的敌人。医学信息学家 Simpson 也在 20 世纪 90 年代指出:谁掌控了信息谁就掌控了一切。知识社会不仅需要信息的支撑,更需要运用知识对信息进行系统加工、筛选和处理。系统评价作为从海量同类信息中筛选、整合最佳信息的一种科学规范方法,不仅在卫生保健领域,而且在教育、管理、法律等领域,未来都将会发挥越来越大的作用。但要真正将这一研究方法合理应用,最终造福人类,还要面临很多挑战。

**1. 系统评价研究的注册**　2007 年 5 月世界卫生组织（World Health Organization，WHO）正式启动建立 WHO 临床试验注册平台,并陆续在多个国家,如美国、英国、中国、澳大利亚、新西兰、荷兰、德国、伊朗、斯里兰卡和日本等筹建 WHO 临床试验注册平台的一级注册机构,正式确立临床试验注册制度,并全面要求全球临床试验进行注册,以确保其试验设计、实施全过程的透明化,提升其研究质量。

不同于临床试验,系统评价研究的注册目前全球并无统一要求。就 Cochrane 系统评价（Cochrane systematic review，CSR）而言,要求必须在 Cochrane 协作网（Cochrane collaboration，CC）注册,并在其指导小组的监督、核查和全程管理下完成。对于非 Cochrane 系统评价而言,并无强制统一注册要求。但由于该类型系统评价研究仅通过同行评审即可在期刊发表,其制作过程和方法质量监管缺位,因而偏倚风险出现的可能性较高。因此,鉴于临床试验注册的成果经验,2009 年在第六届国际生物医学期刊同行评议和出版大会上,倡导注册系统评价研究方案。2011 年国际化前瞻性系统评价注册数据库（International Prospective Register of Systematic Reviews，PROSPERO）正式成立并运行,该数据库旨在提供有关健康研究（包括护理、社会福利、公共卫生、教育、犯罪、司法和国际发展等）的系统评价,并作为永久记录进行维护。申请注册者只需提供必要信息,不要求质量评价和同行评审。注册信息可按计划修改,每个版本均永久保存在 PROSPERO 中,并与结果发表链接。PROSPERO 给每个注册系统评价分配一个唯一注册号,该注册号有三个特点:①注册号与系统评价永久绑定,是鉴定系统评价的一部分;②该注册号保存在系统评价的研究方案中,用于任何时候的系统评价交流;③报道系统评价时应该纳入该注册号,发表论文时也应该纳入该注册号。

但截至目前,相比较于系统评价全球发表的数量,在 PROSPERO 上注册的系统评价研究数量依然较少,而且该注册平台上未能涵盖足够数量和研究类型的系统评价。因此,尚无法通过该注册平台了解系统评价研究的全貌。此外,近年来国内研究学者发表的系统评价数量激增,但在 PROSPERO 上注册的比例还是不高。因此,今后有必要寻找合适契机在国内创建与国际接轨的注册平台,或探索合适的机制推进非 Cochrane 系统评价的全球注册,提高注册质量。

**2. 系统评价研究的规范报告**  目前,阅读系统评价研究已成为临床医师自我知识更新的重要途径之一,同时也成为指南制定和研究资助机构资助新研究的重要依据之一。科技论文是连接证据生产者和使用者的主要桥梁之一,只有高质量的研究才能提供尽可能接近科学真实的证据,而高质量的研究不仅需要严谨、科学的设计,更需要规范化的报告,对系统评价研究而言亦是如此。早在 20 世纪 90 年代,国外医学研究学者就开始关注系统评价报告质量和报告规范等问题,并于 2009 年正式发布系统评价和 meta 分析优先报告条目( Preferred Reporting Items for Systematic reviews and Meta-Analyses, PRISMA )声明,用于规范系统评价研究的报告,并随之研发 PRISMA 的系列扩展版本,如系统评价摘要的优先报告条目( PRISMA-Abstracts )、系统评价研究方案的优先报告条目( PRISMA-Protocol )、公平性系统评价的优先报告条目( PRISMA-Equity )、个体参与者数据系统评价的优先报告条目( PRISMA-IPD )、网状 meta 分析的优先报告条目( PRISMA-NMA )等。但 PRISMA 仍存在一定的局限性:①PRISMA 清单及其系列清单的适用面较广,但针对性不强。PRISMA 清单主要针对的是基于临床随机对照试验的系统评价的报告,对于其他类型的系统评价,如基于动物实验的系统评价等,该清单并不完全适用。②尽管 PRISMA 条目清单得到英国国家健康研究所评价和传播中心( Centre for Reviews and Dissemination, CRD )、Cochrane 协作网、科学编辑理事会( Council of Science Editors, CSE )、韩国的国家循证医疗合作局( National Evidence-based Healthcare Collaborating Agency, NECA )和世界医学编辑协会( World Association of Medical Editors, WAME )等国际组织和诸多期刊的支持,但有研究显示,国内大部分医学期刊在其"稿约"中并未充分引入 PRISMA 及其系列清单,在编辑审稿、同行评审阶段遵循 PRISMA 及其系列清单的期刊更是少之又少。

因此,今后随着各类系统评价方法的不断完善和建立,有必要:①研发针对不同类型系统评价的报告规范,如基础医学研究包括基于动物实验和细胞实验的系统评价,基于不同原始研究类型包括非随机对照试验、个案报告和横断面研究的系统评价等;②在行业协会层面,制定相关政策,加强报告清单在期刊"稿约"中的应用,特别是国内期刊的采纳和应用,通过采用清单式审稿来提高清单条目的报告率,最终提升其报告质量;③加强对包含临床医师、研究者、医学生和医学相关期刊编辑的教育和培训,提升其对报告质量的认知和报告清单的理解,从入口和出口两个方面提升系统评价的报告质量。

**参考文献**

1. CHALMERS I, HEDGES L V, COOPER H. A brief history of research synthesis[J]. Eval Health Prof, 2002, 25( 1 ): 12-37.

2. COOPER H M. Scientific guidelines for conducting integrative research reviews[J]. Rev Educ Res, 1982, 52( 2 ): 291-302.

3. MULROW C D. The medical review article: state of the science[J]. Ann Intern Med, 1987, 106( 3 ): 485-488.

4. OXMAN A D，GUYATT G H. Guidelines for reading literature reviews［J］. CMAJ，1988，138（8）：697-703.

5. PEARSON K. Report on certain enteric fever inoculation statistics［J］. BMJ，1904，2（2288）：1243-1246.

6. PORTA M. A dictionary of epidemiology［M］. 5th ed. New York：Oxford University Press，2008：154，217.

7. HAYNES R B. Of studies，syntheses，synopses，summaries，and systems：the "5S" evolution of information services for evidence-based health care decisions［J］. ACP J Club，2006，145（3）：A8.

# 第二章 系统评价的制作流程

系统评价是一个独立的观察性研究,其制作过程与一般医学原始研究无异,只是系统评价研究的分析单位为原始研究文献而非原始病例数据而已。与原始临床研究一样,只有严格把关系统评价的制作过程(图 1-2-1),才能确保结果的真实性和科学性。

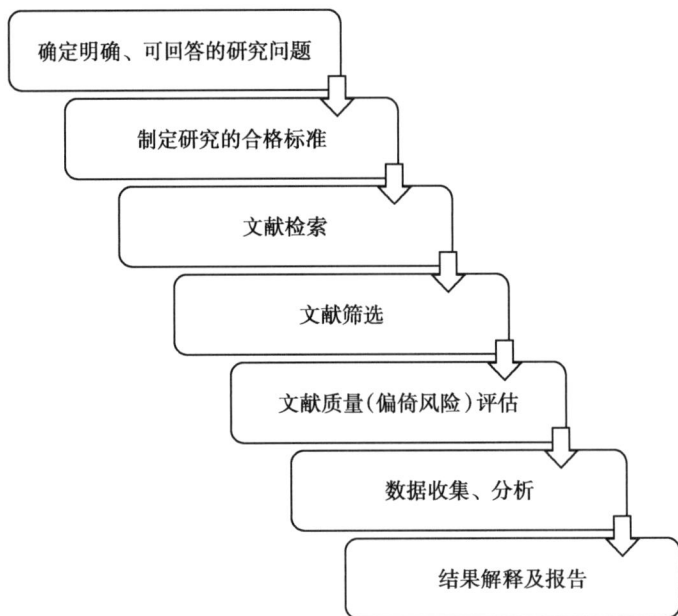

```
┌─────────────────────────────┐
│  确定明确、可回答的研究问题  │
└──────────────┬──────────────┘
       ┌─────────────────────────────┐
       │     制定研究的合格标准       │
       └──────────────┬──────────────┘
              ┌─────────────────────────────┐
              │         文献检索            │
              └──────────────┬──────────────┘
                     ┌─────────────────────────────┐
                     │        文献筛选             │
                     └──────────────┬──────────────┘
                            ┌─────────────────────────────┐
                            │   文献质量(偏倚风险)评估   │
                            └──────────────┬──────────────┘
                                   ┌─────────────────────────────┐
                                   │      数据收集、分析         │
                                   └──────────────┬──────────────┘
                                          ┌─────────────────────────────┐
                                          │      结果解释及报告         │
                                          └─────────────────────────────┘
```

图 1-2-1 系统评价的制作步骤

在本章将以干预性系统评价为例,依据图 1-2-1 所示的制作步骤,详细介绍系统评价的制作流程及其需要注意的事项。

## 一、确定明确、可回答的研究问题

在计划制作系统评价前,要先设定预解决的临床研究问题。确定一个明确、可回答并具有临床价值的研究问题是开展系统评价的首要前提。而且,后续才可在稳定的基础上构建其合理的研究实施方法。否则,在后续的制作过程中可能会出现逻辑混乱、数据无法整合及结果难以解释等问题,进而导致不断修改研究设计,徒增不必要的工作量。

以干预问题的系统评价为例,研究者在提出研究问题时要明确"PICO"四个关键要素:①研究问题针对的人群(P,Population);②干预措施的界定与特质(I,Intervention);③对照措施的选择与定义(C,Comparison);④预评价的结局指标(O,Outcome)。

临床科学问题紧密来自临床实践的全过程,例如干预措施给患者带来的利与弊(有效性及安全性)、患者对干预措施的偏好和价值观、临床实施上的困难性和临床工作者对于相关措施的意见等,都可能是具有潜在临床价值的研究问题来源。系统评价研究者在日常临床工作中发掘或发现有价值的研究问题后,首先,需要根据 PICO 原则设定清晰的研究目的。其次,需要确定的是,所提出的科学问题是否已经被回答,如查询现有的临床实践指南是否有相关干预措施使用的推荐,或是否已经有相同的系统评价发表过。最后,通过仔细而全面的查询,如果发现这是个可深入的科学问题,也就是"可回答"的研究问题后,就可以进一步确定问题的重要性、科学性和可行性,并组织研究合作者团队。理想情况下,系统评价研究团队应该由不同专业背景的成员来组成,包括相关领域的临床工作者、检索策略制定专家、方法学专家(如临床流行病学专家、统计学专家)等。

## 二、制定研究的合格标准

系统评价和传统综述的一大区别是系统评价包含预先设定的研究合格标准(eligibility criteria),也就是预先说明该系统评价将会纳入和排除的研究类别和特性,主要考虑因素包括临床问题中涉及的受试人群、干预措施和对照措施、结局指标及研究设计类型,也就是经典的 PICOS 研究问题框架。需要注意的是,在一般情况下,结局指标通常不作为合格标准的要素,除非问题导向是以特定的结局指标,比方说干预措施的不良反应。

**1. 受试人群(P,Population)**　受试人群的选择以疾病或临床情况为界定,以确定合格的研究中是否有相关的疾病或临床问题,如以国际疾病分类(International Classification of Diseases,ICD)为标准,其次还需确定探讨疾病或临床情况的特殊范畴,如年龄层、性别、种族、地区、教育程度和疾病严重程度等。

**2. 干预措施(I,Intervention)和对照措施(C,Comparison)**　根据研究问题和目的,明确提出干预措施和对照措施的界定。例如,预单纯探讨干预措施的效果(以安慰剂或标准治疗为对照),或比较不同干预措施的效果差异。此外,在药物干预措施中,还需要考虑药物制剂、给药途径、剂量、实施时间和频率等重要信息。对于较复杂的干预措施(如行为干预),系统评价作者团队需明确规定干预措施共同或本质的特点。

**3. 结局测量指标(O,Outcome)**　在结局指标的制订中,需要通过文献查阅、专家咨询、头脑风暴等方式建立一系列的可考虑的结局指标,并结合研究问题的相关性和结局指标数据收集的可行性,进行筛选和排序。结局指标的定义和重要性对于系统评价的影响尤其重要,需要利益相关者包括临床专家、患者、决策制定者等的共同参与。例如,在探讨关于高血压干预措施的系统评价时,对于血压控制的定义及包含的不良反应/不良事件的类型等,都需要多学科研究学者的共同讨论并形成共识。

**4. 研究类型(S,Study design)**　在系统评价中,需纳入何种原始研究类型,主要取决于何种原始研究类型可以更好地解答系统评价所提出的问题,而不是单纯从传统的证据等级角度出发,来确定需纳入的原始研究类型。例如,评价干预措施的有效性时,随机对照试验(randomized controlled trial,RCT)的论证强度高于非随机对照试验(non-randomized controlled trial,non-RCT),但在某些特殊的临床问题研究上,如考虑的结局指标为罕见事件等,RCT 并不能作为很好的考虑。

现在,越来越多的研究团队在开始系统评价课题之前,选择先撰写并发表系统评价的研究方案,这也是循证医学发展的大趋势。与 RCT 的研究方案制定和注册相似,系统评价研究方案的制定和注册亦非常必要。预先制定科学的研究方案,能确保后续的制作过程得以顺利开展并完成,更可以在早期明确、透明地规划工作量的分配。这里需要注意的是,在系统评价研究方案的制订过程中,研究团队中不同角色的团队成员都需要参与讨论,以便在研究方案出现问题时更易于修改。

## 三、文献检索

文献检索策略的制定是影响系统评价研究结果的完整性、可靠性和真实性的重要因素,应该由具备丰富文献检索经验的专业人员牵头制定。文献检索策略结构主要包括检索数据库,检索词及检索规则等方面的内容。

### (一)数据库选择

对于药物、器械、手术等干预措施方面的研究证据,常用数据库包括 Cochrane 临床对照试验中心注册数据库(Cochrane Central Register of Controlled Trials, CENTRAL)、PubMed 及 Embase 数据库。Cochrane 手册(Cochrane handbook)推荐在进行干预性系统评价时,至少应该对这三个数据库进行检索。具体检索方法请参见本篇第三章相关内容。此外,根据系统评价研究者所在国家或地区,还需要增加本国家或本地区的数据库。例如,对中国的学者而言,至少需要检索中国生物医学文献数据库、中国期刊全文数据库和万方数据库等国内主要的一些医学相关数据资源。

### (二)补充检索来源

补充检索途径也是保证系统评价证据检索的全面性和合理性的重要途径之一。补充检索主要包括对以下几个方面信息的收集:①专题数据库。根据系统评价主题选择特定的专题数据库,如护理和联合卫生文献累积索引(Cumulative Index to Nursing and Allied Health Literature, CINAHL)等。②未发表和在研的临床研究。主要通过世界卫生组织临床试验注册平台及其授权的一级注册平台检索在研临床研究。例如,WHO 国际临床试验注册平台(International Clinical Trials Registry Platform, ICTRP),中国临床试验注册中心(Chinese Clinical Trial Registry, ChiCTR),澳大利亚 - 新西兰临床试验注册中心(Australian New Zealand Clinical Trials Registry, ANZCTR),印度临床试验注册中心(Clinical Trials Registry-India, CTRI),荷兰临床试验注册中心(The Netherlands National Trial Register, NTR)等。③对相关系统评价或纳入研究的参考文献目录进行检索。④手工补充检索重要的专业期刊。⑤检索一些引文数据库或搜索引擎。

此外,值得提到的是,随着科研发展的不断进步,越来越多的原始研究在不断开展,其结果也在不断发布,其中不乏一些国际合作多中心的大型研究,这些研究往往耗时较长,其研究结果不会及时以论文的形式发表,但它们的数据是非常重要的证据信息,所以应尽可能对这些研究进行实时追踪,如定期留意相关领域的大型国际会议上的热点研究报告主题和内容,会有助于在第一时间获得研究结果,确保系统评价结果的实用性和时效性。

### (三)检索式的确定

选定数据库后,应初步拟定检索词,尽可能全面。检索式通常由检索词和检索规则组合而成,通过检索词和检索规则的合理搭配以达到检索全面合理的效果。以干预性系统评价为例,检索式通常包括"疾病、干预措施和 / 或对照措施、随机对照试验"三个方面的内容。制定检索式共包括以下三个步骤:

**1. 确定检索词** 检索词通常涉及疾病、干预措施和 / 或对照措施。涉及"研究类型"的检索式一般会根据不同的研究类型和检索数据库的特点而不同。一般而言,不涉及测量指标方面的检索词。

**2. 确定检索内容各部分检索式** 首先,确定关于"疾病"和"干预措施和/或对照措施"的规范化词语,即主题词。其次,查找关于"疾病"和"干预措施和/或对照措施"的自由词,也就是同义词、近义词、缩写、别名和商品名等。最后,将检索内容各部分同一概念下的主题词和自由词使用布氏运算符"OR"连接。

**3. 确定最终检索式** 首先,将检索内容各部分检索式用布氏运算符"AND"连接。然后,与涉及"研究类型"的最终检索结果,同样使用布氏运算符"AND"连接。

## 四、文献筛选

在获取相关的研究文献并把相关信息保存在如 EndNote、Zotero 等文献管理软件后,下一步需要根据预先规定的纳入和排除标准,进行文献筛选。文献筛选主要分为初步筛选(对题目和摘要进行阅读)和全文筛选(获取全文并按照 PICOS 合格指标原则,阅读全文后进行判断)两个环节,每个环节都需要至少两名研究者独立进行,并交叉核对。

初步筛选,一般是以排除明显不相关的研究为主,速度较快,在 PICOS 因素不明的情况下,再选择是否需要获取全文以最后判断。在进行文献初筛时,需要制定清晰明确的筛选标准,帮助系统评价的作者高效地完成此步骤。如在制作药物治疗慢性心力衰竭的有效性和安全性的系统评价时,文献筛选的考虑应该为:研究受试人群是否患有慢性心力衰竭?干预是否为治疗慢性心力衰竭的药物?研究类型是否为 RCT?对照组是否合适?在进行筛选时,应对每一个被排除的研究报告做相应的记录,按规则要素进行分类管理,以方便后续核查。

## 五、偏倚风险的评估

系统评价的真实性和可靠性取决于纳入研究的潜在偏倚风险(risk of bias,ROB)。因此,评估每个纳入研究的偏倚风险是系统评价制作过程中的重要一环。偏倚风险评估也同样需要至少两名研究者同时并独立进行,交叉核对。RCT 是回答干预性临床问题的主要研究设计类型,在本章将详细介绍 RCT 的偏倚风险评估标准。

RCT 的偏倚风险主要包括选择偏倚、实施偏倚、测量偏倚、减员偏倚、选择性报告偏倚及其他偏倚。选择偏倚是指各组基线特征之间的系统差异,防止这种偏倚最好的方式就是随机化(包括随机抽样和随机分组)。实施偏倚是指除了研究的干预措施外,组间其他因素是否存在系统差异,盲法的实施是降低和/或避免此类偏倚的重要措施,但在某些特殊问题上(如在外科手术中无法实施盲法)能够起到的作用还是有限的。测量偏倚是指测量组间结局存在的系统差异,降低和/或避免此类偏倚需要对结果评价者采用盲法,尤其是针对主观性结局指标(如生活质量、疼痛等)的测量。减员偏倚是指由于组间研究病例退出或失访等原因,导致数据不完整造成的系统差异。选择性报告偏倚是指报告和未报告信息之间存在系统差异。此外,在某些特定的情况下还可能出现其他潜在偏倚。

### (一)RoB 1 内容及解读

对 RCT 的偏倚风险评估,目前较为常用的工具为 Cochrane 协作网推荐的随机对照试验偏倚风险评估工具(Cochrane Collaboration's tool for assessing risk of bias in randomized trial,RoB),又称为 RoB 1,主要包括 7 个评估条目:①随机序列的产生;②隐蔽分组;③对受试者和干预提供者实施盲法；④对结果评价者实施盲法；⑤结果数据的完整性；⑥是否存在选择性报告；⑦是否存在其他潜在偏倚。通过对这 7 个条目的描述作出"低风险"（low risk）、"风险不清楚"（unclear risk）或"高风险"（high risk）的相应判断（表 1-2-1）。偏倚风险评价结果可用文字描述或偏倚风险图展示。

表 1-2-1　Cochrane 协作网推荐的随机对照试验偏倚风险评估工具（RoB 1）内容概述

| 评估条目 | 控制的偏倚类型 | 评估结果 | | |
|---|---|---|---|---|
| | | 是 | 否 | 不清楚 |
| 随机序列产生的方法 | 选择偏倚 | 在该研究的报告中,作者详细描述了随机序号产生的方法,如按计算机随机、随机数字表、抽签、掷硬币、连续的卡片、信封和最小随机化法等方法对患者进行分组 | 作者描述采用了一些非随机或半随机对照试验的方法对患者进行分组,如按患者入院的单双号或先后顺序、病历号的单双号、患者生日的单双号、实验室检查的结果、医师或患者的喜好等方法对患者进行分组 | 作者仅描述采用"随机分组"的方式分组,并未告知随机序列具体产生的方法或具体的分组方法,无法对该研究的"随机方法"作出"是"或"否"的判断 |
| 隐蔽分组方法 | 选择偏倚 | 作者报告研究人员不参与随机序列的产生,或采用计算机现场随机,或采用密封、不透光系列编号的信封封存随机序号,事先编号的盒子等方式对随机序列号进行隐藏等,即所有参与该研究的人员都无法预测即将被分配的随机序列 | 作者报告公开随机序列,或采用透光或不连续编号的信封,或其他任何对随机序列可见的方式封存随机序列;作者报告交替分配患者、按照患者生日或住院号的单双号、医师或患者的喜好等半随机或非随机的分组方式对受试对象进行分组 | 根据作者的报告,无法对是否实施隐蔽分组或其实施方案是否正确作出"是"或"否"的判断 |
| 盲法实施 | 实施偏倚/测量偏倚 | ①未实施盲法,但并不影响该研究结果测量的真实性和科学性;②由于部分研究的特殊性(如外科手术),虽然不能对患者或医师实施盲法,但研究对参与试验的结局测量人员采用了有效的盲法,或未盲的参与人员并不影响干预措施的实施或研究结果的正确测量 | ①研究未采用盲法或仅对部分参与研究的人员施盲,而未盲的人员会对研究结果的测量产生影响;②尽管报告对患者和主要研究人员施盲,但根据对研究具体实施阶段的报告,可判断所报告的盲法实施方案已被破坏 | 根据作者的报告,无法对研究盲法的具体使用作出"是"或"否"的判断 |

| 评估条目 | 控制的偏倚类型 | 评估结果 | | |
|---|---|---|---|---|
| | | 是 | 否 | 不清楚 |
| 不完整数据报告 | 减员偏倚 | ①无数据的丢失；②丢失的极少量的数据，不影响研究结果；③丢失的数据在试验组和对照组中平衡和/或相等；④采用意向性分析（ITT）等方式对丢失数据进行二次分析 | ①丢失的数据对研究结果造成了影响；②丢失的数据在试验组和对照组不均衡、不相等，已影响了研究结果的真实性；③采用了不恰当的方法对丢失的数据进行二次分析 | 根据作者的报告，无法了解研究数据报告的情况 |
| 选择性研究结果报告 | 选择性报告偏倚 | ①可得到研究试验前的计划书，且计划书中指定的所有指标均在试验结束后进行全面的报告；②虽未获得详细的计划书，但对试验前制定的主要和次要的测量指标均在试验中进行详细的报告 | ①在试验结束后的结果报告中，研究未对试验前制定的所有测量指标进行详细报告；②对于部分在计划书中提及的主要测量指标和结果，研究未进行报告；③计划书中未对某些重要的终点指标进行说明 | 根据作者的报告，无法判断研究是否存在选择性研究结果报告 |
| 其他潜在 | 其他偏倚 | 作者明确描述不存在其他偏倚对研究结果的影响 | ①由于试验设计的特殊性，存在某些潜在偏倚；②研究的基线状况不平衡；③被认定存在欺骗或其他一些问题等 | 根据作者的报告，无法判断研究是否存在其他潜在偏倚对研究结果的影响 |

　　然而，鉴于循证医学及临床试验方法学的不断进化，RoB 1 在应用中也逐渐暴露出一些问题。例如，没有考虑整群随机设计、交叉设计等特殊类型的 RCT，未正视组间基线的均衡性，未能明确界定干预措施分配的效果及干预措施依从的效果，遗漏了组间沾染等问题。为此，Cochrane 方法学组于 2015 年 8 月重新计划优化 RoB 1，并在 2016 年 10 月推出线上更新版的 RoB 2（version 2 of the Cochrane tool for assessing risk of bias in randomized trial）。RoB 2 相较于 RoB 1 覆盖了包括整群 RCT、交叉试验等更多设计类型的 RCT，注重采用恰当的统计分析方法控制偏倚。RoB 2 在 RoB 1 基础上变得更加详尽而全面，操作也相对复杂，所以现阶段 Cochrane 推荐系统评价团队可以按情况自由选择 RoB 1 或 RoB 2。

**（二）RoB 2 内容及解读**

　　RoB 2 共包含 5 个评价领域：①随机化过程中的偏倚；②偏离既定干预措施的偏倚；③结局数据缺失的偏倚；④结局测量的偏倚；⑤选择性报告结果的偏倚。其中，按照不同的研究目的，偏离既定干预措施的偏倚领域分为了两种情况：一是研究干预措施分配的效果，二是干预措施依从的效果。此外，每个领域下有多个不同信号问题，每个标志性问题按照"是（Yes；Y）、可能是（Probably Yes；PY）、可能否（Probably No；PN）、否（No；N）、无信息（No Information；NI）"回答，部分问题需要选择性回答。最终根据评阅者对信号问题的回答，每个领域的偏倚风险可分为三个等级："低风险"（low risk of bias）、"有一定风险"（some concerns）及"高风险"（high risk of bias）。如果所有领域的偏倚风险评价结果都是"低风险",那么整体偏倚风险(overall risk of bias)就是"低风险";如果有的领域的偏倚风险评价结果为"有一定风险"且不存在"高风险",那么整体偏倚风险为"有一定风险";只要有一个领域的偏倚风险评价结果是"高风险",那么整体偏倚风险就是"高风险",详见表 1-2-2。

表 1-2-2 RoB 2 领域评价的信号问题

| 领域 | 信号问题 |
|---|---|
| 1. 随机化过程中的偏倚 | 1.1 分配序列是否随机？<br>1.2 直至受试者参加并分配到干预措施，分配序列是否隐藏？<br>1.3 组间基线差异是否提示随机化过程中有问题？ |
| 2. 偏离既定干预措施的偏倚（干预措施分配的效果） | 2.1 在试验中受试者是否知道他们分配到哪种干预措施？<br>2.2 在试验中护理人员和干预措施提供者是否知道受试者分配到哪种干预措施？<br>2.3 若 2.1 或 2.2 回答 Y/PY/NI：是否存在由于研究环境造成的偏离既定干预措施的情况？<br>2.4 若 2.3 回答 Y/PY：偏离既定干预措施的情况是否很可能影响结局？<br>2.5 若 2.4 回答 Y/PY/NI：偏离既定干预措施的情况是否在组间均衡？<br>2.6 是否采用了恰当的分析方法估计干预措施分配的效果？<br>2.7 若 2.6 回答 N/PN/NI：分析受试者时分组错误是否有（对结果）造成实质影响的潜在可能？ |
| 3. 偏离既定干预措施的偏倚（干预措施依从的效果） | 3.1 在试验中受试者是否知道他们分配到哪种干预措施？<br>3.2 在试验中护理人员和干预措施提供者是否知道受试者分配到哪种干预措施？<br>3.3 ［如果适用］若 3.1 或 3.2 回答 Y/PY/NI：重要的计划外的干预措施是否在组间均衡？<br>3.4 ［如果适用］未完成干预措施的情况是否有可能影响结局？<br>3.5 ［如果适用］不依从干预措施的情况是否有可能影响受试者结局？<br>3.6 若 3.3 回答 N/PN/NI，或 3.4 或 3.5 回答 Y/PY/NI：是否采用了恰当的分析方法估计干预措施依从的效果？ |
| 4. 结局数据缺失的偏倚 | 4.1 是否可以获取全部或者几乎全部受试者的结局数据？<br>4.2 若 4.1 回答 N/PN/NI：是否有证据证明结局数据的缺失没有对结果造成偏倚？<br>4.3 若 4.2 回答 N/PN：结局数据的缺失是否有可能依赖于其真值？<br>4.4 若 4.3 回答 Y/PY/NI：结局数据的缺失是否很可能依赖于其真值？ |
| 5. 结局测量的偏倚 | 5.1 结局测量方法是否不恰当？<br>5.2 结局测量或认定是否有可能有组间差异？<br>5.3 若 5.1 回答 N/PN/NI：结局测量者是否知道受试者接受哪种干预措施？<br>5.4 若 5.3 回答 Y/PY/NI：如果知道接受哪种干预措施，是否有可能影响结局测量？<br>5.5 若 5.4 回答 Y/PY/NI：如果知道接受哪种干预措施，是否很可能影响结局测量？ |
| 6. 选择性报告结果的偏倚 | 6.1 结果的数据分析是否与在获取揭盲的结局数据之前就已预先确定的分析计划相一致？<br>6.2 正在评价的数值结果是否很可能是从多个合格的结局测量（如多个分值、多个定义标准、多个时间点）的结果中选择性报告？<br>6.3 正在评价的数值结果是否很可能是从多个合格的数据分析的结果中选择性报告？ |

Y：是；N：否；PY：可能是；PN：可能否；NI：无信息

## 六、资料提取和数据收集

资料提取和数据收集是系统评价研究中非常重要的一个环节,系统评价的结果直接依赖于研究资料提取和收集的完整性和质量。因此,在制订研究方案时,研究团队一般会初步设计一个数据提取表,完成全文筛选工作后,先随机抽取 5~10 篇研究报告文献作为数据收集预试验,根据数据提取中遇到的问题进一步完善和改进数据提取表。所以,在数据收集阶段应制订明确的操作流程和说明。此外,数据提取应由两名研究者同时并独立进行,然后通过商讨共识或第三方评判解决任何意见上的分歧。

资料提取和数据收集主要包括以下几个方面的内容:

**1. 发表信息和资料提取信息** ①发表研究报告的期刊名、时间、是否为同行评审的期刊等;②资料提取者;③资料提取时间;④与合作者提取的内容是否一致。

**2. 研究方法** ①简单随机 / 区组随机 / 平行对照 / 交叉设计;②随机单位是个人还是组群;③随机方法是随机数字表 / 计算机随机 / 其他 / 不清楚;④隐蔽分组方法;⑤盲法中施盲对象的详细信息,尤其是结果测量者是否被施盲;⑥单中心或多中心;⑦研究实施地点(国家、城市);⑧研究实施时间。

**3. 受试者或观察对象** ①受试者来源(门诊、住院、社区);②干预组和对照组人数,包括男 / 女、年龄、其他分层因素和基线状况及失访 / 退出 / 脱落人数。

**4. 干预措施** 对干预组和对照组实施的措施及其用法,有无混杂因素及依从性情况。

**5. 测量指标和结果** ①测量指标包括主要结果指标和次要结果指标及判效时间点,对不符合系统评价纳入标准的指标应列出,以供解释排除原因和供读者参考;②结果表示形式,如分类变量(发生事件数 / 某组的总人数)或连续型变量(某组总人数 / 均数 ± 标准差)。

**6. 其他** 偏倚风险评估结果等。

## 七、结果分析与解释

系统评价的最终结果分析,可以分为定性分析(描述性总结)和定量分析(meta 分析)。前者指的是当纳入研究间存在较大的异质性,例如数量或质量不容许、临床差异、方法差异或统计学差异较大等,则不会对纳入研究的数据进行合并分析。后者指的是当纳入研究间异质性在临床可接受范围内,则可以采用 meta 分析的方法对纳入研究的数据进行合并分析。因此,在设计系统评价及制订研究方案时,作者团队应建立明确的结果分析框架,对数据整合方式(定性分析或定量分析),统计分析方法、数据类型(如二分类数据、连续型数据、有序数据、计数数据、至事件时间数据、各种效应量)及其整理方法、异质性检验和处理、敏感性分析等方面达成共识。关于 meta 分析的基础知识及统计方法详见本篇第四章相关内容。

## 八、森林图的解读

系统评价通常采用森林图展示所有纳入研究的数量和分析结果,正确理解森林图的组成和含义有助于系统评价制作者理解其结果。目前,可以制作森林图的软件较多,采用不同软件做出的森林图在组成上亦存在一定的差异。在本章将基于发表的一篇 Cochrane 系统评价(MA B, WANG Y N, CHEN K Y, et al. Transperitoneal versus retroperitoneal approach for elective open abdominal aortic aneurysm repair. Cochrane Database Syst Rev, 2016, 2: CD010373），以 RevMan 5 输出的 Hospital stay 指标的森林图为例（图 1-2-2），解释其组成及其含义。

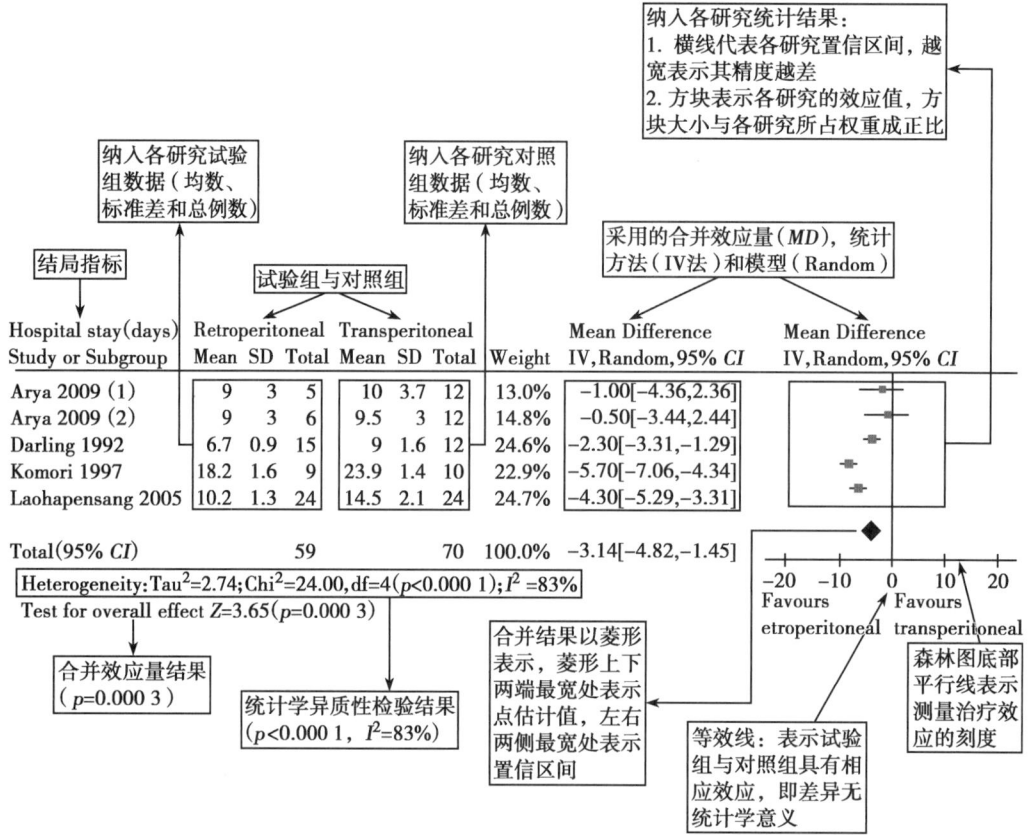

图 1-2-2　森林图的组成及内容解读

## 九、系统评价报告规范：PRISMA 声明

高质量的系统评价被认为是医学研究金字塔中证据级别最高的证据,随着循证医学理念在医学事业中的不断发展,越来越多的人开始认识到使用高质量的研究证据去做决策的重要性。系统评价综合了海量信息,读者能够通过阅读它们快速、准确地获取相应的信息,但系统评价的价值取决于其研究问题、方法、结果及外推性（讨论和结论）等信息报告的完整度和清晰度。

2005 年 6 月,29 位包括系统评价制作者、方法学家、临床医师、医学编辑及使用者在内的人员,在加拿大渥太华举行会议,修订并扩展了 QUOROM（QUality Of Reporting Of Meta-analysis）规范,并将其更名为 PRISMA（Preferred Reporting Items for Systematic reviews and Meta-Analysis）声明。PRISMA 声明含 27 个条目清单及 1 个流程图,目的在于指导并规范系统评价的撰写和报告,特别是针对基于干预措施有效性和安全性的系统评价。2009 年 PRISMA 小组在不同的国际权威期刊［如英国医学杂志（*British Medical Journal*, BMJ）、临床流行病学杂志（*Journal of Clinical Epidemiology*）、内科学年鉴（*Annals of Internal*

*Medicine*）、*PLoS Medicine* 等〕上同步发表了 PRISMA 声明及其解读文章。PRISMA 为系统评价的报告提供了结构式的指导,增强了报告的清晰性和条理性,方便读者更容易准确地理解和评价系统评价报告,同时给审稿人评审稿件带来了极大的便利。目前,已有 5 个国际组织与超过 191 家期刊签署并要求投稿作者使用 PRISMA 声明。近几年,PRISMA 声明亦扩展到不同类型的系统评价和 meta 分析,以及包含系统评价不同方面的考虑。例如,系统评价摘要的优先报告条目（PRISMA-Abstracts）、系统评价研究方案的优先报告条目（PRISMA-Protocol）、公平性系统评价的优先报告条目（PRISMA-Equity）、个体参与者数据系统评价的优先报告条目（PRISMA-IPD）、网状 meta 分析的优先报告条目（PRISMA-NMA）等。

随着系统评价方法学的进化,PRISMA 小组对 2009 年版本（PRISMA 2009）进行了更新和修订,PRISMA 2020 于 2021 年 3 月发表在 BMJ 上。PRISMA 2020 报告规范分为标题、摘要、前言、方法、结果、讨论和其他信息 7 个部分,共包含 27 个条目及 42 个次级条目（表 1-2-3）。

表 1-2-3　PRISMA 2020 条目清单

| 章节主题 | 条目 | 条目清单 |
| --- | --- | --- |
| **标题** | | |
| 标题 | 1 | 明确本研究为系统评价。 |
| **摘要** | | |
| 摘要 | 2 | 见 PRISMA 2020 摘要清单。 |
| **背景** | | |
| 理论基础 | 3 | 基于现有研究描述该系统评价的理论基础。 |
| 目的 | 4 | 明确陈述该系统评价的研究目的或待解决的问题。 |
| **方法** | | |
| 纳排标准 | 5 | 详细说明纳入和排除标准,以及在结果综合时纳入研究的分组情况。 |
| 信息来源 | 6 | 详细说明获取文献的所有来源,包括所有数据库、注册平台、网站、机构、参考列表以及其他检索或咨询途径。明确说明每一项来源的检索或查询日期。 |
| 检索策略 | 7 | 呈现所有数据库、注册平台和网站的完整检索策略,包括用到的过滤器和限制条件。 |
| 研究选择 | 8 | 详细说明确定一项研究是否符合纳入标准的方法,包括每项检索记录由几人进行筛选,是否独立筛选。如使用自动化工具,应作详细说明。 |
| 资料提取 | 9 | 详细说明数据提取的方法,包括几人提取数据,是否独立提取,以及从纳入研究的作者获取或确认数据的过程。如使用自动化工具,应作详细说明。 |
| 资料条目 | 10a | 列出并定义需要收集数据的所有结局指标。详细说明是否收集了每一项纳入研究中与各结局相关的所有信息（例如,所有效应量、随访时间点和分析结果）;若没有,需说明如何决定收集结果的具体方法。 |
| | 10b | 列出并定义提取的其他所有变量（例如,参与者和干预措施的特征,资金来源）。须对任何缺失或不明信息所作假设进行描述。 |

续表

| 章节主题 | 条目 | 条目清单 |
|---|---|---|
| 偏倚风险评价 | 11 | 详细说明评价纳入研究偏倚风险的方法,包括使用评价工具的细节,评价人数以及是否独立进行。如使用自动化工具,应作详细说明。 |
| 效应指标 | 12 | 详细说明每个结局在结果综合或呈现中使用的效应指标,如风险比(risk ratio)、平均差(mean difference)。 |
| 方法综合 | 13a | 描述确定结果合并时纳入研究的过程。例如,列出每个研究的干预特征,并与原计划在各项数据合并时进行研究分组的情况(条目5)进行比较。 |
|  | 13b | 描述准备数据呈现或合并的方法,例如,缺失合并效应量的处理或数据转换。 |
|  | 13c | 描述对单个研究和综合结果使用的任何列表或可视化方法。 |
|  | 13d | 描述结果综合使用的所有方法并说明其合理性。若进行 meta 分析,则需描述检验统计异质性及程度的模型或方法,以及所使用程序包。 |
|  | 13e | 描述用于探索可能造成研究结果间异质性原因的方法(如亚组分析、meta 回归)。 |
|  | 13f | 描述用于评价综合结果稳定性的任何敏感性分析。 |
| 报告偏倚评价 | 14 | 描述评价因结果综合中缺失结果造成偏倚风险的方法(由报告偏倚引起)。 |
| 可信度评价 | 15 | 描述评价某结局证据体的可信度(置信度)的方法。 |

**结果**

| 章节主题 | 条目 | 条目清单 |
|---|---|---|
| 研究选择 | 16a | 描述检索和研究筛选过程的结果,从检索记录数到纳入研究数,最好使用流程图呈现。 |
|  | 16b | 引用可能符合纳入标准但被排除的研究,并说明排除原因。 |
| 研究特征 | 17 | 引用每个纳入研究并报告其研究特征。 |
| 研究偏倚风险 | 18 | 呈现每个纳入研究的偏倚风险评价结果。 |
| 单个研究的结果 | 19 | 呈现单个研究的所有结果:(a)每组的合并统计值(在适当的情况下),以及(b)效果量及其精确性(例如,置信度/可信区间),最好使用结构化表格或森林图。 |
| 结果综合 | 20a | 简要总结每项综合结果的特征及其纳入研究的偏倚风险。 |
|  | 20b | 呈现所有统计综合的结果。若进行了 meta 分析,呈现每个合并估计值及其精确性(例如置信度/可信区间)和统计学异质性结果。若存在组间比较,请描述效应量的方向。 |
|  | 20c | 呈现研究结果中所有可能导致异质性原因的调查结果。 |
|  | 20d | 呈现所有用于评价综合结果稳定性的敏感性分析结果。 |
| 报告偏倚 | 21 | 呈现每项综合因缺失结果(由报告偏倚引起)造成的偏倚风险。 |
| 证据可信度 | 22 | 针对每个结局,呈现证据体的可信度(置信度)评价的结果。 |

| 章节主题 | 条目 | 条目清单 |
|---|---|---|
| **讨论** | | |
| 讨论 | 23a | 在其他证据背景下对结果进行简要解释。 |
| | 23b | 讨论纳入证据的任何局限性。 |
| | 23c | 讨论系统评价过程中的任何局限性。 |
| | 23d | 讨论结果对实践、政策和未来研究的影响。 |
| **其他信息** | | |
| 注册与计划书 | 24a | 提供注册信息,包括注册名称和注册号,或声明未注册。 |
| | 24b | 提供计划书获取地址,或声明未准备计划书。 |
| | 24c | 描述或解释对注册或计划书中所提供信息的任何修改。 |
| 支持 | 25 | 描述经济或非经济支持的来源,以及资助者或赞助商在评价中的作用。 |
| 利益冲突 | 26 | 声明作者的任何利益冲突。 |
| 数据、代码和其他材料的可用性 | 27 | 报告以下哪些内容可公开获取及相应途径:资料提取表模板;从纳入研究中提取的资料;用于所有分析的数据、分析编码和其他材料。 |

## 参考文献

1. HIGGINS J P, THOMAS J, CHANDLER J, et al. Cochrane handbook for systematic reviews of interventions [M]. 2nd ed. Chichester UK: Wiley-Blackwell, 2019.
2. ZENG X, ZHANG Y, KWONG J S, et al. The methodological quality assessment tools for preclinical and clinical studies, systematic review and meta-analysis, and clinical practice guideline: a systematic review [J]. J Evid Based Med, 2015, 8 (1): 2-10.
3. HIGGINS J P, ALTMAN D G, GØTZSCHE P C, et al. The Cochrane Collaboration's tool for assessing risk of bias in randomised trials [J]. BMJ, 2011, 343: d5928.
4. STERNE J A, SAVOVIĆ J, PAGE M J, et al. RoB 2: a revised tool for assessing risk of bias in randomised trials [J]. BMJ, 2019, 366: l4898.
5. STERNE J A, HERNÁN M A, REEVES B C, et al. ROBINS-I: a tool for assessing risk of bias in non-randomised studies of interventions [J]. BMJ, 2016, 355: i4919.
6. PAGE M J, MCKENZIE J E, BOSSUYT P M, et al. The PRISMA 2020 statement: an updated guideline for reporting systematic reviews [J]. BMJ, 2021, 372: n71.

# 第三章　系统评价的证据来源及检索

## 第一节　证据检索的基本知识

计算机技术和互联网技术发展迅猛,为临床前动物实验研究的证据检索提供了范围广、内容新、检索入口多和用户使用方便等便利条件。系统评价是尽可能全面地收集某一问题的全部原始研究证据,进行严格评价、整合、分析、总结后所得出的综合结论,是对多个原始研究证据再加工后得到的证据。若研究间具有足够同质性,可采用 meta 分析的方法进行定量数据合并。系统评价对证据的偏倚风险进行严格评价,从大量的信息中提取精华,将有意义、关键性的研究资料与无意义、无根据甚至错误的研究资料分开,其结论简单明了。检索策略的科学制定和规范报告是影响系统评价质量的重要因素之一。广泛而全面的临床前动物实验检索策略能确保证据来源的准确性和完整性。由于制作系统评价往往需要筛选大量文献,检索策略质量的高低将直接影响检索结果的数量及其相关性,从而影响系统评价结果的真实性。

### 一、临床前动物实验研究证据的分类

#### (一)按研究问题分类

医学研究问题主要包括病因、诊断、治疗和预后四个方面,因此,相应的研究证据类型也就包括病因学研究证据、诊断学研究证据、治疗学研究证据和预后学研究证据。

**1. 病因学证据**　病因学是研究致病因素作用于研究对象,在内外环境综合作用下,导致发病及其发病机制的科学。危险因素是指与疾病的发生及消长具有一定因果关系,但尚无充分依据能够阐明其确切的致病效应。临床前动物实验是病因研究的重要方法之一。实验研究的方法和手段繁多,研究者根据已提出的病因假设选择适宜的方法。实验研究能阐明病因作用的机制,动物实验研究对病因假设有验证作用,因此实验研究在病因研究中有非常重要的作用。例如研究人员通过建立重度抑郁症的小鼠模型,在小鼠的海马体中鉴定出 269 个差异表达的基因及 11 条京都基因与基因组百科全书(Kyoto encyclopedia of genes and genomes, KEGG)通路,在此基础上提出了抑郁症的病因及发生机制。

**2. 诊断学证据**　诊断学问题是探讨疾病诊断的实验和方法。随着医学技术的发展,不断出现新的诊断方法。一些作用于人体的诊断学试剂在正式应用之前需要开展基础研究。同时,实验诊断学是一门重要的临床与基础医学间的桥梁学科,以临床检验学为基础,将检验学提供的结果或数据,由医师结合临床病史/家族史、症状/体征、影像资料/病理检查等,应用于临床诊断、疗效观察和预后判断。例如给成年 C57BL/6 小鼠海马和大脑皮质两边植入颅内脑电图电极,对小鼠行永久性闭塞右颈动脉及全身缺氧,使得损伤侧海马显示出更长、更深刻的脑电抑制信号。当小鼠静止时,海马脑电图以"大而不规则波"为主,然而当小鼠运

动时,海马脑电图表现为强有节奏的 θ 波。研究结果揭示脑电图虽然能够反映脑组织的生物电活动,但易受到意识状态和外界刺激等多种因素影响,故不能作为诊断的唯一依据。

**3. 治疗学证据**　治疗学研究的目的是评估治疗措施的疗效和安全性。基础医学研究是发现新治疗技术的基础和方向,是新治疗技术研究与开发的源泉。例如新药的评价和筛选过程的各个环节均离不开与之有关的基础研究。例如通过动物实验观察根皮素和二甲双胍联用对 2 型糖尿病大鼠模型的空腹血糖水平、葡萄糖耐量和胰岛素敏感性的影响。此外,外科领域的低温麻醉、体外循环、断肢再植、器官或组织的移植术等学科领域的成就,都与动物实验的开展紧密相关。

**4. 预后学证据**　预后是疾病发生后,对将来发展为不同后果的预测或估计,动物实验的预后研究是临床前预后研究的重要部分。例如探讨哺乳动物雷帕霉素靶蛋白的表达与早期非小细胞肺癌预后的关系,为改善早期非小细胞肺癌的预后提供实验证据。

**（二）按文献获得渠道分类**

按照文献获得的渠道分为公开发表的研究和灰色文献( gray literature )。

**1. 公开发表的研究**　该类证据指通过网络信息检索或手工检索获得的文献,是某一学术课题在试验性、理论性或观测性上获得的科学研究成果,或创新见解和知识的科学记录,或是某种已知原理应用于实际中取得新进展的科学总结,是报道研究结果并公开发表的书面报告。可以通过系统检索 Cochrane 图书馆、PubMed、Embase、中国生物医学文献数据库和中国期刊全文数据库等数据库资源,全面获取围绕某一研究问题的公开发表的研究信息。

**2. 灰色文献**　一般指非公开出版的文献。也有学者将灰色文献定义为介于正式发行的白色文献与不公开出版并深具隐秘性的黑色文献之间。灰色文献种类繁多,包括非公开出版的资料、学位论文;不公开发行的会议文献、科技报告、技术档案;不对外发行的企业文件、企业产品资料、贸易文件(包括产品说明书、相关机构印发的动态信息资料)和工作文件;未刊登稿件及内部刊物、交换资料、赠阅资料等。灰色文献流通渠道特殊,制作份数少,容易绝版。虽然有的灰色文献的信息资料并不成熟,但所涉及的信息广泛、内容新颖和见解独到,往往具有特殊的参考价值。

## 二、临床前动物实验信息检索的特点

临床前动物实验证据检索的方式,可分为两类:①为开展原始研究而进行文献检索,例如在开展一项动物实验之前,系统分析已发表的文献有助于研究者提出新的假设或是研究的理论依据,关于某一研究问题的系统化文献分析还可以让研究者避免开展不必要的重复研究;②为开展二次研究而检索,例如为制作动物实验的系统评价检索证据。但无论是为了开展原始研究还是二次研究,都需要研究人员围绕提出的问题明确检索词和制定检索策略,全面获取相关文献。如果研究人员未能获取某一特定问题的全部相关文献,在开展系统评价时会得到错误的结论。如果未获得的文献仅是已开展的动物实验中的随机化样本,此时只会影响到结果的精确度。然而,如果未获得的文献认为某种待评估的干预措施具有"阴性"结果或非显著统计学差异,则此部分文献的信息缺失会导致报告偏倚,导致其临床前结果在临床转化过程中的生物学风险增加,而系统化的文献检索会减少报告偏倚尤其是发表偏倚的风险。

与制作临床试验系统评价不同,临床前动物实验系统评价的信息检索并非侧重于临床研究证据,而是需要获取临床前的动物实验或是分子生物学等基础研究文献。这种系统化检索和获取用于临床前基础实验文献的方法,还并未被基础研究领域研究人员所熟知。此外,临床医学的文献检索方法或指南无法直接复制到检索动物实验。基础医学的信息检索也可以使用检索过滤器(search filters),检索过滤器是为检索特定记录设计的检索策略,是在数据库中专门为用户设计的内置证据检索策略模型,由加拿大流行病学和生物统计学研究人员 Haynes RB 等学者在 1994 年提出,并进行了查全率和查准率分析。针对基础医学领域文献的筛选,有些数据库也会提供一些初步筛选功能。例如,PubMed 的 "Species" 设有检索动物实验的检索过滤器;"Medical Genetics Searches" 用于检索医学遗传学方面的文献。

## 第二节　证据检索的资源

### 一、PubMed

#### (一)简介

PubMed 是由位于美国国立医学图书馆(National Library of Medicine,NLM)的国家生物技术信息中心(National Center for Biotechnology Information,NCBI)开发的基于 Web 的检索系统,建立在 NCBI 平台上,是一个免费的信息资源库。PubMed 现收录来自 MEDLINE、生命科学期刊和在线图书的 3 300 余万篇引文。PubMed 的引文和摘要主要涉及生物医学和医疗卫生领域,同时也涵盖了生命科学、行为科学、化学科学和生物工程的文献。PubMed 还提供了其他的相关网站和分子生物学资源的链接。

该数据库内容包括 OLDMEDLINE、MEDLINE、"In Process Citations" 和 "Publisher-Supplied Citations" 四个部分。OLDMEDLINE 收录了 1950—1965 年间美国医学索引中的题录。"In Process Citations" 为临时性的数据库,收录准备进行标引的题录和文摘信息,每天都在接受新的数据,进行文献的标引和加工后,每周把加工好的数据加入到 MEDLINE 中,同时从 "In Process Citations" 中删除。"In Process Citations" 中的记录标有 [PubMed-in process] 的标记。"Publisher-Supplied Citations" 指由出版商提交给 PubMed 的文献,出版商将期刊文献信息电子版提供给 PubMed 后,每条记录都标有 [PubMed-as supplied by publisher] 的标记,这些记录每天都在不停地向 "In Process Citations" 库中传送。

PubMed 具有如下特点:①可检索到当月,甚至当日发表的最新文献,以及 1966 年之前发表的文献;②具有强大的词语自动匹配转换功能,能对意义相同或相近的词或词组进行全面搜索,并在自动转换后执行检索;③将相关的期刊文献、数据、事实、图书相连接,形成的信息链方便用户进行追溯性检索;④可在线免费获取部分电子版的全文。

#### (二)检索规则及运算符

PubMed 的自动转换匹配功能(Automatic Term Mapping)可以实现词语的自动转换和匹配,主要通过四种表来进行:MeSH 转换表(MeSH Translation Table)、刊名转换表(Journal Translation Table)、短语表(Phrase List)、著者索引表(Author Index)。

MeSH 转换表包括主题词、副主题词、MeSH 词相关参照(又称款目词)、物质名称、物质名称同义词等。如果输入的检索词在注释表中发现有相互匹配的词,则该词将被作为主题词和文本词同时进行检索。例如在检索词输入框录入 "high blood pressure",PubMed 会检索("hypertension"[MeSH Terms] OR "hypertension"[All Fields] OR ("high"[All Fields] AND "blood"[All Fields] AND "pressure"[All Fields]) OR "high blood pressure"[All Fields])。

刊名转换表包括刊名全称、MEDLINE 形式的缩写和国际标准连续出版物号（International Standard Serial Number, ISSN）。该转换表能把输入的刊名全称转换为"MEDLINE 缩写［Journal］"再执行检索。例如在检索提问框中键入"Nature Reviews Molecular Cell Biology"，PubMed 将其转换为"Nat Rev Mol Cell Biol"［Journal］后进行检索。

短语表中的短语来自医学主题词表（Medical Subject Headings, MeSH）、含有同义词或不同英文词汇书写形式的统一医学语言系统和物质名称。例如"hot compress"，如果 PubMed 系统在 MeSH 和刊名转换表中均未找到该术语，则能在短语列表中找到这个词。

当一个短语在前三个表中都找不到匹配词，并且有一个或两个字母在词后时，PubMed 就会到作者索引中查找。如果在上述四个表或索引中仍找不到相匹配的词时，PubMed 就将短语分开，用 AND 将短语中的单个词连接起来在全部字段中查找，直到找到相应的词为止。例如将"glucose level"转换为（"glucose"［MeSH Terms］OR "glucose"［All Fields］OR "glucoses"［All Fields］）AND（"level"［All Fields］OR "levels"［All Fields］）。

此外，PubMed 还有如下检索规则：

**1. 截词功能（truncation）**　可以使用 * 作为通配符进行截词检索。* 代表零个或多个字符，例如 biome* 可检出包含 biome、biomedical、biometry、biomechanics 等词的文献。截词检索只限于单词，对词组无效。

**2. 词组检索功能（phrase searching）**　也称强制检索功能。许多短语可以通过自动词语匹配功能检索，例如"gene therapy"。但是当所键入的短语没有所对应的匹配词组时，例如"single cell"，系统将会分别检索"single"和"cell"，然后用 AND 将其组配起来。如果使用" "（英文状态引号）对词组进行检索，则意味着强制系统把"single cell"作为一个不可分割的词组进行检索的含义。

**3. 布尔检索**　PubMed 支持布尔逻辑检索，运算符号必须大写，分别是：逻辑"与"AND，逻辑"或"OR，逻辑"非"NOT。使用 AND 可查找包含被该运算符分开的所有检索词的记录；使用 OR 可查找包含被该运算符分开的任何检索词的记录；使用 NOT 可将包含特定检索词的记录从检索结果中排除。运算顺序是从左到右执行，可以通过（）改变运算次序。运算符的优先级为（）>NOT>AND>OR。

**4. 限定检索**　包括字段限定检索、文献类型、文献语种、出版日期，以及 PubMed 子集等限定检索。

**（三）检索方法**

PubMed 主要提供基本检索、高级检索和专题文献检索等检索方式，常用检索字段见表 1-3-1。

表 1-3-1　PubMed 常用检索字段描述和标识

| 字段 | 描述 | 举例 |
| --- | --- | --- |
| Title［ti］ | 篇名 | stroke［ti］ |
| Abstract［ab］ | 摘要 | diabetes［ab］ |
| Affiliation［ad］ | 著者地址 | "Harvard University"［ad］ |
| Author name［au］ | 论文的作者，格式：姓 + 名 | "Tompkins KR"［au］ |
| Journal title［ta］ | 期刊名称 | Nature［ta］ |
| Language［la］ | 论文出版语种，语种检索时可只输入前 3 个字母 | English［lang］=eng［la］ |

续表

| 字段 | 描述 | 举例 |
|---|---|---|
| Publication date［dp］ | 出版日期 | 2022［dp］ |
| MeSH terms［mh］ | 主题词 | hypertension［mh］ |
| Publication type［pt］ | 出版类型 | stroke［mh］AND review［pt］ |
| Subheadings［sh］ | 副主题词与主题词组配检索 | diabetes［mh］AND genetics［sh］ |

**1. 基本检索**

（1）作者：依据作者姓名来查找文献，作者的输入格式为姓在前用全称，名在后用首字母缩写，并与姓之间有空格。如果只用姓来检索，则须加上作者字段标识符［au］。姓名第一个字母可用大写，也可用小写，姓前名后，姓用全称，名字一般用缩写。考虑到作者姓名的不同形式，PubMed 采用自动转换功能进行作者姓名检索，例如 Tompkins K 将检索成 Tompkins KA、Tompkins KD、Tompkins KR 等。精确检索可以用双引号将作者名引起来，再加作者字段限定［au］，例如"Tompkins KR"［au］，这样可避免 PubMed 自动转换，实现精确查找。

（2）期刊：根据期刊名称来查找文献，一般采用刊名缩写形式进行检索。期刊的缩写形式按照 PubMed 数据库的统一规定来表示。如果一个期刊名恰好是主题词或关键词，例如 *Nature*，PubMed 会首先将这些词转换成 MeSH 中的主题词进行检索。因此，需要将检索请求进行标准化处理，即在期刊名后面加［ta］，例如"Nature"［ta］。

（3）关键词：输入的任何关键词或检索式，如没有加任何限定符号，则首先进行自动转换匹配检索。采用字段限制方式进行检索，其规则是检索词1［字段标识］　逻辑运算符　检索词2［字段标识］。例如查找作者 Batool M 在 2022 年发表的有关 RNA 方面的研究文献，检索式为 RNA［mh］AND Batool M［au］AND 2022［dp］。

**2. 高级检索**

（1）主题词检索：可以先浏览查找主题词，再进行检索，也可以直接输入检索词进行查询检索。每个主题词的下面均列出副主题词、主要主题词，以及不扩展下位词的检索选项。

方法是点击主页右下角的"MeSH Database"进入主题词检索界面；输入检索词（例如 diabetes）后，点击"Search"钮，系统将显示与该词有关的主题词（Diabetes Mellitus）；点击该主题词则进一步显示主题词的定义、树状结构、组配的副主题词；选择合适的主题词与副主题词（例如 genetics）后，点击"Add to search builder"钮，进入检索表达式浏览窗口（图 1-3-1）；点击"Search PubMed"显示检索结果。

（2）限制性检索：在检索结果界面的左侧可以对作者、期刊名、全文链接或带有摘要文献、文献出版日期或录入到 PubMed 数据库的日期、语种、子集、实验对象、性别、文献出版类型等内容进行限定（图 1-3-2）。

（3）预检索及索引浏览：使用 Preview/Index 按钮进行检索的方法，可以优化检索策略。

（4）引文匹配器：包括单篇引文匹配器（Single Citation Matcher）和多篇引文匹配器（Batch Citation Matcher）两种。查找一篇文献，可以输入刊名、日期、卷、期、页码、作者、题目等任何一项内容进行查询。查找多篇文献，可以按照系统设定好的顺序，将所查找的文章每篇逐项地列出进行查询。

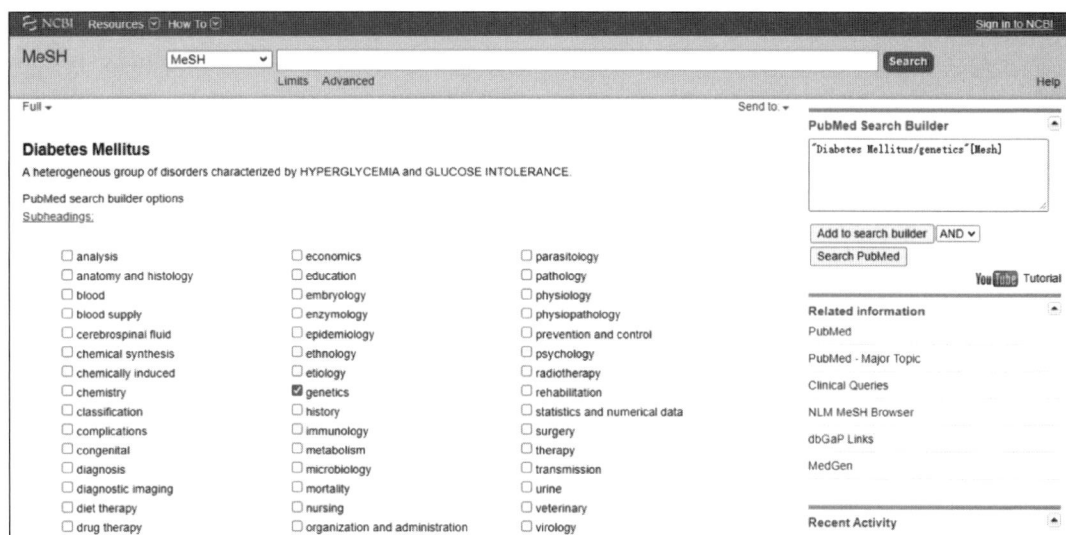

图 1-3-1　PubMed 的主题词检索界面

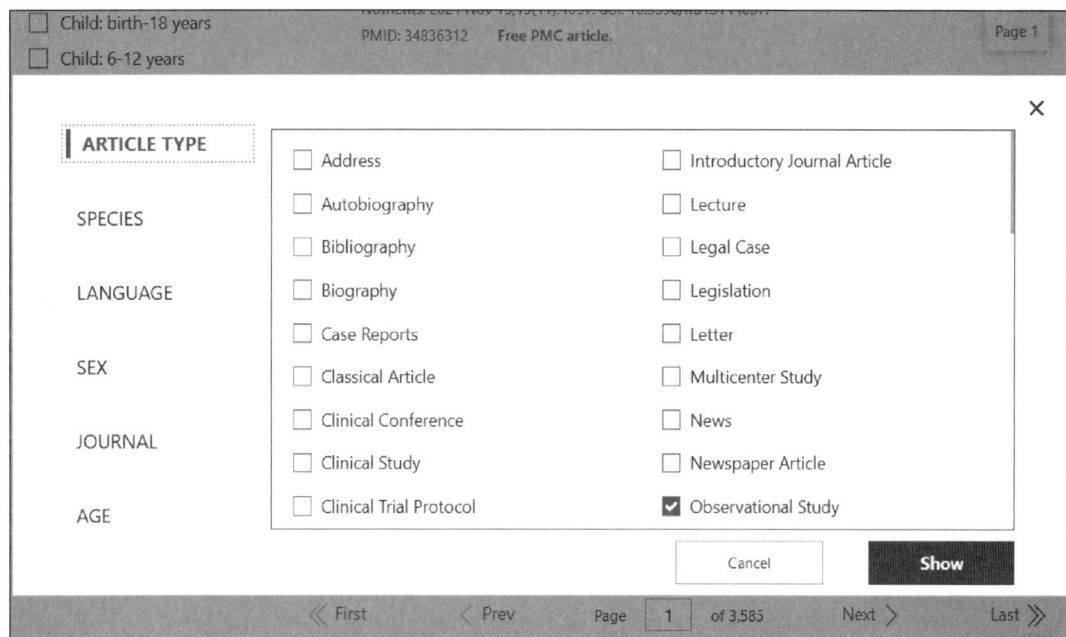

图 1-3-2　PubMed 的限制性检索界面

（四）检索结果的输出

**1. 检索结果的显示与排序**

（1）显示的默认顺序为数据库收录日期的降序排列,在检索的结果界面选择"Sort by"照相关度、作者、刊名、出版日期等重新排序。

（2）默认显示格式为 Summary 格式。主要显示格式的字段范围如下:

Summary 包括作者、团体作者、题目、期刊出处、出版类型、非英文文献的原文语种、PMID、评论内容的链接、文献出版状态。

Abstract 包括期刊出处、评论内容的链接、题目、非英文文献的原文语种、作者、团体作者、作者通信地址、摘要、出版类型、人名主题词、PMID 和文献出版状态。

MEDLINE 包括 PMID、文献资料的提供者、引文状态、创建日期、国际标准刊号、出版日期、题目、摘要、作者、作者通讯地址、语种、出版类型、刊名、NLM 唯一期刊 ID、MeSH 日期、文献 ID、出版状态和出处。

**2. 检索结果的保存** 在检索结果界面,点击需要保存的文献编号并选中该篇文献,利用 "Send to" 按钮将检索的文献保存在文本、文件、剪贴板、邮件,以及将检索结果发送到文献管理软件(Citation Manager)或进行全文订购(图 1-3-3)。

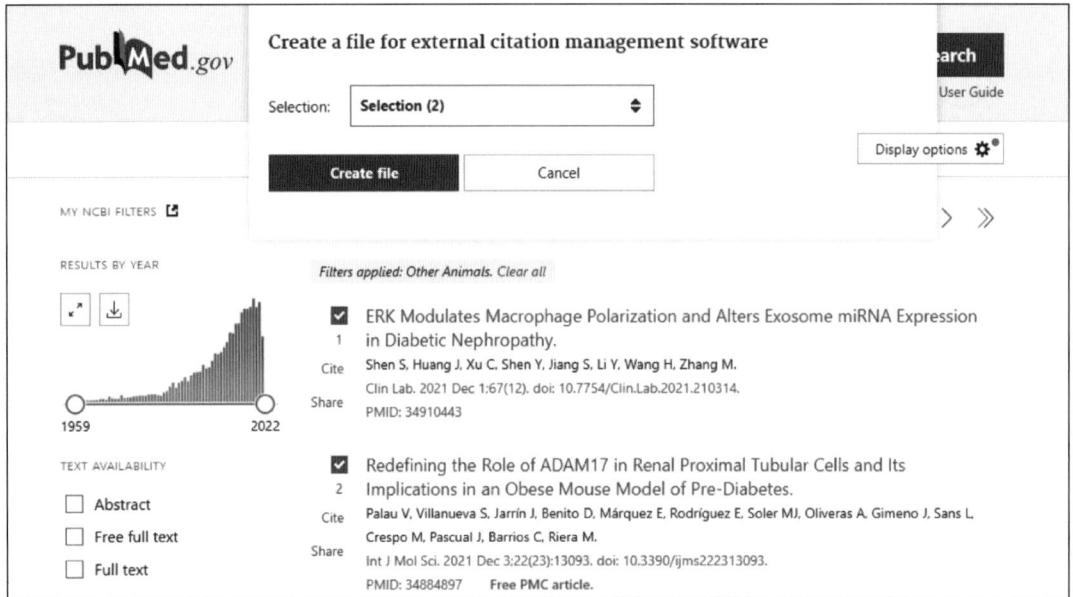

图 1-3-3 PubMed 的检索结果保存界面

如果电脑安装了文献管理软件,例如 EndNote,在选择发送到文献管理软件之后,点击 "Citation manager",则 PubMed 将选中的文献发送到用户指定的 EndNote 文件,文件类型为 EndNote Library(.enl)。

## 二、Embase

### (一)简介

Embase 是全球最大、最具权威性的生物医学与药理学文摘数据库,以及全球最大的医疗器械数据库,用户可通过 Ovid 平台检索 Embase。因在荷兰出版,又名 "荷兰医学文摘",由在阿姆斯特丹(Amsterdam)1946 年建立的一个国际性非营利机构——医学文摘基金会(The Excerpta Medica Foundation)编辑出版,1947 年创刊。现由爱思唯尔(Elsevier)科学出版社编辑出版。

Embase 包含全部 MEDLINE 的内容,目前共有 3 200 余万条记录。共收录来自 95 个国家的 8 500 种期刊,其中 2 900 种期刊在 MEDLINE 中无法检索到。此外,还收录 230 余万条会议摘要,其中 7 000 余条摘要自 2009 年起新增。Embase 数据库每天以增加超过 6 000 条记录更新,内容的年增长率超过 6%。该数据库覆盖各种疾病和药物信息,尤其涵盖了大量北美洲以外(欧洲和亚洲)的医学刊物,从而真正满足生物医学领域的用户对信息全面性的需求。Embase 纳入最新综合性的循证内容与详细的生物医学索引,确保检索到的所有生物医学证据都是实时更新的信息。

Embase 具有如下特点:①Emtree 词典收录了大量的同义词,便于进行主题词匹配,以及与 MEDLINE 进行跨库检索;②词库展示的同时提供了记录的条目数量;③指导性的主题词匹配与检索,Emtree 词库的呈现方式易于使用,囊括了药学与疾病方面的副主题词;④涵盖在药物研发阶段早期的药物文献,可以通过该库尽早地获取药物名称及其同义词,或新的主题词条(候选词条)。

### (二)检索规则及运算符

Embase 也支持布尔逻辑检索,例如"NOT"(排除一个词条)、"AND"(两个或所有词条都出现)、"OR"(任何一个或所有词条出现)。* 可以指代一个或更多的字母,例如输入 geno* 可检索到与 genotype、genotyping、geneome、genomic 等相关的记录。? 指代一个字母,例如输入 sulf?nyl 可检索到与 sulfinyl、sulfonyl 等相关的记录。$ 指代零个或一个字母,例如输入 drug$ 可检索到 drug 或 drugs 等相关的记录。Embase 常见检索字段的描述和标识见表 1-3-2。

表 1-3-2 Embase 常用检索字段的描述和标识

| 字段 | 描述 | 举例 |
| --- | --- | --- |
| Index term[de] | 标引词 | 'myeloid leukemia':de |
| Explosion[exp] | 对检索词与对应于 Emtree 主题词的同位词及下位词进行扩展检索 | 'hypertension'/exp |
| Abstract[ab] | 摘要 | 'tyrosine kinase inhibitors':ab |
| Article title[ti] | 题名 | 'mantle cell lymphoma':ti |
| Country of author[ca] | 作者国别 | China:ca |
| Country of journal[cy] | 期刊国别 | China:cy |
| Language of article[la] | 期刊语种 | English:la |
| Publication year[py] | 出版日期 | '2022':py |
| Entry date(since date)[sd] | 入库日期 | [01-01-2022]/sd |

### (三)检索方法

**1. 基本检索** 基本检索(Basic Search)的目的是从数据库中快速获取相关文献,用户可以选择相应的检索途径,录入检索词并用逻辑运算符"AND""OR""NOT"进行连接(图 1-3-4)。结果显示界面可以按记录的相关度(Relevance)、发表时间(Publication Year)、记录的入库时间(Entry Date)进行排序。可以用限制条件(Limit)对检索结果进一步筛选;用户还可以在其他限制"Additional Limits"里面选择动物实验"Animal Studies"。

**2. 高级检索** 高级检索(Advanced Search)界面中,用户可以录入检索式进行检索,例如录入题目(Title)、摘要(Abstract)、主题词(Subject Headings)及其他主题相关字段,并用逻辑运算符相连接,构建检索表达式(图 1-3-5)。高级检索还提供一种与主题词库互动的检索方式,用户可以匹配(Mapping)Emtree 的主题词进行检索。

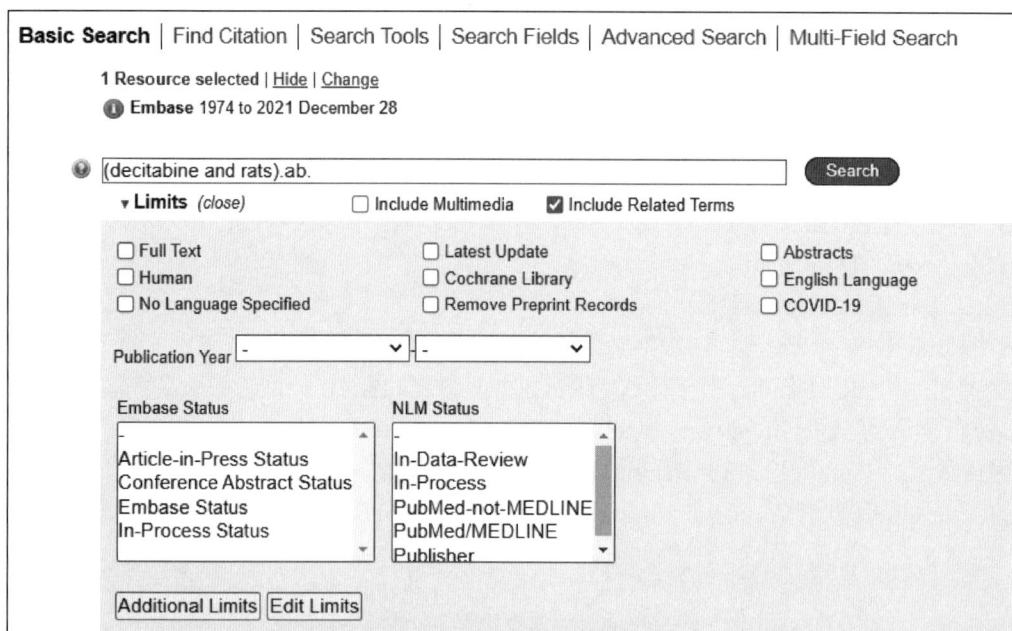

图 1-3-4 Embase 的基本检索界面

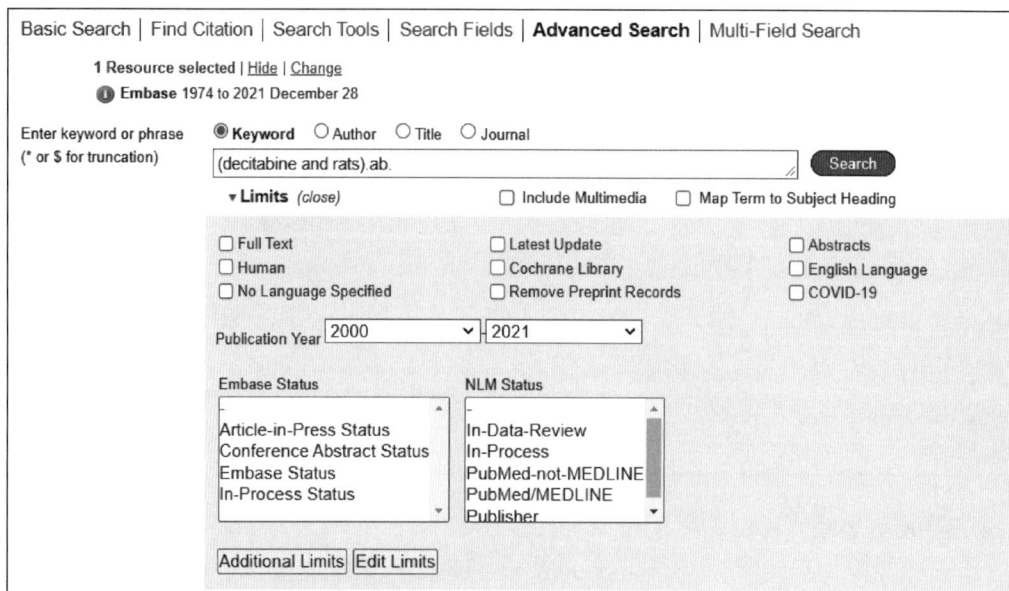

图 1-3-5 Embase 的高级检索界面

**（四）检索结果的输出**

**1. 检索结果的显示与排序**

（1）显示的默认顺序为数据库收录日期的降序排列,在检索的结果界面选择"Sort by"按照相关度、记录的入库日期（Entry Date）重新排序。

（2）默认显示格式为题录格式,包括作者、题目、刊名、年、卷、期、起止页码。

**2. 检索结果的保存** 在检索结果界面,点击需要保存的文献编号并选中该篇文献,利用"Export"按钮将指定的文献以用户所需的格式进行保存(图 1-3-6)。如果保存至 EndNote,则需选择"EndNote";如果在电脑中安装了 RefWorks 软件,则"RefWorks"功能可以将选取的参考文献直接发送至该软件。

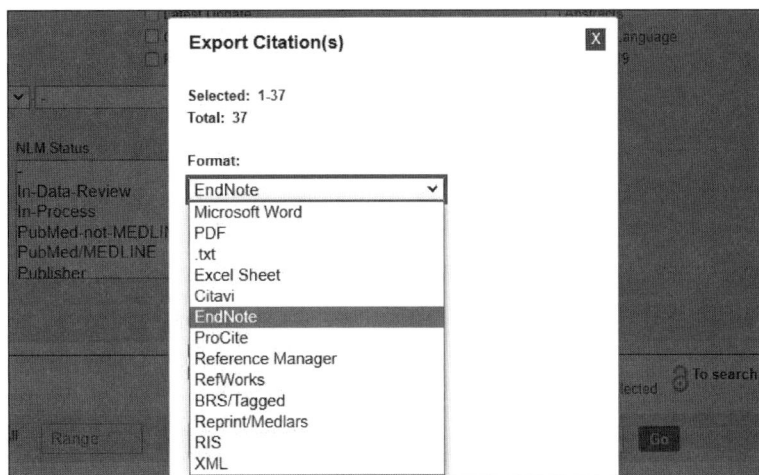

图 1-3-6 Embase 的检索结果导出界面

## 三、Web of Science

### (一)简介

Web of Science 是由美国 Thomson Scientific(汤姆森科技信息集团)基于 WEB 开发的大型综合性、多学科、核心期刊引文索引数据库,用户可以通过选择主页右上角的语言类型,进入中文检索界面。Web of Science 是一个基于 Web 而构建的动态的数字研究环境,将高质量的信息资源、独特的信息分析工具和专业的信息管理软件进行无缝整合,兼具知识的检索、提取、分析、评价、管理与发表等多项功能,以核心合集为重点内容。核心合集包括科学引文索引扩展版(Science Citation Index Expanded, SCIE)、社会科学引文索引(Social Sciences Citation Index, SSCI)、艺术与人文科学引文索引(Arts and Humanities Citation Index, AHCI)和新兴资源引文索引(Emerging Sources Citation Index, ESCI)。Web of Science 核心合集的期刊遴选程序包括期刊出版标准、编辑内容、国际多样性和引文分析。

### (二)检索规则及运算符

在大多数字段输入两个或两个以上相邻的检索词时,Web of Science 会使用隐含的 AND。例如,在"主题"或"标题"检索时输入"gene expression"与输入"gene AND expression"是等效的,这两个检索式会返回同等数量的检索结果。

逻辑运算符 AND、OR、NOT、NEAR 和 SAME 可用于组配检索词,从而扩大或缩小检索范围。逻辑运算符在该数据库中不区分大小写。使用 NEAR/x 可获取由该运算符连接的检索词之间相隔指定数量的单词的记录,用数字代替 x 可指定将检索词分隔开的最大单词数,例如 hepatitis NEAR/3 DNA。如果只使用 NEAR 而不使用 /x,则系统将查找其中的检索词由 NEAR 连接且彼此相隔不到 15 个单词的记录。如果在检索式中使用不同的运算符,则会根据下面的优先顺序处理检索式:NEAR/x>SAME>NOT>AND>OR。使用括号可以改写运算符优先级,例如(COVID-19 OR coronavirus)AND drug 将找到同时包含 COVID-19 和 drug 的记录,或者同时包含 coronavirus 和 drug 的记录。

在"地址"检索中,使用 SAME 将检索限制为出现在"全记录"同一地址中的检索词,需要使用括号来分组地址检索词。例如用"Harvard Univ SAME Harvard SAME Boston"查找在"全记录"的"地址"字段中同时包含"Harvard University""Harvard"和"Boston"的记录。然而,当在其他字段(例如"主题"和"标题")中使用时,如果检索词出现在同一记录中,SAME 与 AND 的作用就完全相同。例如 Liraglutide SAME diabetes 与 Liraglutide AND diabetes 得到结果是相同的。

**(三)检索方法**

**1. 基本检索** 常用的检索字段有主题(TS)、标题(TI)、作者(AU)、作者标识符(AI)、团体作者(GP)、出版物名称(SO)、DOI(DO)、出版年(PY)、地址(AD)、研究方向(SU)(图 1-3-7)。添加另一字段链接用于向"基本检索"面添加更多的检索字段。用户可以在一个或多个检索字段中输入检索词。

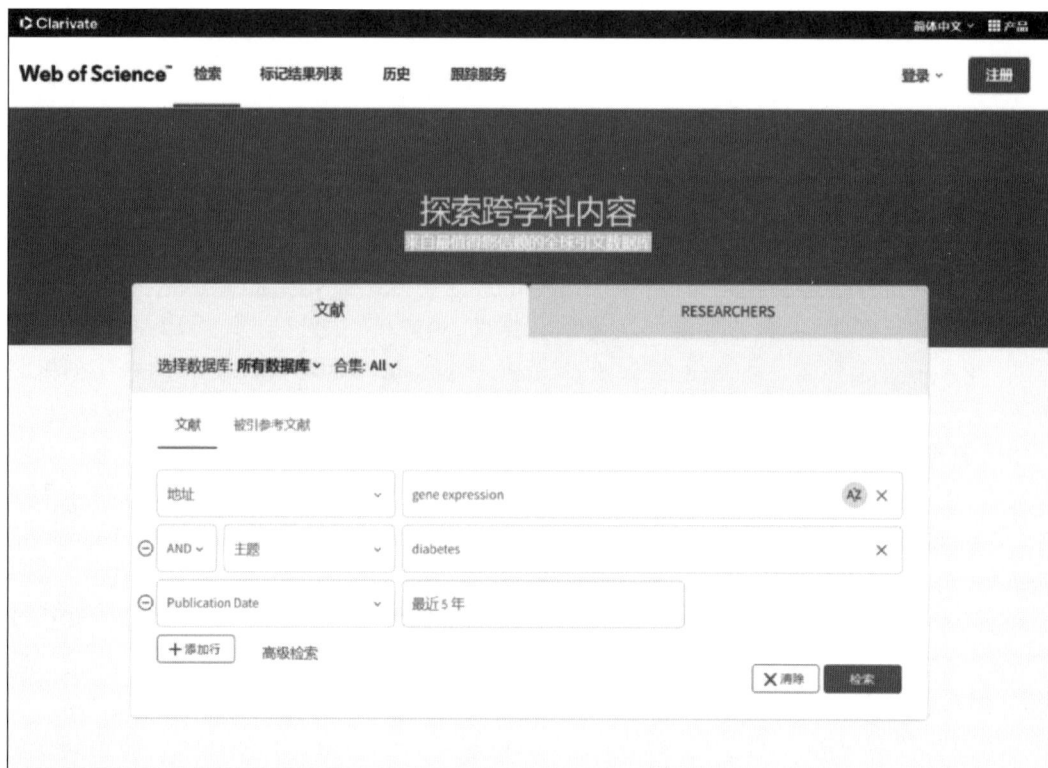

图 1-3-7 Web of Science 的基本检索界面

**2. 高级检索** 用户可以在"高级检索"中创建检索式并对其进行组配(图 1-3-8)。页面底部的检索历史表格显示在当前会话期间所有成功运行的检索。

检索式按倒序数字顺序显示在"检索历史"表中,即最新创建的检索式显示在表顶部。例如检索结果检索式 #4 找到的记录"主题"中出现 gene expression 和 diabetes(图 1-3-9)。用户最多可以将"检索历史"表中的 40 条检索式加以保存。"编辑"功能可以覆盖现有的检索式,或者以之前运行的检索式为基础创建新的检索式。

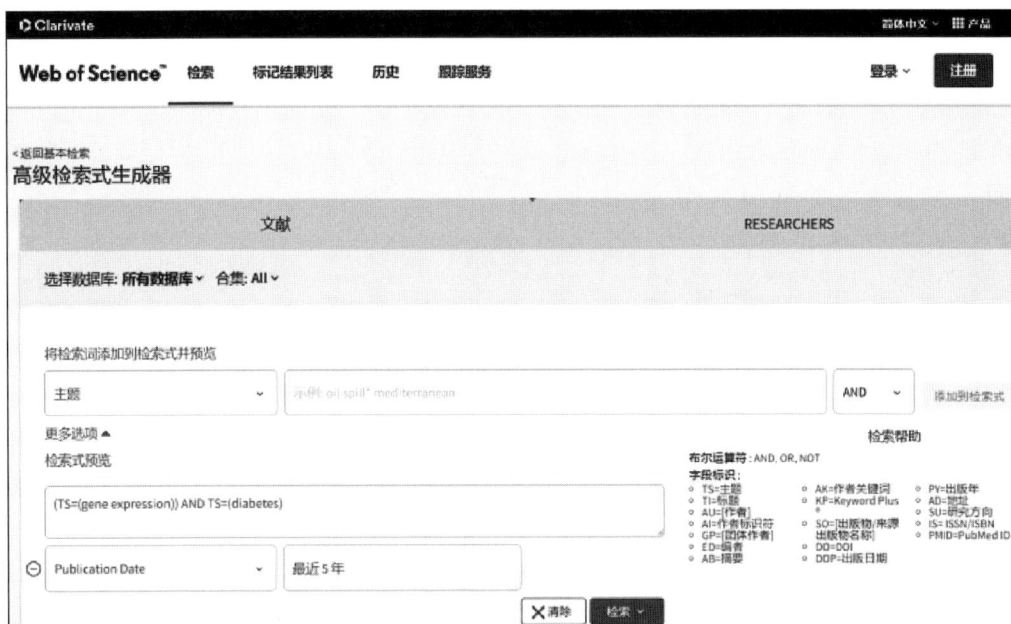

图 1-3-8　Web of Science 的高级检索界面

图 1-3-9　Web of Science 的检索历史界面

**3. 作者检索**　在执行作者检索时,用户需要录入作者的姓名,之后选择研究领域和机构组织名称,获取某一学科领域知名作者发表的文献。

**4. 创建引文追踪**　只要新论文引用了指定的某篇文献,引文跟踪就会通过电子邮件通知您。要创建跟踪,必须是 Web of Science 的注册用户,并且登录该账户。引文跟踪的创建方法是在"检索"或"高级检索"页面中运行检索以找出要创建"引文跟踪"的记录;在"检索结果"页面中,选择记录的标题转至"全记录"页面;单击创建引文跟踪链接,打开"创建引文跟踪"覆盖对话框;选择电子邮件样式,单击创建引文跟踪链接创建针对当前记录的引文跟踪。

**（四）检索结果的输出**

**1. 检索结果的显示与排序**

（1）显示的默认顺序为数据库收录日期的降序排列,在检索的结果界面可以选择"被引频次""使用次数""相关性",还可以点击"更多"的下拉列表,选择多种排序方式（例如第一作者姓氏的首字母、来源出版物名称的首字母）。

（2）默认显示格式为题录格式,包括作者、题目、刊名、年、卷、期、起止页码。用户点击题目即可获取文献的摘要信息。

**2. 检索结果的保存** 在检索结果界面,点击需要保存的文献编号并选中该篇文献。如果用户已注册 EndNote Web 的个人图书馆账号,选择"导出至 EndNote Online",则将指定的文献信息存至 EndNote 的在线存储空间,个人图书馆中最多可保存 50 000 条记录。如果选择"导出至 EndNote Desktop",则将文献发送或保存至指定的文件(图 1-3-10)。Web of Science 还提供其他类型的文件格式,例如其他参考文献软件支持的文本格式。

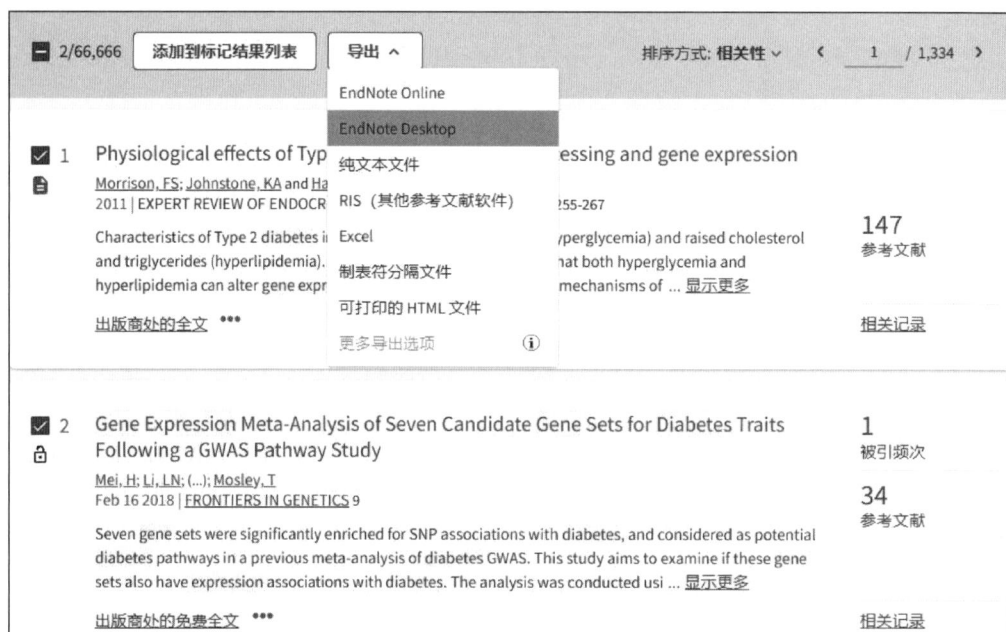

图 1-3-10 Web of Science 的检索结果导出界面

## 四、Scopus 数据库

### (一)简介

Scopus 数据库是 Elsevier 公司于 2004 年 11 月推出的数据库,是全球最大的同行评议文献摘要与引文数据库,为科研人员提供一站式获取科技文献的平台。收录 20 500 余种同行评审的期刊,完整收录 Elsevier、Springer/Kluwer、Nature、Science、ACS 等出版商出版的所有期刊。自 1996 年以来的记录包括文献后的参考文献信息,数据最早可回溯到 1823 年。收录的学科涵盖四大门类 27 个学科,包括医学、农业与生物科学、物理、工程学、社会学、经济、商业与管理、生命科学、化学、数学、地球与环境科学、材料、计算机、工程技术、心理学、艺术与人文学等各领域。

Scopus 可提供研究追踪、分析及视觉化等功能,从科学、技术、医学、社会科学及艺术与人文科学等领域提供全球研究成果的全方位概览。"引文索引"分析工具和不断更新的内容使得科研工作者更容易发现学术研究热点和趋势,追踪最新的研究成果。

### (二)检索规则及运算符

Scopus 可进行短语检索、邻近检索和截词检索,支持逻辑运算符 AND、OR、AND NOT 进行组合检索(表 1-3-3)。

通配符 * 代表多个字符,? 代表单个字符。位置限定运算符 W/n 表示单词之间的距离,例如 gene W/2 expression,可以在 gene 的 2 个单词距离内找到 expression。Pre/n 表示必

表 1-3-3 Scopus 的逻辑运算符

| 布尔逻辑运算符 | 说明 | 举例 |
| --- | --- | --- |
| AND | 两个检索词均必须同时出现在文献中 | cell AND cellular |
| OR | 必须至少出现一个检索词 | cell OR model |
| AND NOT | 排除一个检索词 | cell AND NOT model |

须以单词之间的特定顺序出现,例如 genetic Pre/3 transcription,表示 genetic 先于 transcription 3 个单词之内。对于多数单词来说,使用单数形式进行搜索时可以同时找到该单词的单数、复数及所有格形式,例如输入 behavior 可以检索到 behavior 和 behaviors。以下字符用于查找完全匹配的短语,例如 {diabetes therapy} 或"diabetes therapy"。

**（三）检索方法**

**1. 基本检索** 利用主页的 "Document search" 基本检索功能,在检索式输入框内输入检索式或检索词,并选择检索途径即执行基本检索功能（图 1-3-11）。例如录入 "diabetes" 和 "animal",选择标题、摘要、关键词途径。同时在检索界面可以限定文献发表的时间,例如 2016 年至今。

图 1-3-11 Scopus 的基本检索界面

**2. 高级检索** 利用主页的 "Advanced search" 高级检索功能,录入检索式即可执行高级检索（图 1-3-12）。例如检索题目、摘要或关键词为 "diabetes" 和 "animal" 的文献。在高级检索界面可以限定作者姓名和机构（Add Author name/Affiliation）。

**3. 作者检索** Scopus 的作者检索功能特色是在除了可分开检索作者姓、名之外,还可一并使用作者所属的机构、出版的历史、期刊名称、主题领域及共同作者等资料进行组合,以确定特定的作者（图 1-3-13）。

通过学术档案,可以获取以下信息:作者学术经历与背景;以视觉化的图表呈现个人著作;浏览被引用次数与引用来源,可选择性排除自我引用;查看 H 指数;寻求合作者或期刊审稿人;整合中至公开资料库 ORCID（Open Researcher and Contributor ID）平台,有助于拓展国际合作;追踪新发论文与被引信息。作者可直接录入 Scopus 资料库中的作者身份

图 1-3-12 Scopus 的高级检索界面

图 1-3-13 Scopus 的作者检索界面

（Author ID），在 ORCID 系统中建立作者档案。该数据库具有独特的作者身份识别功能，将作者身份识别与引文追踪结合运用，可以方便地对特定文献的影响、作者的影响和特定期刊的影响进行分析。

**（四）检索结果的输出**

**1. 检索结果的显示与排序** 检索结果默认为题录格式，用户可以点击"View Abstract"查看文献的摘要。点击题名之后可以查看作者单位、摘要、关键词、文献发表类型（Document type）、来源的刊物类型（Source type）、期刊 ISSN（ISSN）、DOI、出版商（Publisher）、该篇论文引用的参考文献等信息。

Scopus 可以对检索结果进行分析，例如对文献发表年份（Documents by year）、论文作者（Documents by author）、论文机构（Documents by affiliation）、论文国家 / 地区（Documents by country/territory）、文献类型（Documents by type）、学科领域（Documents by subject area）、论文资助方（Documents by funding sponsor）进行分析（图 1-3-14）。

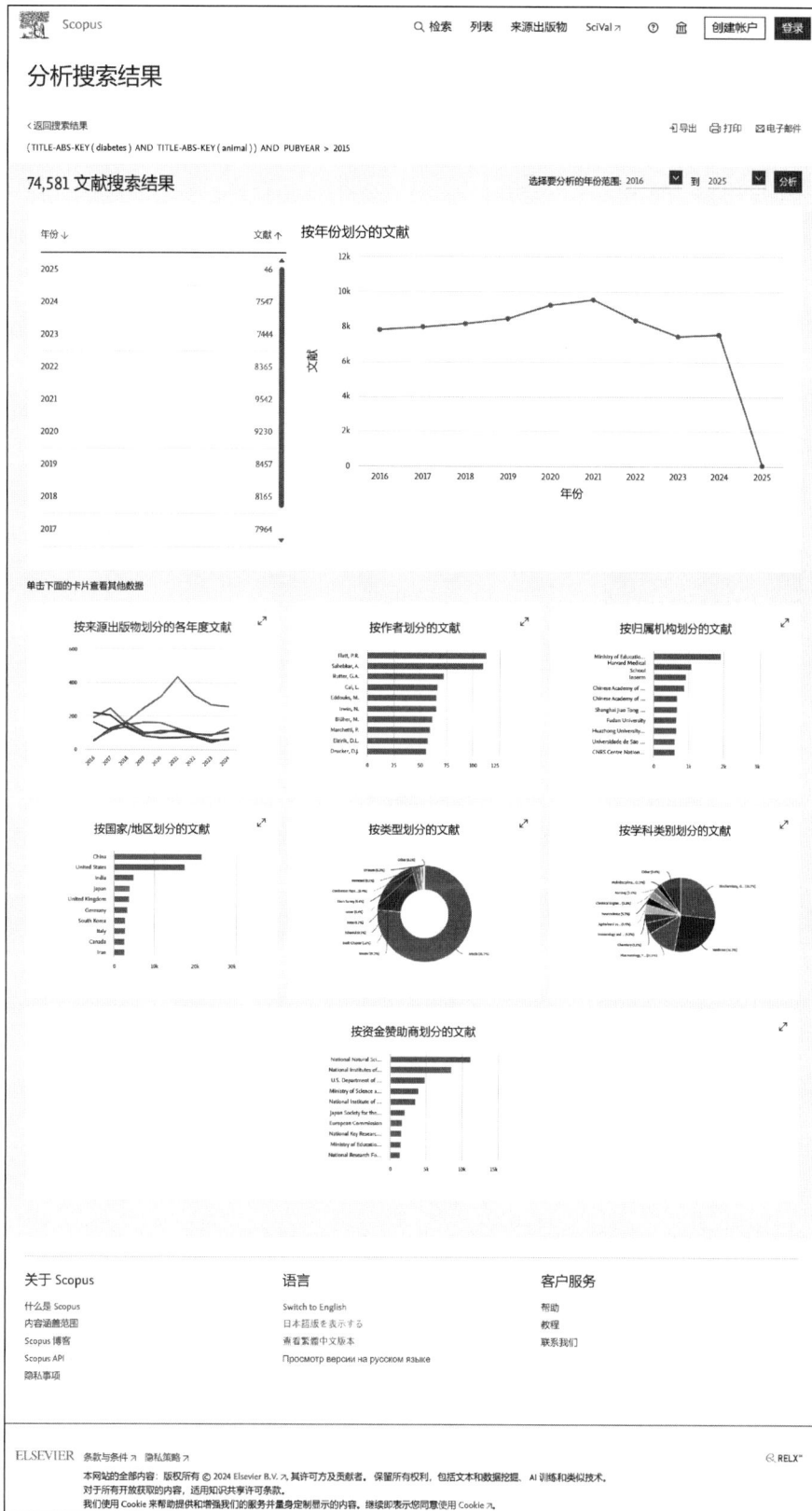

图 1-3-14　Scopus 的检索结果分析界面

**2. 检索结果的保存**　关于选定文献的导出格式,用户可以选择导出到文献管理软件,例如 EndNote、Reference Manager,或是其他类型(图 1-3-15)。此外,可以生成符合科研所需的文献信息,方法是在个性化导出(Customize export)栏目进行选择,例如选择导出基本的引文信息(Citation information)。

图 1-3-15　Scopus 的文献导出界面

## 五、中国生物医学文献服务系统

### (一)简介

中国生物医学文献服务系统(SinoMed)由中国医学科学院医学信息研究所图书馆开发,是集检索、开放获取、个性化定题服务、全文传递服务于一体的生物医学中外文整合文献服务系统。SinoMed 整合了中国生物医学文献数据库(CBM)、中国生物医学引文数据库(CBMCI)、西文生物医学文献数据库(WBM)、北京协和医学院博硕学位论文库(PUMCD)、中国医学科普文献数据库(CPM)。SinoMed 根据美国国立医学图书馆《医学主题词表(MeSH)》(中译本)、中国中医科学院中医药信息研究所《中国中医药学主题词表》及《中国图书馆分类法·医学专业分类表》对收录文献进行主题标引和分类标引,对文献内容进行更加全面和准确的呈现。

### (二)检索规则及运算符

SinoMed 利用布尔逻辑运算符实现检索词或代码的组合检索,常用的逻辑运算符分别为"AND"(与)、"OR"(或)和"NOT"(非)。三者间的优先级顺序为 NOT>AND>OR。SinoMed 支持单字通配符(?)和任意通配符(%)两种通配符检索方式。单字通配符(?)代替一个字符,例如输入"血?检验",可检索出含有血液检验、血糖检验、血清检验、血脂检验等文献。任意通配符(%)代替任意字符,例如录入"阿尔茨海默病 % 蛋白",可检索出含阿尔茨海默病 β - 淀粉样蛋白、阿尔茨海默病 Tau 蛋白、阿尔茨海默病相关的神经丝蛋白等文献。

**（三）检索方法**

**1. 快速检索** 快速检索是在数据库的全部字段内执行检索，系统集成的智能检索功能使得检索结果更加全面（图 1-3-16）。输入的多个检索词默认为"AND"组配关系。在检索时，需要注意将多个英文单词作为检索词或者检索词含有特殊符号"-""（"时，需要用英文半角双引号标识检索词。智能检索是基于自由词-主题词转换表，将输入的检索词转换成表达同概念的一组词的检索方式，即自动实现检索词、检索词对应主题词及该主题词所含下位词的同步检索。智能检索并不支持逻辑运算符的组配检索。

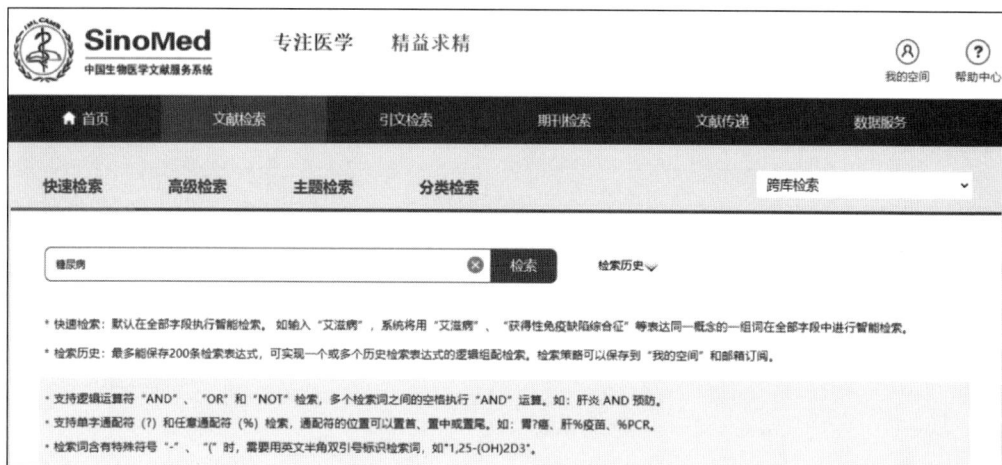

图 1-3-16 SinoMed 的快速检索界面

**2. 高级检索** SinoMed 的所有子数据库均支持高级检索，高级检索支持多个检索入口、多个检索词之间的逻辑组配检索，方便用户构建复杂的检索表达式。例如在中国生物医学文献数据库中查找标题含有"糖尿病"、摘要含有"大鼠模型"的研究文献，首先在"构建表达式"中选择"标题"并输入"糖尿病"，之后在"摘要"中录入"大鼠模型"，两者之间的逻辑组配选择"AND"，执行"检索"即可查找到相关文献（图 1-3-17）。

图 1-3-17 SinoMed 的高级检索界面

**3. 主题检索**　主题检索是基于主题概念检索文献,支持多个主题词同时检索,有利于提高查全率和查准率。通过选择合适的副主题词、设置是否加权(即加权检索)、是否扩展(即扩展检索),输入检索词后,系统将在《医学主题词表(MeSH)》(中译本)及《中国中医药学主题词表》中查找对应的中文主题词。也可通过"主题导航",浏览主题词树获取相应的主题词。

例如通过"主题检索"查找"糖尿病肾病的病因学"研究文献,可以进行如下操作:

第一步:进入主题检索页面,在检索框中输入"糖尿病肾病"后,点击"查找"按钮。浏览查找结果,在列出的主题词中点击"糖尿病肾病"(图 1-3-18)。

图 1-3-18　SinoMed 的主题检索界面

第二步:在主题词注释详细页面,显示了该主题词可组配的副主题词、主题词的详细解释和所在的树形结构。可以根据检索需要,选择是否"加权检索""扩展检索"。"糖尿病肾病的病因学"应选择副主题词"病因学",然后点击"发送到检索框"之后点击"检索"按钮,即可检索出"糖尿病肾病的病因学"方面的文献。在选择"病因学"时,系统会自动揭示"病因学"相关的副主题词,例如"遗传学""免疫学",用户可根据检索目的合理选用。

**4. 分类检索**　分类检索是从文献所属的学科角度进行查找,支持多个类目同时检索。可用类名查找或分类导航定位具体类目,通过选择是否扩展、是否复分,使检索结果更加符合需求。例如在"分类检索"中查找"胸膜肿瘤的病因学"文献,可以进行如下操作:

第一步:在分类检索页面右侧的检索导航中选择"R73:肿瘤学",点击其类别中的"R734:呼吸系肿瘤"。

第二步:在分类词注释详细页面,显示了该分类可组配的复分号、详细解释和所在的树形结构。可以根据检索需要,选择是否"扩展检索"。本例在"呼吸系肿瘤"的分类中选择"胸膜肿瘤",并且选择副主题词"病因学","添加"后"发送到检索框",再点击"检索"按钮,即可检索出"胸膜肿瘤的病因学"相关文献(图 1-3-19)。

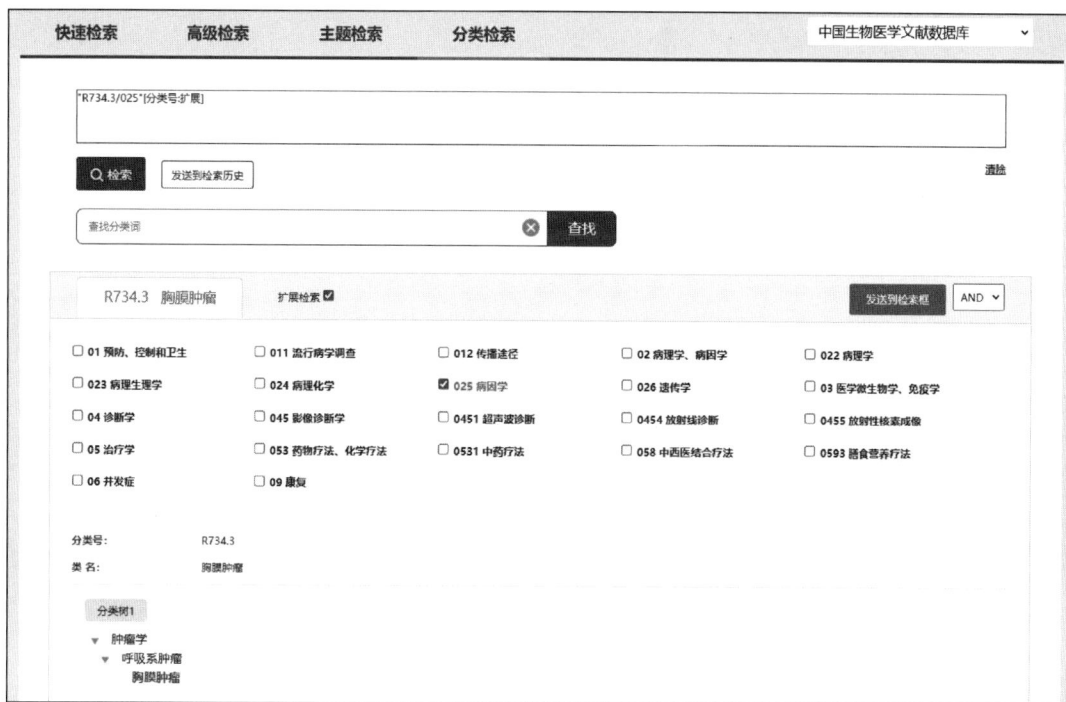

**图 1-3-19　SinoMed 的分类检索界面**

**5. 引文检索**　引文检索支持从被引文献题名、主题、作者、第一作者、出处、机构、第一机构、资助基金等途径查找引文,帮助用户了解感兴趣的文献在生物医学领域的引用情况。以检索 2016—2022 年间被引文献第一机构为"南通大学"且被引文献题名为"糖尿病"的引文为例,进入引文检索页面,在"被引年代"处选择 2016 和 2022;检索入口选择"被引文献第一机构"并输入"南通大学";选择逻辑符"AND"及检索入口"被引文献题名",录入"糖尿病";之后点击"检索"即可查看所需结果(图 1-3-20)。用户还能进一步限定文献的被引频次、被引年代和引文发表年代。

**(四)检索结果的输出**

**1. 检索结果的显示与排序**　用户在文献检索结果概览页可以设置检出文献的显示格式(题录,文摘)、每页显示条数(20 条、50 条、100 条)、排序规则(入库、年代、作者、期刊、相关度、被引频次)(图 1-3-21),并且可以进行翻页操作和指定页数跳转操作。

检索结果细览页,通过点击检索结果概览页的文献标题,即可进入文献细览页,显示文献的详细信息。此外,中文文献细览页还显示其施引文献、共引相关文献、主题相关文献、作者相关文献等。

**2. 检索结果的保存**　在检索结果页面,用户可根据需要选择输出检索结果,包括输出方式、输出范围、保存格式。输出方式有 SinoMed、NoteExpress、EndNote、RefWorks、NoteFirst(图 1-3-22)。

图 1-3-20　SinoMed 的引文检索界面

图 1-3-21　SinoMed 的检索结果概览页

图 1-3-22 SinoMed 的检索结果导出界面

## 参考文献

1. ZUBENKO G S, HUGHES H B, 3rd, JORDAN R M, et al. Differential hippocampal gene expression and pathway analysis in an etiology-based mouse model of major depressive disorder [J]. Am J Med Genet B Neuropsychiatr Genet, 2014, 165B ( 6 ): 457-466.

2. ZHANG Y, CHOPP M, ZHANG Y, et al. Randomized controlled trial of Cerebrolysin's effects on long-term histological outcomes and functional recovery in rats with moderate closed head injury [J]. J Neurosurg, 2019, 133 ( 4 ): 1072-1082.

3. SHEN X, WANG L, ZHOU N, et al. Beneficial effects of combination therapy of phloretin and metformin in streptozotocin-induced diabetic rats and improved insulin sensitivity in vitro [J]. Food Funct, 2020, 11 ( 1 ): 392-403.

4. JOHNSON K F, CHANCELLOR N, WATHES D C. A cohort study risk factor analysis for endemic disease in pre-weaned dairy heifer calves [J]. Animals ( Basel ), 2021, 11 ( 2 ): 378.

5. GIGOLA G, CARRIERE P, NOVOA DIAZ M B, et al. Survival effect of probiotics in a rat model of colorectal cancer treated with capecitabine [J]. World J Gastrointest Oncol, 2021, 13 ( 10 ): 1518-1531.

6. BRENT M B, BRUEL A, THOMSEN J S. Animal models of disuse-induced bone loss: study protocol for a systematic review [J]. Syst Rev, 2020, 9 ( 1 ): 185.

7. BRENT M B, BRUEL A, THOMSEN J S. A systematic review of animal models of disuse-induced bone loss [J]. Calcif Tissue Int, 2021, 108 ( 5 ): 561-575.

# 第四章　meta 分析的基本原理和方法

系统评价是循证医学重要的技术和工具，深受临床医师、指南制定者、卫生决策部门的重视，meta 分析可以是系统评价的重要组成部分，但也并不必然用于系统评价。meta 分析可以定量、科学地整合研究结果，已在包括医学领域在内的许多科学领域取得显著性成果。近年来，关于 meta 分析的新理论和新方法不断涌现，为循证医学打下坚实的基础。在本章将主要阐述经典 meta 分析的基本原理和方法，并兼顾介绍一些高级 meta 分析的相关内容。

## 第一节　概　　述

### 一、基本概念

meta 分析（meta-analysis）中的 meta 为构词成分，来源于希腊词，有 "change（有关变化的，改变的）" 和 "among"（在其中）、"with"（共同地）、"after"（在后）、"above"（在上）、"beyond"（在外）、"behind"（在后）之意。"meta-analysis" 的中文译名有元分析、荟萃分析、二次分析、汇总分析、集成分析等，但各有其不足之处，因此，很多学者建议使用 "meta 分析" 这一名称。

关于 meta 分析的定义目前尚有不同意见，有广义和狭义之分。

广义定义，如在 *Evidence-Based Medicine*（《循证医学》）中 "A systematic review that uses quantitative methods to summarize the results"，是指运用定量方法汇总多个研究结果的系统评价，指全面收集所有相关研究并逐个进行严格评价和分析，再用定量合成的方法对资料进行统计学处理得出综合结论的整个过程。

狭义定义，如在第 6 版 *Cochrane Handbook for Systematic Reviews of Interventions*（《Cochrane 干预措施系统评价手册》）中为 "Meta-analysis is the statistical combination of results from two or more separate studies"，是指 meta 分析对两个及两个以上独立研究结果的统计合并；再如在第 5 版 *A Dictionary of Epidemiology*（《流行病学词典》）中为 "A statistical analysis of results from separate studies, examining sources of differences in results among studies, and leading to a quantitative summary of the results if the results are judged sufficiently similar to support such synthesis"，意即 meta 分析是一种对独立研究的结果进行统计分析的方法，它对研究结果间差异的来源进行检查，如果判断结果具有足够的相似性，便可采用这种方法对结果进行定量合成。

目前国内外文献中以广义的概念应用更为普遍，meta 分析常和系统评价交叉使用，但需明确，只有当系统评价采用了定量合成的方法对资料进行统计学处理时才称为 meta 分析。

## 二、基本分类

目前尚未有统一的分类方法,在医学领域主要的分类有:

如果按原始研究的类型来分,一般可分为临床研究和动物实验等的 meta 分析。临床研究可分为随机试验(含特殊类型的设计如整群随机试验、N-of-1 试验等)、非随机试验性研究、诊断准确性试验、队列研究、病例 - 对照研究、横断面研究、单臂研究、定性研究、病例报道 / 系列、生态学研究、遗传关联性研究、真实世界研究等。

如果按研究问题来分,一般可分为描述性(如单个比例的 meta 分析)、比较性(如经典 meta 分析)、相关性(如相关系数的 meta 分析)和预后或预测模型的 meta 分析等。

如果按照研究目的来分,一般可分为预防、诊断 / 筛查、治疗、病因、预后、不良反应等的 meta 分析。

如果按可获得的数据结构来分,一般可分为聚合数据和个体参与者数据的 meta 分析;如果按数据类型来分,一般可分为二分类数据、连续型数据、有序数据、计数数据、事件 - 时间数据、各种效应量(如效应量的点估计及相应标准误或方差、置信区间等)的 meta 分析;如果按获得的数据比较形式来分,一般可分为头对头直接比较(经典 meta 分析)、间接比较、混合比较(网状 meta 分析)的 meta 分析。

如果按研究结果发表与否来分,一般可分为经典 meta 分析和前瞻性 meta 分析等。

如果按研究结果个数来分,可以分为单变量 meta 分析(如经典 meta 分析)和多变量 meta 分析(如诊断试验 meta 分析)等。

如果按统计框架来分,一般可分为频率学框架和贝叶斯框架的 meta 分析。

## 三、优势与不足

### (一)优势

meta 分析是一种可以对多个独立研究的结果进行定量综合分析的方法,具有以下潜在的优势:①提高研究精度,增加检验效能;②回答原单个研究未提出的问题;③解决因研究结果相矛盾产生的争议或产生新的假说。

这些潜在的优势也是进行 meta 分析的主要原因,但在进行 meta 分析时,需要具备以下条件:①有大量可以相比较的、针对同一科学研究问题的研究;②对于每一个研究,可以提取某一格式的数据,用于 meta 分析时合并治疗效应;③对于每一个研究,足够详细地描述了特征,便于在 meta 分析时比较不同研究的特征,并且能够判断研究质量。

### (二)不足

meta 分析也存在以下不足:①费时费力;②合并结果依赖于原始研究,且结果质量也依赖于原始研究的质量;③研究选择时存在潜在问题,如选择偏倚、“合并橙子与苹果”问题、阴性或无效结果不易发表、纳入“小样本”研究等。因此,在评价 meta 分析时必须处理三个问题:纳入研究的质量、研究结果异质性、各种偏倚等对合并结果的潜在影响。

如果存在纳入 meta 分析的研究间异质性大、研究偏倚、报告偏倚等情况,仍选择合并数据的话,很可能会产生偏倚的结果,导致临床个体化治疗和卫生决策的失误。因此,建议不要进行 meta 分析定量合并数据,进行传统综述或进行描述性系统评价。

## 四、基本步骤

meta 分析是系统评价的重要组成部分,或者说是定量系统评价,因此 meta 分析主要的步骤和过程与系统评价相似，一般可分为以下几个基本步骤：①定义一个感兴趣的临床研究问题，并制定相应的研究计划；②制定合适的诊断标准和纳入、排除标准；③制定检索策略，检索、收集、选择文献；④提取数据；⑤文献质量评价或偏倚风险评估；⑥定性和定量分析资料；⑦解释和讨论结果；⑧撰写总结报告并发表，且不断更新。具体内容可以阅读本书基础篇中第二章相关内容。

## 五、应用领域

当前，meta 分析在医学（临床医学、护理学、检验医学、基础医学、卫生经济学、流行病学）、生态学、教育学、心理学、经济学、司法犯罪、社会科学等众多研究领域内得到广泛应用。

# 第二节 基本原理与模型

## 一、数据结构

进行 meta 分析时，从原始研究获得的数据结构一般可分为聚合数据（aggregated data，AD）和个体参与者数据（individual participant data，IPD）。聚合数据最为常见，又可分为研究（study）水平概要统计量数据和臂（arm）或组（group）水平概要统计量数据。

### （一）研究水平概要统计量数据

研究水平概要统计量是指效应测量（effect measure）的估计值及其相应标准误（standard error，SE）。效应量可以是比值比（odds ratio，OR）、相对危险度（relative risk，RR）、风险比（hazard ratio，HR），有些研究报告的不是标准误而是 95% 置信区间（confidence interval，CI），但可以根据不同效应量的 95% CI 计算出相应的标准误。

例如，MATRIX 试验观察急性冠脉综合征患者侵入性检查不良事件发生情况，在第 1 年时，桡骨径路相对于股骨径路发生主要的严重心血管事件率比（rate ratio）的点估计及 95% CI 为 0.89（0.80，1.00），相应 $p$=0.052 6。则可以通过下式计算出 ln RR 及其标准误：

ln RR=ln（0.89）=−0.117，se ln RR=［ln（1.00）−ln（0.80）］/（2×1.96）=0.057。

### （二）臂水平概要统计量数据

臂水平概要统计量是针对原始数据进行简单的概要性统计，如针对二分类数据统计每个臂的总人数和事件发生人数等。根据测量结局，一般可以获得二分类数据、连续型数据、有序数据、计数数据、事件 - 时间数据等类型。

**1. 二分类数据** 对于每一干预组只有非彼即此两种结果，如死亡或存活、临床治疗成功或失败等。假设 meta 分析中共有 $S$（$i$=1，2，…，$S$）个研究，则每一个表显示一个研究（层），其中第 $i$ 个研究有两个臂，则数据可整理为 $2 \times 2$ 四格表形式，如表 1-4-1 所示。可以计算 OR、RR、危险差（risk difference，RD）、反正弦差（arcsine difference，AS）等效应量。

表 1-4-1 二分类数据的四格表形式

| 分组 | 发生事件 | 未发生事件 | 合计 |
| --- | --- | --- | --- |
| 干预组 | $a_i$ | $b_i$ | $n_{i1}$ |
| 对照组 | $c_i$ | $d_i$ | $n_{i2}$ |
| 合计 | $m_{i1}$ | $m_{i2}$ | $N_i$ |

**2. 连续型数据**　指在某一特定范围内取任意值,每一个测量结果都是一个具体的数值。一般需要提取的数据为每一试验组测量结果的均数、标准差及样本量。假设 meta 分析中共有 $S(i=1, 2, ..., S)$ 个研究,第 $i$ 个研究中有两个臂,则数据可整理为 $2 \times 3$ 行列表形式,如表 1-4-2 所示。可以计算均数差(mean difference, $MD$)、标准化均数差(standardised mean difference, $SMD$)、均数比(ratio of means, $RoM$)、几何均数比(ratio of geometric means, $RoGM$)等效应量。

表 1-4-2　计量资料的 $2 \times 3$ 行列表形式

| 组别 | 均数 | 标准差 | 样本量 |
|---|---|---|---|
| 干预组 | $m_{i1}$ | $SD_{i1}$ | $n_{i1}$ |
| 对照组 | $m_{i2}$ | $SD_{i2}$ | $n_{i2}$ |

**3. 有序数据**　建立在概念"顺序"或"序列"基础上的数据类型,指每一个研究对象被分为几个有自然循序的类别,如动物模型病理变化程度的"轻""中""重"等、治疗效果的"治愈""好转""无效"等。假设 meta 分析中共有 $S(i=1, 2, ..., S)$ 个研究,第 $i$ 个研究中有两个臂,某测量结局有 $m$ 个等级 $C_1, C_2, ..., C_m$,则可整理成 $2 \times m$ 格式,如表 1-4-3 所示。可以直接计算比例优势比、Cliff's $\Delta$ 等有序数据的效应量;也可以通过合并相邻的分类(如果有序分类较少或尺度较短),变为二分类数据,计算 $OR$、$RR$、$RD$ 等效应量,或视为连续型数据(如果有序分类较多或尺度较长),可以计算 $MD$、$SMD$、$RoM$ 等效应量。

表 1-4-3　$2 \times m$ 行列表有序数据形式

| 组别 | 分类(例数) | | | | | 总计 |
|---|---|---|---|---|---|---|
| | $C_{i1}$ | $C_{i2}$ | · | · | $C_{im}$ | |
| 治疗组 | $n_{i1t}$ | $n_{i2t}$ | · | · | $n_{imT}$ | $n_{iT}$ |
| 对照组 | $n_{i1c}$ | $n_{i1c}$ | · | · | $n_{imC}$ | $n_{iC}$ |

**4. 计数数据**　在许多医学研究中,某些种类的事件可以在某一患者重复发生,如心肌梗死、反复住院等,我们需要关心的数据并不是每个人经历的事件,而是在某一观察时间段内事件发生的重复次数,此类数据称为"计数数据"。假设 meta 分析中共有 $S(i=1, 2, ..., S)$ 个研究,第 $i$ 个研究中两个臂,则数据可整理为 $2 \times 2$ 四格表形式,如表 1-4-4 所示,可以计算率比(rate ratio, $RR$),也可以选择率差(rates difference, $RD$)等效应量。

表 1-4-4　计数资料的四格表形式

| 组别 | 发生事件人数 | 人时风险总数 |
|---|---|---|
| 干预组 | $E_{it}$ | $T_{it}$ |
| 对照组 | $E_{ic}$ | $T_{ic}$ |

**5. 事件 - 时间数据(time-to-event data)**　许多医学研究观察的变量是某些重要临床事件如死亡、疾病进展等发生的时间,或者是某些特殊临床意义的疾病事件如脑卒中等发生的时间,称为事件 - 时间数据,其重点在于目标事件发生前经历的时间跨度,最常见的是生

存数据。数据表达可以数值如中位生存期、生存曲线等形式,可以计算生存率、中位生存时间、*HR* 等效应量。

### (三)个体参与者数据

个体参与者数据(individual participant data,IPD)是指一项研究中每个参与者的数据记录,包括重要的基线临床特征如年龄和性别等、治疗前后的某一观察指标数值等,可以看作是原始资料来源,一般可整理成表 1-4-5 所示数据格式。可以根据测量结局的不同数据类型选择合适的多水平模型来估计相关参数,如针对二分类数据可以采用多水平 logistics 回归模型估计 *OR* 等。

表 1-4-5 个体参与者数据* 格式

| 研究 ID | 患者 ID | 年龄/岁 | 性别 (1= 男,0= 女) | 干预 (1= 治疗,0= 对照) | 治疗前收缩压/ mmHg | 治疗后收缩压/ mmHg |
|---|---|---|---|---|---|---|
| 1 | 1 | 46 | 1 | 1 | 137 | 111 |
| 1 | 2 | 35 | 1 | 0 | 143 | 133 |
| … | … | … | … | … | … | … |
| 1 | 1 520 | 62 | 0 | 0 | 209 | 219 |
| 2 | 1 | 55 | 0 | 1 | 170 | 155 |
| 2 | 2 | 38 | 1 | 1 | 144 | 139 |
| … | … | … | … | … | … | … |
| 2 | 368 | 44 | 1 | 0 | 153 | 129 |
| 3 | 1 | 51 | 1 | 1 | 186 | 166 |
| 3 | 2 | 39 | 0 | 1 | 201 | 144 |
| … | … | … | … | … | … | … |
| 3 | 671 | 54 | 0 | 0 | 166 | 141 |
| 10 | 1 | 71 | 0 | 1 | 149 | 128 |
| 10 | 2 | 59 | 1 | 0 | 168 | 169 |
| … | … | … | … | … | … | … |
| 10 | 978 | 63 | 0 | 1 | 174 | 128 |

*来自 10 个评价治疗组与安慰剂组在收缩压效果方面临床试验的个体参与者数据

## 二、基本原理

经典的 meta 分析是典型的二步法分析策略,基本原理如下:

第一步:计算纳入 meta 分析的每个研究的统计量,用相同的方法来描述每个研究干预效应,如对于二分类数据选择 *RR* 统计量,连续型数据选择 *MD* 等。

第二步:通过对每个研究的干预效应进行加权取平均数来获得总的合并效应量(干预效应)。公式为:合并效应量 = 加权平均数 = $\dfrac{\sum y_i w_i}{\sum w_i}$,式中,$y_i$ 为第 $i$($i=1,2,…,S$)个研究中的干预效应,$w_i$ 为第 $i$ 个研究的权重。可以发现,权重越大的研究对加权平均数的贡献越大。

加权的方法有多种,如研究数量、每个研究的样本量、每个研究每个臂中的样本量、每个研究效应量的方差倒数等。

可以通过合并效应量的标准误 $SE=\sqrt{\dfrac{1}{\sum_{i=1}^{s}w_i}}$ 来计算合并效应量 95% $CI$,以及合并效应量点估计及相应标准误进行统计推断、获得相应 $p$ 值等。

## 三、基本模型

### （一）效应模型

一般认为,经典的 meta 分析合并数据最流行的模型主要有两个:固定效应模型(fixed-effect model,FE 模型)和随机效应模型(random-effect model,RE 模型)。由于这两个模型采用相似的公式计算统计量,有时得到的结果相似,以至于被误认为两个模型可以相互替换使用。实际上,这两个模型关于数据的假设有根本上的不同。FE 模型假设纳入分析的所有研究均有一个相同的干预效应(量级和方向均相同),不同研究的观测效应量(observed effect sizes)之间的差异均由抽样误差造成;RE 模型假设纳入分析的研究间干预效应可以不同,观测效应量不同由随机误差和真实干预效应不同造成。

Bende 等根据研究目的和假设等将模型拓展为三个:共同效应模型(common-effect model,CE 模型)、固定效应模型(FE 模型)和随机效应模型(RE 模型)。在 Stata 16 软件中关于 meta 分析的统计模块采用的是这三种模型。假设纳入分析的第 $i$($i=1, 2, ..., S$)个研究的观测效应量为 $y_i$,其相应方差为 $v_i$,真实效应量为 $\theta_i$,研究间异质性方差为 $\tau^2$;令随机变量表示第 $i$ 个研究的抽样误差 $\varepsilon_i$,随机变量表示研究间异质性 $\delta_i$,合并效应量为 $\theta$,则三个模型表达、假说、结果解释等比较如表 1-4-6 所示。

表 1-4-6　不同 meta 分析模型的比较

| 模型 | 表达 | 假说 | 结果解释 |
|---|---|---|---|
| CE 模型 | $y_i=\theta+\varepsilon_i$, $\varepsilon_i\sim N(0, v_i)$, $\mathrm{Var}(y_i)=v_i$ | 即为经典的"FE 模型"。假定纳入分析的研究具有共同的效应量,该假设为强假设。研究问题和推断严重依赖于假设,在实践中常常会违反这一假设。该模型仅适用于每个研究合理地具有相同的参数这一假设时,如重复研究 | 共同效应($\theta_1=\theta_2=\cdots=\theta_k=\theta$) |
| FE 模型 | $y_i=\theta_i+\varepsilon_i$, $\varepsilon_i\sim N(0, v_i)$, $\mathrm{Var}(y_i)=v_i$ | 假设纳入分析不同的研究具有不同效应量,但效应量是"固定"的。用于回答"纳入 meta 分析的研究平均真实效应量大小是多少"的研究问题。适用于研究间真实效应量大小不同,但研究目的是仅对其平均数感兴趣时 | 纳入分析的研究真实效应的加权平均数 |

| 模型 | 表达 | 假说 | 结果解释 |
|---|---|---|---|
| RE 模型 | $y_i=\theta_i+\varepsilon_i,$<br>$\theta_i=\theta+\delta_i,$<br>$\varepsilon_i\sim N(0,v_i),$<br>$\delta_i\sim N(0,\tau^2),$<br>$\mathrm{Var}(y_i)=v_i+\tau^2$ | 假设纳入分析不同的研究具有不同效应量,但效应量是"随机"的,它们来自大量研究的随机抽样。该模型的研究目的在于基于对纳入 meta 分析的研究抽样来对总体研究进行推断。如果研究间异质性方差 $\tau^2=0$,则退化为 CE 模型 | $\theta_i$ 的均数分布 |

Bender 等提出的 CE 模型和 FE 模型使用的加权平均统计量是相同的,因此这两个模型分析所获得的结果也相同。

### (二)效应模型的合理选择

对于如何选择模型,历来存有争议,不同的人偏爱不同的事物,不同的统计学家和临床研究人员可能偏爱不同的统计模型,即使是第 6 版《Cochrane 干预措施系统评价手册》也未能提供权威的统一推荐意见。

在 meta 分析实践中,一些研究者首先选用 FE 模型,然后进行效应量异质性检验(如,$Q$ 统计量),若异质性检验无统计学意义,则认为 FE 模型适合于数据,采用 FE 模型分析;若异质性检验有统计学意义,则认为 FE 模型不适合于数据,采用 RE 模型分析。但这种错误的模型选择思路可影响到整合研究结果的准确性,因此,第 6 版《Cochrane 干预措施系统评价手册》明确指出"决不应该根据异质性统计检验作出使用 FE 或 RE 模型的选择"。

笔者建议,在制订 meta 分析研究方案时就应该考虑选择合适的模型,应从统计模型假说、meta 分析目的、纳入 meta 分析的研究数量和样本量、研究间异质性、抽样框架等不同方面综合考虑来选择合适的统计模型。基于 RE 模型的假说和抽样框架更符合实际,统计推断目的对研究者而言更有吸引力,从数学角度而言,CE 和 FE 模型是 RE 模型的特例等方面来考虑,除了使用 RE 模型不可能(如只有一个研究)、不合理(异质性参数估计不可靠)等情况外,在 meta 分析时应首先选用 RE 模型。

## 四、模型拟合

### (一)分析框架

meta 分析模型可以基于频率学框架和贝叶斯框架等不同分析框架来拟合。

meta 分析最初的数据分析方法是基于频率学方法实现的,特别是在经典 meta 分析中应用广泛,后续在多元 meta 分析、个体参与者数据 meta 分析、网状 meta 分析中均得到应用。

贝叶斯方法不但可以轻松地处理经典 meta 分析数据,而且在复杂和特殊数据(如多重比较数据、非独立数据、稀疏数据等)分析方面,更能显示出其独特优势,特别是在网状 meta 分析中应用广泛。

### (二)统计软件

近年来,不断涌现出了一大批用于实现 meta 分析的软件包,一般可分为基于频率学框架的软件和基于贝叶斯框架的软件。

基于频率学框架的软件大体分为三大类:一类是 meta 分析专用软件包,如从专用早期的 DOS 版本的 EasyMA、Meta-Test、MetaStat 等,到后来的视窗操作系统中的 RevMan、

Comprehensive Meta-Analysis、Meta-Disc、MetaWin、OpenMeta［Analyst］、OpenMEE 等。一类是具有 meta 分析功能的综合软件包（如 NCSS 软件）或用户为通用综合软件包捐献的 meta 分析宏命令或扩展包，如 Stata 的 meta 分析系列命令、R 的 meta 等捐献包、SAS 相关宏命令等。一类是为 Microsoft Excel 软件编写的插件，如 MetaXL、MetaEasy、Met-Essentials 等免费软件。

基于贝叶斯框架的软件主要有 WinBUGS/OpenBUGS、JAGS、Stan。部分通用软件如 Stata、R、SAS 等也自带贝叶斯分析模块；Stata 和 R 软件通过各自的扩展包调用贝叶斯分析软件（如 WinBUGS 和 OpenBUGS）进行贝叶斯 meta 分析。

本章将主要介绍 RevMan、Stata、R 等软件的使用方法，读者可以根据 meta 分析软件的特点和功能，结合自己的实际需要和技能来合理选择使用。

# 第三节　经典统计方法

统计方法与统计目的或内容相应，是为解决研究问题而实施的方法，不同类型 meta 分析的统计内容与方法有所不同，以经典 meta 分析中的统计内容及相应方法为例，如表 1-4-7 所示。在本节仅介绍涉及合并效应量经典的统计方法原理和公式，以及描述异质性方法，发表偏倚相关内容见基础篇第五章，各种算法的软件实现方法见工具篇中各章相关内容，在本章不再赘述。

表 1-4-7　经典 meta 分析中的统计内容与方法

| 统计内容 | | 常用统计方法 |
|---|---|---|
| 估计合并效应量及其置信区间 | | 近似似然法，如倒方差法 |
| | | 确切似然法，如 MH 法、Peto 法 |
| 异质性 | 描述 | $Q$ 统计量 |
| | | $I^2$ 统计量 |
| | | $H$ 统计量 |
| | 探索 | 亚组分析 |
| | | meta 回归 |
| 发表偏倚 | 评估 | 秩相关法，如 Begg 秩相关法（简称 Begg 法） |
| | | 线性回归法，如 Egger 线性回归法（简称 Egger 法） |
| | | 改良线性回归法，如 Harbord 法 |
| | | 修正 Mascaskill 检验法，如 Petter 法 |
| | | 反正弦法，如 Rücker 法 |
| | 校正 | 剪补法（trim and fill method） |
| 敏感性分析 | | 剪补法 |
| | | 影响分析法 |
| | | 失安全系数法 |
| | | 模型选择法 |

## 一、倒方差法

### （一）基本原理

倒方差法（inverse-variance method）是 meta 分析中最常用和最简单的近似似然方法，适用于所有模型（如固定效应模型和随机效应模型）和众多数据类型如二分类数据、连续型数据等，也为众多统计软件所采用，因此也称为通用倒方差策略（generic inverse-variance approach）。

假设纳入 meta 分析的第 $i$（$i=1, 2, ..., S$）个研究的观测效应量为 $y_i$（可以为 $\ln OR$、$\ln RR$、$\ln HR$、$RD$、$MD$、$SMD$ 等效应量），其相应方差为 $v_i$、标准误为 $SE$，研究间异质性方差为 $\tau^2$，合并效应量为 $\theta$，则：

固定效应模型中的权重仅和研究内方差有关，其估计合并效应量为 $\theta = \dfrac{\sum y_i w_i}{\sum w_i} = \dfrac{\sum y_i (1/v_i)}{\sum (1/v_i)} = \dfrac{\sum y_i (1/SE_i^2)}{\sum (1/SE_i^2)}$，相应标准误为 $SE(\theta) = \dfrac{1}{\sqrt{\sum_{i=1}^{S} w_i}} = \dfrac{1}{\sqrt{\sum_{i=1}^{S} (1/v_i)}}$。

随机效应模型中的权重和总方差有关，其估计合并效应量为 $\theta = \dfrac{\sum y_i w_i}{\sum w_i} = \dfrac{\sum y_i [1/(v_i+\tau^2)]}{\sum [1/(v_i+\tau^2)]} = \dfrac{\sum y_i [1/(SE_i^2+\tau^2)]}{\sum [1/(SE_i^2+\tau^2)]}$，相应标准误为 $SE(\theta) = \dfrac{1}{\sqrt{\sum_{i=1}^{S} w_i}} = \dfrac{1}{\sqrt{\sum_{i=1}^{S} [1/(v_i+\tau^2)]}}$。

合并效应量近似 95% $CI$ 为 $\theta \pm 1.96 \times SE(\theta)$。

统计推断：根据合并效应量及其标准误计算 $Z$ 值，$Z = \theta / SE(\theta)$，假设其服从标准（近似）正态分布，可以根据 $Z$ 值进行统计推断和获得相应的 $p$ 值。

由上述公式可知，采用倒方差法合并效应量，一般要计算每个研究的效应量及其方差（或标准误）、研究间方差等参数，接下来介绍其相关算法。

### （二）效应量及其标准误估算

假定可以得到含有每个研究臂水平概要统计量数据，数据整理成如本章第二节中表 1-4-1~ 表 1-4-4 所示格式，则可以按表 1-4-8 中所示常用的不同数据类型、不同效应量及其标准误的计算公式得到研究水平的效应量及其标准误。

表 1-4-8　不同数据类型效应量及其标准误的算法

| 数据类型 | 效应测量 | 效应量 | 效应量的标准误 |
|---|---|---|---|
| 二分类数据 | $OR$ | $\ln OR = \ln\left(\dfrac{a_i/b_i}{c_i/d_i}\right)$ | $SE[\ln OR] = \sqrt{\dfrac{1}{a_i} + \dfrac{1}{b_i} + \dfrac{1}{c_i} + \dfrac{1}{d_i}}$ |
| | $RR$ | $\ln RR = \ln\left(\dfrac{a_i/n_{i1}}{c_i/n_{i2}}\right)$ $= \ln\left[\dfrac{a_i/(a_i+b_i)}{c_i/(c_i+d_i)}\right]$ | $SE(\ln RR) = \sqrt{\dfrac{1}{a_i} + \dfrac{1}{c_i} - \dfrac{1}{n_{i1}} - \dfrac{1}{n_{i2}}}$ $= \sqrt{\dfrac{1}{a_i} + \dfrac{1}{c_i} - \dfrac{1}{a_i+b_i} - \dfrac{1}{c_i+d_i}}$ |

| 数据类型 | 效应测量 | 效应量 | 效应量的标准误 |
|---|---|---|---|
| 二分类数据 | $RD$ | $RD = \dfrac{a_i}{n_{i1}} - \dfrac{c_i}{n_{i2}}$ <br> $= \dfrac{a_i}{a_i+b_i} - \dfrac{c_i}{c_i+d_i}$ | $SE(RD) = \sqrt{\dfrac{a_i b_i}{n_{i1}^3} + \dfrac{c_i d_i}{n_{i2}^3}}$ <br> $= \sqrt{\dfrac{a_i b_i}{(a_i+b_i)^3} + \dfrac{c_i d_i}{(c_i+d_i)^3}}$ |
| | $AS$ | $AS = \arcsin\sqrt{\dfrac{a_i}{n_{i1}}} - \arcsin\sqrt{\dfrac{c_i}{n_{i2}}}$ <br> $= \arcsin\sqrt{\dfrac{a_i}{a_i+b_i}} - \arcsin\sqrt{\dfrac{c_i}{c_i+d_i}}$ | $SE(AS) = \sqrt{\dfrac{1}{4n_{i1}} + \dfrac{1}{4n_{i2}}}$ <br> $= \sqrt{\dfrac{1}{4(a_i+b_i)} + \dfrac{1}{4(c_i+d_i)}}$ |
| 连续型数据 | $MD$ | $MD = m_{i1} - m_{i2}$ | $SE(MD) = \sqrt{\dfrac{SD_{i1}^2}{n_{i1}} + \dfrac{SD_{i2}^2}{n_{i2}}}$ <br> $= \sqrt{\dfrac{SD_{i1}^2}{a_i+b_i} + \dfrac{SD_{i2}^2}{c_i+d_i}}$ |
| | $SMD$ （Hedges'g） | $g = \dfrac{m_{i1} - m_{i2}}{s_i}\left(1 - \dfrac{3}{4N_i - 9}\right),$ <br> 式中 <br> $s_i = \sqrt{\dfrac{(n_{i1}-1)SD_{i1}^2 + (n_{i2}-1)SD_{i2}^2}{N_i - 2}}$ | $SE(g) = \sqrt{\dfrac{N_i}{n_{i1} n_{i2}} + \dfrac{g_i^2}{2(N_i - 3.94)}}$ |
| | $RoM$ | $\ln RoM = \ln\left(\dfrac{m_{1i}}{m_{2i}}\right)$ | $SE(\ln RoM) = \sqrt{\dfrac{1}{n_{i1}}\left(\dfrac{SD_{i1}}{m_{i1}}\right)^2 + \dfrac{1}{n_{i2}}\left(\dfrac{SD_{i2}}{m_{i2}}\right)^2}$ |
| 计数数据 | $RR$ | $\ln RR = \ln\left(\dfrac{E_{it}/T_{it}}{E_{ic}/T_{ic}}\right) = \ln\left(\dfrac{E_{it} T_{ic}}{E_{ic} T_{it}}\right)$ | $SE(\ln RR) = \sqrt{\dfrac{1}{E_{it}} + \dfrac{1}{E_{ic}}}$ |
| | $RD$ | $RD = \dfrac{E_{it}}{T_{it}} - \dfrac{E_{ic}}{T_{ic}}$ | $SE(RD) = \sqrt{\dfrac{E_{it}}{T_{it}^2} + \dfrac{E_{ic}}{T_{ic}^2}}$ |
| 相关系数 | Fisher's z | $z = \dfrac{1}{2} \times \ln\left(\dfrac{1+r_i}{1-r_i}\right)$ | $SE(z) = \sqrt{\dfrac{1}{n_{i1} + n_{i2} - 3}}$ |

$OR$：比值比；$RR$：相对危险度；$RD$：危险差；$AS$：反正弦差；$MD$：均数差；$SMD$：标准化均数差；$RoM$：均数比

### （三）研究间方差估计

不同效应模型中的研究内方差均可以从单个原始研究中计算所得，而随机效应模型研究间方差（between-study variance）则有不同的估算方法，如限制性最大似然（restricted maximum likelihood，REML）、最大似然（maximum likelihood，ML）、经验性贝叶斯（empirical Bayes，EB）、德西蒙尼亚 - 莱尔德（DerSimonian-Laird，DL）、赫奇斯（Hedges，HE）、西迪克 - 姚克曼（Sidik-Jonkman，SJ）、亨特 - 施密特（Hunter-Schmidt，HS）等方法。各种研究间方差估计方法比较如表 1-4-9 所示，并在总结复习模拟比较各种方法的研究基础上，给出推荐使用意见，在实践中需要根据数据情况合理选择使用。请注意，因为各种参考文献模拟的情形不同，且不都是把全部方法相互进行比较，结果并不一定可靠，仅供参考。

表 1-4-9 研究间方差估计方法比较

| 方法 | 估计量 | 算法 | 结果 | 实现软件 | 评价与推荐 |
|---|---|---|---|---|---|
| 矩估计法 | DerSimonian-Laird（DL） | 非迭代 | 非负数 | 常用 meta 分析软件均可实现。如 RevMan、CMA、Stata（meta、metan、metaan、admetan、metareg、mvmeta 等命令）、R（meta 包、metafor 包、mvmeta 包、netmeta 包）、SAS（marandom.sas） | （1）对 RE 模型分布不作任何假设，是历史上最流行的方法之一<br>（2）有可能低估 $\tau^2$，特别是在研究数量少且变异性很大时<br>（3）如果研究间变异不大且样本量相近时，效能比其他非迭代估计法如 HE 和 SJ 要高 |
| | two-step DerSimonian-Laird（DL2） | 非迭代 | 非负数 | Stata（admetan 命令） | （1）与 PM 估计相似<br>（2）对于稀疏数据，该法可能存在低估偏倚<br>（3）效应量为 OR 或 SMD 时，推荐使用 |
| | Cochran ANOVA（CA），或 Hedges（HE） | 非迭代 | 非负数 | Stata（admetan 命令），R（meta 包、metafor 包、mvmeta 包） | （1）该法与 DL 法相近，但不对效应量方差进行加权<br>（2）在实践中不常用 |
| | two-step Cochran ANOVA | 非迭代 | 非负数 | Stata（admetan 命令） | 与 PM 法相似，优于 HE 法 |
| | Paule-Mandel（PM），或 empirical Bayes（EB） | 迭代 | 非负数 | Stata（admetan、metareg 等命令），R（meta 包、metafor 包） | （1）针对二分类数据和连续型数据，PM 法较其他 RE 模型更趋向于低偏倚<br>（2）效能较 REML 和 DL 低<br>（3）效应量为 RR、OR 或 SMD 时，推荐使用 |
| | Hartung-Makambi（HM） | 非迭代 | 正数 | Stata（admetan 命令），R（meta 包、metafor 包） | HM 法是 DL 法的改良，可能会高估 $\tau^2$ |
| | Hunter-Schmidt（HS） | 非迭代 | 非负数 | Stata（admetan 命令），R（meta 包、metafor 包） | （1）如果无偏性重要时，应避免使用该法<br>（2）分析相关系数时使用 |

续表

| 方法 | 估计量 | 算法 | 结果 | 实现软件 | 评价与推荐 |
|---|---|---|---|---|---|
| 最大似然估计法 | maximum likelihood (ML) | 迭代 | 非负数 | CMA, Stata (admetan, metareg, metaan, mvmeta 等命令), R (meta 包, metafor 包, metaSEM 包, mvmeta 包), SAS (marandom.sas, PROC IML, PROC MIXED, PROC GLIMMIX) | (1) 如果研究数量较多, 效能较 REML 高 (2) 如果研究数量少 (在 meta 分析中很常见), 易产生估计偏倚 (低估) |
| | restricted maximum likelihood (REML) | 迭代 | 非负数 | Stata (admetan, metareg, metaan, mvmeta 等命令), R (meta 包, metafor 包, metaSEM 包, mvmeta 包), SAS (PROC IML, PROC MIXED, PROC GLIMMIX) | (1) 用于纠正 ML 法低估偏倚 (2) 可以提供无偏、非负估计 $\tau^2$, 在大多数情形下均执行良好, 在实践中作为常规使用 (3) 效应量为 MD 和 SMD 时, 推荐使用该法 |
| 误方差模型 | Sidik-Jonkman (SJ) | 非迭代 | 正数 | Stata (admetan 命令), R (meta 包, metafor 包) | (1) 方法学上与 PM 法相似 (2) 从偏倚而言, 如果 $\tau^2$ 很大, SJ 与 PM 法是最佳的估计方法 (3) 效应量为 OR 时推荐使用 |
| 贝叶斯方法 | full Bayes (FB) | 迭代 | 非负数 | WinBugs, SAS (SASBUGS, RASmacro, PROC MCMC), R (R2WinBUGS, BRugs, runjags) | (1) 全贝叶斯模型允许所有参数 (含 $\tau^2$) 具有不确定性, 所以在 meta 分析中适用贝叶斯策略是合适的 (2) 研究数量多时, 先验分布对结果影响不大; 但数量少时先验分布非常重要, 不同的先验分布对研究间方差估计结果影响大 |
| | Bayes modal (BM) | 迭代 | 正数 | Stata (gllamm 命令), R (blme 包) | 通常提供正的、比较大的方差估计 |
| 自举法 | non-parametric bootstrap DerSimonian-Laird (DLb) | 迭代 | 非负数 | Stata (admetan 命令) | 推荐使用 |

RE 模型: 随机效应模型; $\tau^2$: 研究间异质性方差; OR: 比值比; SMD: 标准化均数差; RR: 相对危险度

**（四）异质性检验**

对异质性描述性评价的统计方法主要有 $Q$ 统计量、$I^2$ 统计量、$H$ 统计量等三种检验方法。

**1. $Q$ 统计量** 假设纳入分析的第 $i(i=1,2,...,S)$ 个研究的观测效应量为 $y_i$，平均效应量（合并效应量）为 $\theta$，则有 $Q=\sum_{i=1}^{k}w_i(y_i-\theta)^2$，$Q$ 统计量服从自由度为 $k-1$ 的 $\chi^2$ 分布，$Q$ 值越大，其对应的 $p$ 值越小。

意义：一般将 $\alpha$ 水平定在 0.1，如果 $Q \geqslant \chi^2_{\alpha,k-1}$，$p \leqslant \alpha$，则表明研究间存在异质性；如果 $Q < \chi^2_{\alpha,k-1}$，$p > \alpha$，则可以认为各研究间是同质的。$Q$ 值统计量检验法应用较为广泛，但其检验效能较低，检验结果不可靠，因此，在应用 $Q$ 检验法的结果时需要慎重。

**2. $I^2$ 统计量** 描述由研究间变异占总变异的百分比，计算公式为 $I^2=\begin{cases} \dfrac{Q-df}{Q} & \text{如果 } Q>df \\ 0 & \text{如果 } Q \leqslant df \end{cases}$，

其中，$Q$ 为 $\chi^2$ 统计量，$df$ 是它的自由度（即研究总数 $-1$）。

意义：Higgins 等认为，$I^2$ 值在 0%~100% 之间，当 $I^2=0\%$ 时，研究间无异质性，数值越大，异质性可能性增加；$I^2=25\%$ 时，表明存在轻度异质性；$I^2=50\%$ 时，表明存在中度异质性；$I^2=75\%$ 时，表明存在高度异质性。

《Cochrane 干预措施系统评价手册》（5.0 版及其后续版本）将异质性分为四个程度：$I^2$ 在 0%~40% 之间，异质性不重要（轻度异质性）；$I^2$ 在 30%~60% 之间，中度异质性；$I^2$ 在 50%~90% 之间，相当大的异质性；$I^2$ 在 75%~100% 之间，很大的异质性。因为区间划分有交叉，在实际使用时需要灵活掌握，一般认为 $I^2>50\%$ 时则认为研究间存在异质性。

综上，各种划分都是人为的，除了 $I^2=0\%$，$I^2$ 不可能达到 100%，超过 90% 则已很少见。

**3. $H$ 统计量** 通过对统计量 $Q$ 进行自由度（文献数）的校正，$H$ 统计量为 $H=\sqrt{\dfrac{Q}{k-1}}$，其

相应 95% $CI$ 为 $\exp[\ln H \pm Z_\alpha \times SE(\ln H)]$，式中 $SE(\ln H)=\dfrac{1}{2}\dfrac{\ln Q-\ln(k-1)}{\sqrt{2Q}-\sqrt{2k-3}}$，$k$ 为纳入系统评价的研究数；如果 $Q/(k-1)<1$，则认为 $H=1$。

意义：统计量 $H=1$ 表示研究间无异质性；$H<1.2$ 表示各个研究是同质的；$H$ 在 1.2 和 1.5 之间，若 $H$ 值的 95% $CI$ 包含 1，在 0.05 的检验水准下无法确定是否存在异质性，若没有包含 1，则认为存在异质性；$H>1.5$ 提示研究间存在异质性。

如果发现研究间存在明显的异质，则可按图 1-4-1 所示的流程来处理。

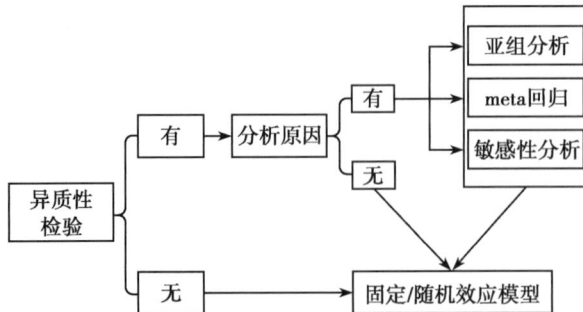

图 1-4-1 异质性处理流程

## 二、确切似然法

上述倒方差法基于正态 - 正态层次模型,假定每个研究的效应量服从(近似)正态分布,但对于二分类数据选择 $OR$、$RR$ 等效应量,即使是经对数转换,有时该假定也难以成立。如果避免正态服从假定,并且考虑计算标准误等不确定性,则可以直接对研究臂水平概括统计量进行建模,称为确切似然(exact likelihood)法,主要用于二分类数据,也可用于连续型数据的 meta 分析。

### (一)Mantel-Haensze(MH)法

该方法具有较好的统计学特性,利用分层分析的原理,将每一层作为一个独立研究,计算综合的 $OR$、$RR$、$RD$ 值并检验,假设 $y_i$ 为第 $i$($i=1, 2, ..., S$)个研究中的干预效应,则合并效应量公式为 $\theta_{MH} = \dfrac{\sum y_i w_i}{\sum w_i}$,根据合并效应量的不同,其加权方法也不同,具体见下文;对于异质性检验,权重是基于倒方差法而不是 MH 法,其统计量 $Q = \sum w_i (y_i - \theta_{MH})^2$,式中 $y_i$ 为 $\ln OR$、$\ln RR$、$RD$,计算公式见表 1-4-8。

**1. 合并效应量为 $OR$**　第 $i$ 个研究 $OR$ 的权重 $w_i = \dfrac{b_i c_i}{N_i}$,$OR_{MH}$ 的对数标准误 $SE(\ln OR_{MH}) =$

$\sqrt{\dfrac{1}{2}\left(\dfrac{E}{R^2} + \dfrac{F+G}{R \times S} + \dfrac{H}{S^2}\right)}$,其中:$R = \sum \dfrac{a_i d_i}{N_i}$;$S = \sum \dfrac{b_i c_i}{N_i}$;$E = \sum \dfrac{(a_i + d_i) a_i d_i}{N_i^2}$;$F = \sum \dfrac{(a_i + d_i) b_i c_i}{N_i^2}$;$G =$

$\sum \dfrac{(b_i + c_i) a_i d_i}{N_i^2}$;$H = \sum \dfrac{(b_i + c_i) b_i c_i}{N_i^2}$。

**2. 合并效应量为 $RR$**　第 $i$ 个研究 $RR$ 的权重 $w_i = \dfrac{c_i n_{1i}}{N_i}$,$RR_{MH}$ 的对数标准误 $SE(\ln RR_{MH}) =$

$\sqrt{\dfrac{P}{R \times S}}$,其中,$P = \sum \dfrac{[n_{1i} n_{2i}(a_i + c_i) - a_i c_i N_i]}{N_i^2}$;$R = \sum \dfrac{a_i n_{2i}}{N_i}$;$S = \sum \dfrac{c_i n_{1i}}{N_i}$。

**3. 合并效应量为 $RD$**　第 $i$ 个研究 $RD$ 的权重 $w_i = \dfrac{n_{1i} n_{2i}}{N_i}$,$RD$ 的标准误为 $SE(RD_{MH}) =$

$\sqrt{J/K^2}$,其中 $J = \sum \left(\dfrac{a_i b_i n_{2i}^3 + c_i d_i n_{1i}^3}{n_{1i} n_{2i} N_i^2}\right)$;$K = \sum \left(\dfrac{n_{1i} n_{2i}}{N_i}\right)$。

### (二)Peto 法(Peto's method)

Peto 法是对 MH 法的改良,其解决了 MH 法卡方和 $OR_{MH}$ 有时不一致的情况,适用于效应指标为 $OR$ 的资料。

合并比值比 $OR_{Peto} = \exp\left[\dfrac{\sum w_i \ln(OR_i)}{\sum w_i}\right]$,其中 $OR_i = \dfrac{a_i d_i}{b_i c_i}$,$w_i = v_i$。

对数标准误 $SE(\ln OR_{Peto}) = \dfrac{1}{\sqrt{\sum v_i}}$,其中 $v_i = \dfrac{n_{1i} n_{2i}(a_i + c_i)(b_i + d_i)}{N_i^2(N_i - 1)}$。

异质性检验:$Q = \sum v_i (\ln OR_i - \ln OR_{Peto})^2$。

针对稀疏二分类数据,Peto 法在符合以下三个条件时,表现良好:①事件发生率低,如小于 1%;②每个研究中,干预臂和对照臂的样本量相近;③干预效应较小。

### (三)条件 logistic 回归方法

众多医学 meta 分析中涉及稀疏数据的现象十分常见,如感兴趣的测量结局(如某种干预措施的不良事件)二分类数据且十分稀疏等,特别是纳入 meta 分析的单个研究中有 1 个或 2 个臂的事件发生数为 0(分别称为"单零研究"或"双零研究")的情况比较常见,在数据分析方法学方面面临着众多挑战,倒方差法、Peto 法、MH 法等经典方法和通用 meta 分析软件一般是对单零研究进行连续性校正(如对四格表数据每个格子的数据各加 0.5),而将双零研究排除在外而不进行合并;logistic 回归虽然不需要对单零研究进行连续性校正,但也会将双零研究除外而不纳入分析。这样的处理方法存在很多问题,如:①采用"连续性校正"对零事件进行修正,对稀疏数据 meta 分析会造成结果偏倚;②忽略了双零研究通过样本量提供的相关信息;③双零研究不纳入分析可能不符合"伦理"。

假设纳入 meta 分析第 $i(i=1, 2, ..., S)$ 个研究第 $k(k=0, 1)$ 个臂的事件发生人数和总人数分别为 $r_{ik}$ 和 $n_{ik}$,每个臂的事件发生率为 $p_{ik}$,第 $i$ 个研究的真实值为 $\theta_i$,其估计值为 $y_i$,估计值的标准误为 $S_i$,研究间真实效应变异为 $\tau^2$,总的合并效应为 $\theta$,则经典的正态 - 正态模型有两层,第一层为抽样模型,假定 $y_i$ 服从未知均数 $\theta_i$ 和已知标准误 $S_i$ 的正态分布 $y_i \sim N(\theta_i, S_i^2)$;第二层为参数模型,假定 $\theta_i$ 服从正态分布 $\theta_i \sim N(\mu, \tau^2)$。如果选取 $OR$ 的对数尺度为效应量,则式中 $y_i = \ln\left[\dfrac{r_{i1}/(n_{i1}-r_{i1})}{r_{i0}/(n_{i0}-r_{i0})}\right]$,相应标准误为 $S_i = \sqrt{\dfrac{1}{r_{i1}}+\dfrac{1}{n_{i1}-r_{i1}}+\dfrac{1}{r_{i0}}+\dfrac{1}{n_{i0}-r_{i0}}}$。如果研究中事件发生数为零,则需要进行连续性校正,但合并结果可能产生偏倚,因此,为避免近似正态研究内似然的潜在问题,Stijnen 等人建议用给定研究中事件总数 $r_i = r_{i0}+r_{i1}$ 的精确条件似然来代替它,$\prod_{i=1}^{N} \int L_i(\theta_i) \dfrac{1}{\sigma} \varphi\left(\dfrac{\theta_i-\theta}{\sigma}\right) d\theta_i$,式中 $L_i(\theta_i) = \dfrac{\dbinom{n_{i1}}{r_{i1}}\dbinom{n_{i0}}{y_{i0}} exp(\theta_i r_{i1})}{\sum_j \dbinom{n_{i1}}{j}\dbinom{n_{i0}}{r_i-j} exp(\theta_i r_j)}$,与参数模型合称为超几何 - 正态模型,该模型实质上是条件 logistic 回归混合效应(mixed-effects conditional logistic model)。

上述三种方法或模型均可采用确切似然估计方法拟合或实现,可选用 R 软件的 meta 包及 metafor 包来计算。

## 三、高级 meta 分析方法

除了上述针对五大类型数据采用经典 meta 分析方法外,近年来涌现一大批针对特殊复杂数据(如相关结局数据、剂量 - 反应相关数据、重复测量数据、缺失数据、多重干预措施比较数据等)的高级 meta 分析方法或技术,如贝叶斯 meta 分析、网状 meta 分析、个体参与者数据(IPD)meta 分析、前瞻性 meta 分析、序贯 meta 分析、系统评价再评价等,限于篇幅不一一详细介绍了,相关内容建议阅读《实用循证医学方法学(第 3 版)》《高级 Meta 分析方法——基于 Stata 实现》《例解贝叶斯 Meta 分析:基于 R 语言》《系统综述与 Meta 分析》《系统评价 /Meta 分析理论与实践》《实用循证医学》《循证医学与临床实践(第 4 版)》等书籍,和本书配合使用会相得益彰。

**参考文献**

1. 张天嵩 . 经典 Meta 分析统计模型的合理选择[J]. 中国循证医学杂志, 2020, 20(12): 1477-1481.
2. 张天嵩,董圣杰 . 例解贝叶斯 Meta 分析:基于 R 语言[M]. 北京:人民卫生出版社, 2021.

3. 张天嵩,董圣杰,周支瑞.高级Meta分析方法——基于Stata实现[M].上海:复旦大学出版社,2015.

4. 张天嵩,李博,钟文昭.实用循证医学方法[M].3版.长沙:中南大学出版社,2021.

5. BENDER R,FRIEDE T,KOCH A,et al. Methods for evidence synthesis in the case of very few studies[J]. Res Synth Methods,2018,9(3):382-392.

6. HIGGINS J P,THOMAS J,CHANDLER J,et al. Cochrane handbook for systematic reviews of interventions version 6.2[EB/OL]. Cochrane,2021.[2023-09-10]. https://training.cochrane.org/handbook/archive/v6.2.

7. NIKOLAKOPOULOU A,MAVRIDIS D,SALANTI G. Demystifying fixed and random effects meta-analysis [J]. Evid Based Ment Health,2014,17(2):53-57.

8. RILEY R D,LAMBEIT P C,ABO-ZAID G. Meta-analysis of individual participant data:rationale,conduct, and reporting[J]. BMJ,2010,340:c221.

9. SACKETT D L,STRAUS S E,RICHARDSON W S,et al. Evidence based medicine:how to practice and teach EBM[M]. New York:Churchill Livingstone,2000.

10. VALGIMIGLI M,FRIGOLI E,LEONARDI S,et al. Radial versus femoral access and bivalirudin versus unfractionated heparin in invasively managed patients with acute coronary syndrome(MATRIX):final 1-year results of a multicentre,randomised controlled trial[J]. Lancet,2018,392(10150):835-848.

# 第五章　发表偏倚的评估与校正

## 第一节　发表偏倚的概念与评估

### 一、偏倚的概念

偏倚是流行病学里的重要概念,又被称为系统误差(systematic error),是指研究结果与真实情况之间所存在的系统性偏差。偏倚的来源有多种,对任何在设计、实施、分析或报告等研究环节中出现的问题,都有可能高估或低估真实的情况,从而影响研究的内部效度(internal validity)。同一种偏倚来源,在不同的研究中所产生的偏倚大小和方向可能是不同的,加之真实的效应通常不能确切知道,因此难以定量评价偏倚的程度,只能定性判断偏倚风险是否存在及其可能对结果产生影响的方向。

### 二、评估发表偏倚的意义

近年来,系统评价的发表数量增长迅速,同时系统评价证据也被公认为是制定临床实践指南的主要来源。但如果系统评价在设计、实施阶段存在局限性,则可能会产生多种偏倚,从而影响其研究结果的真实性和可靠性。因此,确保系统评价分析结果的真实可靠尤为重要,而在诸多可能影响系统评价结果真实性的偏倚中,以发表偏倚的影响程度较大且难以控制,因此备受关注。

发表偏倚是指在同类研究中,"有统计学意义($p<0.05$)"阳性研究结果或样本量较大的研究结果,较"无统计学意义($p>0.05$)"阴性研究结果或小样本研究结果,或空值(null)的研究结果更容易被发表。有研究发现,相较于阴性结果的文章,阳性结果的文章更容易发表,其概率甚至可能相差3倍之多。对于系统评价而言,已发表研究是获得结论的主要依据,如果仅考虑阳性结果的研究,而不关注未发表的阴性结果的研究,有可能会得出错误结论,从而误导卫生决策,对患者产生不利影响。发表偏倚会过分夸大阳性结果,或隐藏阴性研究结果,从而改变了科研数据的真实性和可信度,导致同行对现有研究成果作出错误的判断。特别是当科学研究以小样本研究为主时,更容易出现发表偏倚,即研究对象的效用和效果被不准确地估计(一般是效果高估,危害低估),甚至出现不正确的结论,误导后来的研究者和使用者。

### 三、产生发表偏倚的原因

**1. 研究人员方面**　研究人员可能对临床试验方案注册认识不足,对临床试验研究的报告不规范,对其质量控制重视程度不够。或者,在系统评价的制订过程中仅检索几个主要的数据库如 Cochrane 图书馆、MEDLINE、Embase、中国知网、万方数据库等,未对灰色文献、相关文献的参考文献、药物生产企业、WHO 及其一级临床试验数据平台等进行补充检索等。

**2. 研究资助方面**　当研究成果与资助方存在某种利益冲突时,资助方通常会促进公开发表对自己有利的结果。有研究表明,由于资助商造成的压力或为了增加发表的概率,作者更倾向于发表阳性结果的研究,而保留阴性结果的研究不发表。

**3. 期刊编辑方面**　相比较于阴性结果文章,期刊倾向于发表阳性结果文章,由此导致阳性研究结果发表的机会更多、发表的速度更快、所发表刊物的影响因子更高。这在一定程度上忽略了选题重要且设计实施良好,但出现阴性结果的研究的价值。

## 四、评估发表偏倚的方法

目前常用的评估发表偏倚的方法主要包括五种:漏斗图法、秩相关法、线性回归法、改良线性回归法和 Richy 法。

### (一)漏斗图法

漏斗图是一个简单的散点图,反映研究在一定样本量或精确性下单个研究的干预效应估计值,横轴为各研究效应估计值,纵轴为各研究的标准误,是最常见的定性评估发表偏倚的方法。在这个模型下,分析中的所有研究都被假定为估计相同的效应值。因此,估计的效应值应该分布在未知的真实值周围,估计的离散程度反映了它们的方差。也就是说,底部的小样本研究应该广泛分布,随着样本量的增加,分布范围缩小。如果产生发表偏倚,会被反映在图表的形状上。

"漏斗图"的称法是源于随着研究样本量增加,干预措施疗效估计值的精确度增加。因此,小样本研究(图 1-5-1 中的空心圆)的疗效估计值在漏斗图底部更分散,而较大样本研究(图 1-5-1 中的实心圆)则分布得较窄。在没有偏倚的情况下,图像中的点应聚集成一个大致对称的(倒置的)漏斗,如图 1-5-1 所示。

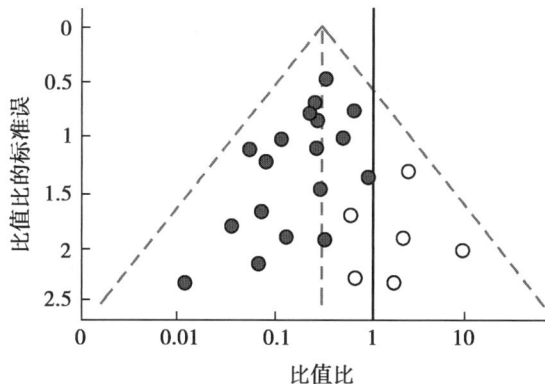

图 1-5-1　对称漏斗图

若存在偏倚,例如由于疗效无统计学意义的小样本研究尚未发表(如图 1-5-1 中空心圈所示),将使漏斗图外观不对称,图形底角有空白(图 1-5-2)。这种情况下,meta 分析计算出的效果可能会高估干预措施疗效。不对称越明显,越有可能存在实质的偏倚。

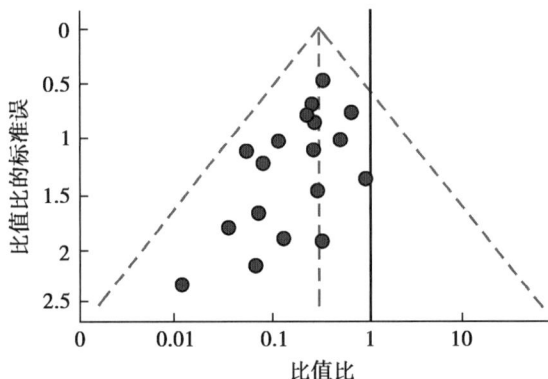

图 1-5-2　发表偏倚漏斗图

值得注意的是,在绘制漏斗图时,通常需要至少纳入 10 项研究,如果研究数量少于 10 个,则不建议进行漏斗图不对称检验,因为纳入研究数量太少时检验效能低,不足以发现漏斗图的不对称。

漏斗图最大的优点是简单易操作,只需要利用每个纳入研究的样本量和效应值就可以,即使没有任何统计学基础的人都可以很容易掌握。缺点是此法只能对结果做定性判定,适合于纳入的研究个数比较多的情况。当纳入研究的样本量变异很大时,会造成许多情况下难以判断是否存在发表偏倚。

**（二）秩相关法**

秩相关法的代表性方法为 Begg 秩相关法,又称 Begg 检验,由 Begg 等人提出,源于对漏斗图的视觉评估。基本原理是检验效应量的估计值与其方差(或标准差)是否存在秩相关关系。通过秩相关检验的 $p$ 值大小判定是否存在发表偏倚。

该法首先通过减去权重平均数并除以标准误,将效应量标准化;其次通过矫正秩相关分析来检验效应量的大小是否与其标准误差存在相关性,是常用的定量漏斗图不对称检验的统计方法。

Begg 检验被认为是漏斗图的直接统计学模拟,对该检验效能的模拟研究结果表明,检验效能的变异性大。

**（三）线性回归法**

线性回归法的代表性方法为 Egger 线性回归法(简称 Egger 法),又称 Egger 检验,由 Egger 等人提出,该法是效应量与其对应标准误的线性加权回归分析,如果存在不对称性,小样本试验显示的效应将系统地偏离大样本试验,回归线将不通过起点,其截距代表不对称的程度,偏离 0 越大,说明不对称的程度越明显。

需要注意的是,如果研究数量少于 20 个,敏感性则较差,但相对秩相关法而言,Egger 法的敏感性较高。其缺点在于其自变量的标准差估计来自纳入研究的数据,存在抽样误差。因而回归方程的斜率和截距都为有偏估计(biased estimates)。并且在研究个数比较小或者每个研究的样本量较小的情况下,线性回归法探测发表偏倚的能力会受到一定的限制,且线性回归法也不能解释漏斗图不对称的原因。

### （四）改良线性回归法

改良线性回归法的代表性方法为改良 Macaskill 线性回归法（简称 Macaskill 法），由 Macaskill 等人于 2001 年提出。Macaskill 法直接以研究的效应尺度为因变量，样本量为自变量，建立加权回归方程，权重为效应尺度的方差的倒数。若不存在发表偏倚，那么回归直线的斜率应该为 0。如果得到的回归方程，经假设检验后斜率不为 0，那么提示有可能存在发表偏倚。Macaskill 法可认为是将漏斗图顺时针旋转 90° 后再进行回归分析。

### （五）Richy 法

Richy 和 Florent 于 2006 年提出了一种新的评价 meta 分析研究中是否存在发表偏倚的方法。该法的构建引用了物理学中杠杆平衡这一概念，以效应量的偏差和效应量精度的乘积构造统计量，相当于物理学中力矩的概念。利用非参数方法 Bootstrap 法求出力矩的 95% $CI$。如果力矩的总和值在这个区间外，就认为该 meta 分析存在发表偏倚。该方法跳出了传统方法（如 Egger 法、Begg 法、Macaskill 法和剪补法等），以漏斗图是否对称为基础，判断发表偏倚是否存在这一限制，从另外一个角度来看待发表偏倚，相对于传统方法有其优势。但也存在一定局限，比如判断标准的设定问题，利用现有的评判标准，如果研究个数越多，得到存在发表偏倚的可能性就越大。

## 第二节  发表偏倚的校正与控制

### 一、发表偏倚的校正

#### （一）剪补法

该法是一种非参数统计方法，是基于发表偏倚造成漏斗图不对称的假设之上的。估计的是缺失的研究个数，并对发表偏倚进行校正。主要分两步进行，先估计缺失的研究数量，首先去掉不对称的小样本研究，估计合并效应量，然后粘补同等数量的小样本研究。其核心是估计缺失的研究数量，可以利用非参数统计方法实现，并将这些缺失的估计值纳入系统评价后，重新进行 meta 分析。

#### （二）失安全系数法

该法的概念是当 meta 分析的结果有统计学意义时，为排除发表偏倚的可能，推算出最少需要多少阴性结果才能使目前的 meta 分析结果失效。失安全系数越大，说明发表偏倚越小，meta 分析的结果越稳定。有研究表明，一个 meta 分析的失安全系数的最小可接受值为 $5k+10$，其中 $k$ 是纳入的研究数量。

该法的优点是简便易行，缺点是其假定所有未发表研究的平均效应方向与已发表研究的效应方向相反并不具有充分性，而且该法不适于无统计学意义的合并效应量情形。Orwin 在 Rosenthal 思想的基础上，提出以最小有应用意义的效应量为判断标准的校正方法来估计缺失阴性数，但并没有从根本上克服缺失阴性数法的缺陷。

### 二、发表偏倚的控制

控制发表偏倚的唯一办法就是尽可能地收集与当前系统评价有关的全部资料，包括所有公开发表和未公开发表的研究报告、会议论文摘要、简报和学位论文等。但由于即使具备周密的检索策略和手段（如与研究者个人联系），也不可能完全纳入所有相关研究。因此，最有希望控制发表偏倚的措施是对所有的动物实验研究进行注册，并建立相应的注册数据库。

### （一）建立动物实验及其系统评价的注册制度

建立动物实验及其系统评价的注册制度是有效降低发表偏倚的重要措施之一。参考临床试验的注册，临床试验的注册是指临床试验在申请、设计和开始搜集资料前登记相关的基本信息，从起始阶段即进入公众的视野，使临床试验透明化，让公众了解试验的进展和结果，以备今后查寻研究是否进行、结果是否发表。因此，非常有必要对所有动物实验开展前瞻性注册，建立动物实验注册数据库，以获取其原始数据，可避免不必要的重复研究，降低发表偏倚，并提高原始动物实验的方法质量。同时，通过注册，可以促进动物实验数据的共享，这将有助于阴性或中性的实验结果数据的发表，最终促进动物实验研究质量的提高。

实行动物实验注册制度，可以给予编辑、审稿人、读者更为全面的了解和掌握动物实验详细内容的视角，且为后续系统评价或 meta 分析提供系统的数据，避免仅纳入已发表的研究，同时，识别和防止不必要的重复研究和选择性报告研究结果的出现。

### （二）提高和改变科研人员医学期刊论文发表的传统认识与观念

阴性结果的研究论文最终是否能够被发表，与编审人员关系密切，因此，编审人员应该正确认识阴性结果，对阴性研究结果论文应与阳性结果论文有着一致的评判标准。期刊应以实际行动减少发表偏倚，鼓励发表合理的阴性结果论文，才有可能改变当下绝大部分人"阳性结果才有机会在高水平期刊发表"的观念，使更多的研究者能够阅读和评价这些阴性结果的科学性和正确性，并能从中总结经验，少走弯路。改变公众包括资金资助者对研究的客观性与科学性的理性认识，即不是所有研究都会得到阳性结果，阴性结果同样具有发表价值和科学意义。

### （三）选择合适的统计学方法检测发表偏倚

当 meta 分析纳入的研究数大于 10 时，可选择使用倒漏斗图法，对于以均数差表示干预措施疗效的连续性结局指标，可以用 Egger 法检验漏斗图是否对称。对于以比值比表示干预措施疗效的二分类结局指标，可采用 Peters 法、Harbord 法等。在干预措施确有疗效但同时存在明显研究间异质性的情况下，Rücker 法可避免假阳性结果。但这些方法都存在一定的局限性，例如发表偏倚不一定会引起漏斗图的不对称，精度的定义和效应量的选择也会导致不对称，且漏斗图的目测具有一定的主观性，因此，可以采用不同（一种以上）方法得出一致的结果，当漏斗图不对称时，可根据上述指标类型选择统计方法对漏斗图不对称性进行检验。

参考文献

1. HIGGINS J P, THOMAS J, CHANDLER J, et al. Cochrane handbook for systematic reviews of interventions ［M］. 2nd ed. Chichester UK：Wiley-Blackwell, 2019.
2. HIGGINS J P, ALTMAN D G, GOTZSCHE P C, et al. The Cochrane Collaboration's tool for assessing risk of bias in randomised trials［J］. BMJ, 2011, 343：d5928.

3. EASTERB ROOK P J, BERLIN J A, GOPALAN R, et al. Publication bias in clinical research［J］. Lancet, 1991, 337（8746）: 867-872.

4. COOK D J, GUYATT G H, RYAN G, et al. Should unpublished data be includedin meta-analyses ?［J］. JAMA, 1993, 269（21）: 2749-2753.

5. ROTHSTEIN H R, SUTTON A J, BOREMTEIN M. Publication bias in meta-analysis: Prevention, assessment and adjustments［M］. Chichester UK: John Wiley & Sons, 2005.

6. MACASKILL P, WALTER S D, IRWIG L. A comparison of methods to detect publication bias in meta-analysis［J］. Stat Med, 2001, 20（4）: 641-654.

7. RICHY F, REGINSTER J Y. A simple method for detecting and adjusting meta-analyses for publication bias ［J］. Inter J Epidemiol, 2005, 3（2）.

# 第六章 证据质量与推荐强度的分级

## 第一节 证据质量与推荐强度简介

### 一、证据质量分级与推荐强度分级的发展

牛津循证医学中心原主任 Paul Glasziou 教授和 Cochrane 协作网创建人 Iain Chalmers 在 2010 年的一项研究中发现,全世界每年仅随机对照试验就发表 27 000 余个,系统评价 4 000 余个。其他观察性研究、动物研究和体外研究的数量更为庞大。但对于医务人员和决策者而言,每天却只有 24 小时,想要有效判断这些研究的好坏,遴选出高质量证据,将其转化为推荐意见,进而促进循证实践,一套科学、系统和实用的分级工具必不可少。另外,全球医疗机构安全、质量和成本效益改善组织急救医学研究所(Emergency Care Research Institute, ECRI)已收录了超过 700 个全世界最新的高质量循证指南,然而各个指南所采用的证据质量和推荐强度的分级标准和依据却各不相同。临床医师想要快速理解和应用这些推荐意见,全面了解当前各种分级标准的现状十分必要。过去 40 年间,超过 50 个机构和组织就如何对证据质量和推荐强度进行分级展开了积极的探索与尝试,在本节将对主要的分级组织、标准和方法予以简要概述。

证据质量与推荐强度分级方法的发展主要经历了三个阶段,第一阶段单纯考虑试验设计,以随机对照试验为最高质量证据,主要代表有加拿大定期体检特别工作组(Canadian Task Force on the Periodic Health Examination, CTFPHE)的标准(表 1-6-1)和美国纽约州立大学下州医学中心推出的“证据金字塔”(图 1-6-1),其优点在于简洁明了,操作性强。但存在的主要问题在于分级依据过于简易,仅用于防治领域,且结果可能并不客观准确。第二阶段在研究设计的基础上考虑了精确性和一致性,将系统评价作为最高级别的证据,主要代表有英国牛津循证医学中心(Oxford Center for Evidence-based Medicine, OCEBM)推出的 OCEBM 标准(表 1-6-2)。该标准在证据分级的基础上引入了分类概念,涉及治疗、预防、病因、危害、预后、诊断、经济学分析等七个方面,更具针对性和适应性,曾一度成为循证医学教学和循证临床实践中公认的经典标准,也是循证教科书和循证指南使用最为广泛的标准之一,目前该分级标准已经于 2009 年和 2011 年进行了更新,但由于其级数较多(大小共 10 级),简单将证据质量和推荐强度直接对应(高质量证据对应强推荐,低质量证据对应弱推荐),并未充分考虑研究的间接性和发表性偏倚,以及观察性研究的升级等因素,所以在实际应用中仍然存在问题。2000 年,针对上述证据分级与推荐意见存在的不足,包括世界卫生组织(WHO)在内的 19 个国家和国际组织的 60 多名循证医学专家、指南制定专家、医务工作者和期刊编辑等,共同创建了证据推荐分级的评估、制订与评价(Grading of Recommendations Assessment, Development and Evaluation, GRADE)工作

组,旨在通力协作,循证制定国际统一的证据质量分级和推荐强度系统。该系统于 2004 年正式推出,相比较于之前的各种证据质量与推荐强度分级方法,GRADE 分级系统更加科学合理、过程透明、适用性强,目前包括 WHO 和 Cochrane 协作网在内的 100 多个国际组织、协会和学会已经采纳 GRADE 标准,成为证据与推荐强度分级发展史上新的阶段和里程碑事件。

表 1-6-1　1979 年 CTFPHE 分级标准

| 证据级别 | 定义 |
| --- | --- |
| I | 至少一项设计良好的随机对照试验 |
| II-1 | 设计良好的队列或病例对照研究,尤其是来自多个中心或多个研究团队的研究 |
| II-2 | 在时间、地点上可比的对照研究;或效果显著的非对照研究 |
| III | 基于临床研究、描述性研究或专家委员会的报告,或权威专家的意见 |

| 推荐强度 | 定义 |
| --- | --- |
| A | 在定期体检中,考虑检查该疾病的推荐意见有充分的证据支持 |
| B | 在定期体检中,考虑检查该疾病的推荐意见有一定的证据支持 |
| C | 在定期体检中,考虑检查该疾病的推荐意见缺乏证据支持 |
| D | 在定期体检中,不考虑检查该疾病的推荐意见有一定的证据支持 |
| E | 在定期体检中,不考虑检查该疾病的推荐意见有充分的证据支持 |

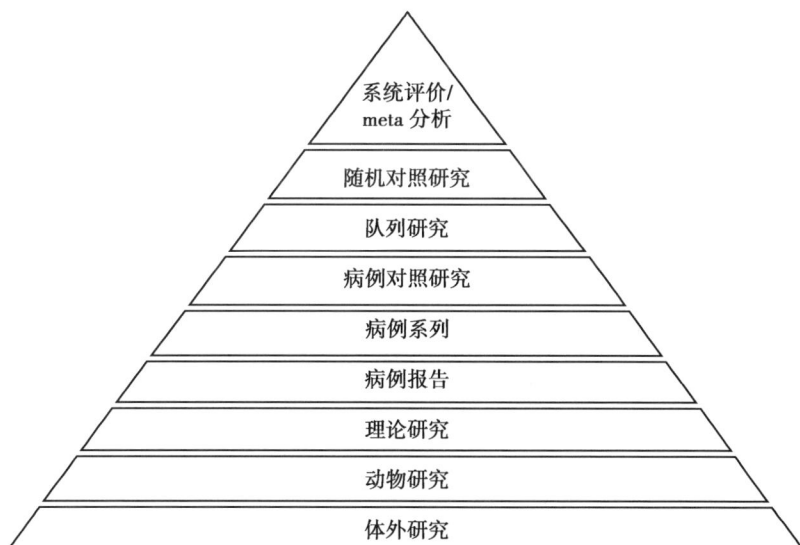

图 1-6-1　证据金字塔

## 二、证据质量分级与推荐强度分级的意义

**1. 证据质量分级和推荐强度的产生与发展是历史的必然**　与医学各分支学科及医学本身的发展一样,证据分级和推荐强度的发展也经历了从定性到定量、从局部到整体、从片

表 1-6-2　2001 牛津循证医学中心证据分级与推荐意见强度分级标准 *

| 推荐强度 | 证据级别 | 防治 |
| --- | --- | --- |
| A | 1a | RCT 的系统评价 |
| | 1b | 结果置信区间窄的 RCT |
| | 1c | 显示"全或无效应"任何证据 |
| B | 2a | 队列研究的系统评价 |
| | 2b | 单个的队列研究（包括低质量的 RCT，如失访率 >20% 者） |
| | 2c | 基于患者结局的研究 |
| | 3a | 病例对照研究的系统评价 |
| | 3b | 单个病例对照研究 |
| C | 4 | 病例系列报告、低质量队列研究和低质量病例对照研究 |
| D | 5 | 专家意见（即无临床研究支持的仅依据基础研究或临床经验的推测） |

*：以评估治疗效果证据为例；RCT：随机对照试验

面到全面、从个别到一般、从分散到统一的过程，这是一个不断探索和实践、不断批判和超越的过程。可以预见，随着医学科学不断进步，证据分级和推荐强度必将紧跟时代，不断更新，使其更加完善。

**2. 证据质量分级和推荐强度分级是信息时代处理海量信息的有效方法**　世界著名未来学家 John Naisbitt 早在 20 世纪 80 年代就在其著作《大趋势：改变我们生活的十个新方向》中提出："面对知识饥荒，我们却淹没于信息海洋，用现有手段显然不可能应对当前的信息。在信息社会，失去控制和没有组织的信息不再是一种资源，而是信息工作者的敌人。"医学信息学家 Simpson 也在 20 世纪 90 年代指出："谁掌控了信息谁就掌控了一切。"持续学习成为当今社会个人生存和发展的基础，快速获取对自己最有价值的信息则是学习能力的核心。依据循证理念，将信息按研究者和使用者关注的问题先分类，再在同类信息中按事先确定的标准经科学评价后严格分级，是筛选海量信息的重要方法和技巧。

**3. 证据质量分级和推荐强度是科学决策的有效依据**　明确的推荐意见对决策者的影响比证据级别更直接，可为是否应该采取某个决策方案及其实施结果的利弊提供证据参考，增强决策者的信心。因此，推荐意见的内容和表述必须科学、简洁，使决策者有时间考虑自身可利用的资源和目标人群的意愿，全面、高效地进行决策。证据质量和推荐强度的分级则为推荐意见从推荐到决策提供了重要的参考依据。

# 第二节　GRADE 分级系统

## 一、GRADE 分级系统中对证据质量和推荐强度的定义

GRADE 分级系统首次清楚阐述了证据质量和推荐强度的定义，即证据质量是指对观察值的真实性有多大把握；推荐强度是指指南使用者遵守推荐意见对目标人群产生的利弊

程度有多大把握。其中"利"包括降低发病率和病死率,提高生活质量和减少资源消耗等,"弊"包括增加发病率和病死率、降低生活质量或增加资源消耗等。证据质量分为高、中、低、极低四个等级,推荐强度分为强、弱两个等级,具体描述见表1-6-3。

表1-6-3 GRADE证据质量与推荐强度分级标准

| 证据质量分级 | 具体描述 |
| --- | --- |
| 高（A） | 非常有把握观察值接近真实值 |
| 中（B） | 对观察值有中等把握:观察值有可能接近真实值,但也有可能差别很大 |
| 低（C） | 对观察值的把握有限:观察值可能与真实值有很大差别 |
| 极低（D） | 对观察值几乎没有把握:观察值与真实值可能有极大差别 |
| 推荐强度分级 | 具体描述 |
| 强（1） | 明确显示干预措施利大于弊或弊大于利 |
| 弱（2） | 利弊不确定或无论质量高低的证据均显示利弊相当 |

## 二、影响证据质量和推荐强度的因素

### （一）影响证据质量的因素

和此前的分级系统一样,GRADE分级系统对证据质量的判断始于研究设计。一般情况下,随机对照试验的证据起始质量为高（即A级）,但有五个因素可降低其质量;观察性研究的证据起始质量为低（即C级）,但有三个因素可升高其质量（表1-6-4）。

表1-6-4 影响证据质量的因素

| 可能降低随机对照试验证据质量的因素及其解释 | |
| --- | --- |
| 偏倚风险 | 未正确随机分组;未进行分配方案的隐藏;未实施盲法（特别是当结局指标为主观性指标,其评估易受主观影响时）;研究对象失访过多,未进行意向性分析;选择性报告结果（尤其是仅报告观察到的阳性结果）;发现有疗效后提前终止研究 |
| 不一致性 | 如不同研究间存在大相径庭的结果,又没有合理的解释原因,可能意味着其疗效在不同情况下确实存在差异。差异可能源于人群（如药物在重症患者中的疗效可能更显著）、干预措施（如较高药物剂量的效果更显著）,或结局指标（如随时间推移,疗效减小）的不同。当结果存在不一致性而研究者未能意识到并给出合理解释时,需降低证据质量 |
| 间接性 | 间接性可分两类:一是比较两种干预措施的疗效时,没有直接比较二者的随机对照试验,但可能存在每种干预均与安慰剂比较的多个随机对照试验,这些试验可用于进行二者之间疗效的间接比较,但提供的证据质量比直接比较的随机对照试验要低。二是研究中所报告的人群、干预措施、对照措施、预期结局等与实际应用时存在重要差异 |
| 不精确性 | 当研究纳入的患者和观察事件相对较少而导致置信区间较宽时,需降低其证据质量 |

| 可能降低随机对照试验证据质量的因素及其解释 |
|---|

发表偏倚　　如果很多研究（通常是样本量小的、阴性结果的研究）未能公开,且未纳入这些研究时,证据质量亦会减弱。极端的情况是当公开的证据仅局限于少数试验,而这些试验全部是企业赞助的,此时发表偏倚存在的可能性很大

降级标准:以上五个因素中任意一个因素,可根据其存在问题的严重程度,将证据质量降 1 级（严重）或 2 级（非常严重）。证据质量最多可被降级为极低,但注意不应该重复降级,譬如,如果分析发现不一致性是由于存在偏倚风险（如缺乏盲法或隐蔽分组）所导致时,则在不一致性这一因素上不再因此而降级

| 可能提高观察性研究证据质量的因素及其解释 |
|---|

效应值很大　　当方法学严谨的观察性研究显示疗效显著或非常显著且结果高度一致时,可提高其证据质量

有剂量-效应关系　　当干预的剂量和产生的效应大小之间有明显关联时,即存在剂量-效应关系时,可提高其证据质量

负偏倚　　当影响观察性研究的偏倚不是夸大,而可能是低估效果时,可提高其证据质量

升级标准:以上三个因素中任意一个因素,可根据其大小或强度,将证据质量升 1 级（如相对危险度大于 2）或 2 级（如相对危险度大于 5）。证据质量可升级到高质量（A 级）

**（二）影响推荐强度的因素**

对于推荐强度,GRADE 突破了之前将证据质量和推荐强度直接对应的弊端,进一步提出,除了证据质量,资源利用和患者偏好与价值观等证据以外的因素也同样会影响推荐的强度,并将推荐强度的级别减少为两级,即表 1-6-3 中的强（1）和弱（2）。对于不同的决策者,推荐强度也有不同的含义（表 1-6-5）。

表 1-6-5　GRADE 中推荐强度的含义

| 强推荐的含义 |
|---|

对患者——几乎所有患者均会接受所推荐的方案;此时若未接受推荐,则应说明
对临床医师——应对几乎所有患者都推荐该方案;此时若未给予推荐,则应说明
对政策制定者——该推荐方案一般会被直接采纳到政策制定中去

| 弱推荐的含义 |
|---|

对患者——多数患者会采纳推荐方案,但仍有不少患者可能因不同的偏好与价值观而不采用
对临床医师——应该认识到不同患者有各自适合的选择,帮助每个患者作出体现其偏好与价值观的决定
对政策制定者——制定政策时需要充分讨论,并需要众多利益相关者参与

## 三、GRADE 分级系统在系统评价中的应用

GRADE 分级系统适用于三个研究领域,即系统评价、卫生技术评估及临床实践指南,但在各自领域的应用不完全相同。对于系统评价,GRADE 仅用于对证据质量分级,不给出

推荐意见;对于指南,需在对证据质量分级的基础上形成推荐意见,并对其推荐强度进行分级;对于卫生技术评估,是否给出推荐意见,取决于评估的目的。

GRADE 分级系统目前应用于各类型的系统评价,包括干预、诊断、预后、定性、网状 meta 分析等,同时也可以应用于免疫规划、基因组学、动物实验及公共卫生等领域。每种不同类型和不同领域的系统评价应用 GRADE 时,其基本原理相同,但又有各自的不同,对于如何在系统评价和实践指南中使用 GRADE,读者可参阅《GRADE 在系统评价和实践指南中的应用(第2版)》(中国协和医科大学出版社,2021年)。

## 四、GRADE 分级系统的优势和局限性

### (一)GRADE 分级系统的优势

GRADE 分级系统相对之前众多分级标准,其主要特点体现在以下几个方面:①由一个具有广泛代表性的国际指南制定小组研发;②明确界定了证据质量和推荐强度及其区别;③明确指出对证据质量的评估是对报告了重要临床结局指标的证据体的评估,而非对一个系统评价或临床试验的评估;④对不同级别证据的升级与降级有明确、统一的标准;⑤从证据到推荐的过程全部公开透明;⑥明确承认偏好与价值观在推荐中的作用;⑦就推荐意见的强弱,分别从临床医师、患者、政策制定者角度作了明确、实用的诠释;⑧适用于制作系统评价、卫生技术评估及医学实践指南。

### (二)GRADE 分级系统的局限性

尽管 GRADE 分级系统有许多优势,但也有其自身的一些局限性。①目前使用的初始分级因素(即研究设计类型)和进一步的升降因素的赋值都是人为规定的,我们应如何制订各因素的权重是需要未来研究回答的问题;②除 GRADE 目前纳入的五个降级因素和三个升级因素外,是否还存在其他已知和未知的影响证据可信性的因素,如研究的基线差异对证据质量的影响,各升、降级因素之间存在的交叠和互相影响?③GRADE 升、降级因素之间可能会存在一些交叠和相互影响,如何处理同一因素造成的多重降级或升级的可能性?④不同研究类型(随机对照试验和非随机对照研究)合并后的 GRADE 分级,GRADE 工作组已关注到了这些问题,但目前尚没有给出指导意见;⑤GRADE 分级系统对初学者较为复杂,对分级人员的要求较高,需具备扎实的临床流行病学、医学统计学、卫生经济学、循证医学、系统评价和临床指南等方面的理论基础和实践经验,不利于其快速推广应用。

## 参考文献

1. HOWICK J, CHALMERS I, GLASZIOU P, et al. The 2011 Oxford CEBM evidence levels of evidence (introductory document)[M]. Oxford Center for Evidence Based Medicine[EB/OL].(2011-09-01)[2024-11-11]. https://www.cebm.ox.ac.uk/resources/levels-of-evidence/ocebm-levels-of-evidence.
2. 陈耀龙,李幼平,杜亮,等.医学研究中证据分级和推荐强度的演进[J].中国循证医学杂志,2008(2):127-133.
3. THOMA A, IGNACY T A, LI Y K, et al. Reporting the level of evidence in the Canadian Journal of Plastic Surgery:Why is it important?[J]. Can J Plast Surg, 2012, 20(1):12-16.
4. GUYATT G H, OXMAN A D, VIST G E, et al. GRADE:an emerging consensus on rating quality of evidence and strength of recommendations[J]. BMJ, 2008, 336(7650):924-926.

5. TREWEEK S, OXMAN A D, ALDERSON P, et al. Developing and Evaluating Communication Strategies to Support Informed Decisions and Practice Based on Evidence（DECIDE）: protocol and preliminary results［J］. Implement Sci, 2013, 8: 6.

6. LEWIN S, BOOTH A, GLENTON C, et al. Applying GRADE-CERQual to qualitative evidence synthesis findings: introduction to the series［J］. Implement Sci, 2018, 13（Suppl 1）: 2.

7. 陈耀龙. GRADE 在系统评价和实践指南中的应用［M］. 2 版. 北京: 中国协和医科大学出版社, 2021.

8. GRANHOLM A, ALHAZZANI W, MØLLER M H. Use of the GRADE approach in systematic reviews and guidelines［J］. Br J Anaesth, 2019, 123（5）: 554-559.

9. SENA E S, VAN DER WORP H B, BATH P M, et al. Publication bias in reports of animal stroke studies leads to major overstatement of efficacy［J］. PloS Biol, 2010, 8（3）: e1000344.

# 第二篇

# 方　法　篇

# 第一章 动物实验系统评价概述

## 第一节 动物实验概述

### 一、概念

动物实验是指在实验室内,为了获得有关生物学、医学等方面的新知识或解决具体问题,利用动物开展的科学研究,与临床研究一起被称为现代医学研究的两个重要领域。动物实验在基础研究中起着重要作用,是连接基础医学研究和临床试验的重要桥梁,其结果直接影响着许多领域研究成果的确立和水平高低。在生命科学领域里,许多里程碑式的研究成果最早都来自动物实验,美国政府资助的所有生命科学领域研究项目中 70% 左右的课题涉及动物实验。

### 二、作用和目的

作为医学基础研究的主要方式,一些新型诊疗技术和创新手段的研究与发展,均需要通过以动物实验为代表的基础研究加以确证和改进。同时,医学科研往往涉及临床、医技和基础等多学科,动物实验作为贯穿多学科的研究内容,是医学课题研究到科技成果应用中的重点环节,也是保证科研成果独立完整和提高科研项目成熟度的重要方面。

国家投入大量的科研基金用于卫生保健领域基础研究,特别是动物实验,其主要目的是期望通过对动物的研究,把成果可以推广到人体,以探索人类的生命奥秘,了解人类的疾病和衰老,最终为人类的健康服务。

### 三、动物实验面临的挑战

相比较于临床研究,临床前动物实验不仅可以提供干预措施的毒性证据,还能研究疾病病理和机制的广泛可能性。但即便如此,在动物实验中显示出优势的一些新的治疗手段或干预措施,在临床试验中很有可能效果甚微或无效,甚至有时会对人体产生一定的危害。因此,从动物实验结果到人体转化的过程中,还存在诸多挑战。

#### (一)物种和品系间的生物学差异

动物与人类在基因和物种间的差异,以及实验动物间在物种、品系和细胞株等方面的差别,在动物实验中常被忽视。因此,忽略物种和品系间的生物学差异,会造成实验设计上的局限,产生不可信的结果,导致不必要的花费和对实验动物的过度浪费。

#### (二)动物实验设计方法的局限性

动物实验最基本的目的是初步验证干预措施的安全性和有效性,为新干预措施是否可以进入临床试验阶段提供科学证据,以保护 I 期临床试验的志愿者。但在方法学方面普遍存在的一些问题大大降低了临床前动物实验的真实性和可靠性,包括原始动物实验设计不需要专门委员会批准,非随机的分组设计、对照设立欠佳,动物质量未标准化,观察指标单一,结果报告不完整、可重复性差等诸多问题。

越来越多的研究显示,"随机分配、隐蔽分组和盲法"是降低临床前动物实验内在偏倚风险的重要措施。在动物实验的设计和实施阶段,对可能产生的偏倚风险进行严格控制,有助于降低动物实验研究结果向临床转化时的风险。尽管相对于临床研究,"随机化"和"盲法"等原则在理论上更容易在动物实验中实施,但令人遗憾的是,动物实验中一些重要的方法学问题,如"随机""盲法"等常常在设计和实施阶段被忽视,导致其结果无法被重复,并且造成对干预措施效果的高估。牛津大学 Jennifer A. Hirst 等学者的研究亦显示,仅 29% 和 15% 干预性动物实验实施了"随机分配"和"隐蔽分组",仅 35% 的研究实施了"盲法",未实施"随机化"和"盲法"的动物实验更容易得出阳性结果。国内有学者对 1 999 篇国内外发表的动物实验进行评价后发现,纳入的 1 999 个动物实验中,报告了随机序列产生方法的研究不到 25%,仅 1% 的研究说明实施了隐蔽分组。此外,对于降低和避免动物实验在实施和测量过程中可能出现的实施偏倚、测量偏倚等的一些重要措施,如盲法的实施、动物随机安置等,其实施的比例亦低于 10%。因此,在方法学设计上存在偏倚的动物实验,其不准确甚至是错误的结论不仅会误导后续临床试验的立项与开展,更是对实验动物和有限卫生资源的巨大浪费,最终导致对人类健康的巨大伤害。

### (三)动物实验的不充分报告

科研论文是连接证据生产者和证据使用者的主要桥梁之一,只有高质量的科学研究才能提供尽可能接近科学真实的证据。高质量研究不仅需要严谨、科学的设计方法,更需要对研究结果进行规范化报告。2009 年,Kilkenny 等人系统收集了来自英国和美国公共基金资助的动物实验,对其报告质量进行回顾分析后发现,许多被资助的动物实验缺乏对实验设计、实施和分析等一些重要信息的报告。例如,41% 的论文未说明该实验的假设和目的、实验动物的数量和所用实验动物的基本特征,30% 的实验未描述其统计学方法,以及未采用正确的统计指标描述统计结果。因此,Kilkenny 等人认为这是导致由美国和英国公共基金资助的动物实验研究成果的利用率和转化率低下,并使其基金的投入与产出不成正比的主要原因。此外,国内有学者对发表在国内医学相关期刊(共纳入 4 342 篇研究)的临床前动物实验的报告质量进行回顾性分析,结果显示:①文章"方法学"部分,仅 1.45% 的研究使用流程图呈现了实验实施的全过程,几乎无研究(0.02%)解释动物实验所需样本量的算法及计算公式,仅 12% 的研究详细描述了实验动物分组信息;②文章"结果"部分,仅 5% 和 1% 的研究分别报告了实验动物的详细基线数据和每个实验组重要不良反应的详细信息。以上结果说明这些即使发表在国内高水平期刊上的临床前动物实验的研究报告也存在较为严重的报告不充分、不完整和透明度较低的现象,这使得读者(同行、公众或决策人员)难以从发表文章中清晰而准确地获知其实验设计、实施和结果报告的全过程,在很大程度上阻碍了读者(同行、公众或决策人员)对其结果的内部真实性和实用价值的科学评价,同时,这可能也是导致当前临床前动物实验成果的转化率和利用率低下的重要原因。

### (四)发表偏倚

虽然发表偏倚在动物实验和临床试验中均可能出现,但在动物实验中可能更为严重。相比较于阳性结果,阴性或中立实验结果被发表的概率较低,对阴性或中立实验结果的不报告会导致高估干预措施效果。Sena 等人发表在 *PLoS Biology* 上的急性缺血性卒中动物实验系统评价发现,约 14% 的原始动物实验未被发表,这些未被发表的原始动物实验导致的缺失数据使其结果比实际值高估了 30%。

## 第二节 开展动物实验系统评价的意义

动物实验的结果对下一步设计和实施临床试验具有重要参考价值,但由于临床前动物实验所存在的诸多挑战,大部分临床前动物实验所获结论常未经严格而系统评估就作为开展临床研究的支持证据,导致其远期效果不佳,临床试验和药品上市后撤出的代价极大。因此,有必要在开展临床试验之前,对所有动物实验进行系统评价,为今后临床试验的开展提供系统、全面、可靠的证据支持,并降低其转化过程中的生物学风险。

英国 Sandercock 教授于 2002 年在 *Lancet* 发表述评文章,认为"需要将基于相关动物实验系统评价研究的结果,作为决定是否开展任何一个新的临床试验的先决条件"。基于动物实验的系统评价,可从以下几个方面提高从动物到人体的转化:①相关干预措施的有效和安全性证据很难从人体研究中获取;②系统评价的过程可以很好地揭示每个纳入动物实验可能存在的偏倚和方法设计方面的不充分性,因此,对证据的误解率会降低;③使动物实验之间在设计差异,以及动物实验与临床试验在设计方面的差异变得越来越透明化;④在开始临床试验前可有效评估和优选最佳的实验动物模型。

因此,基于动物实验的系统评价可以大大降低将动物实验所获结果引入临床时的风险。同时,还可帮助在随后开展的临床试验中计算效能时,增加其估计疗效的精度,降低假阴性结果的风险,用于决定动物实验结果何时可被临床接受,或终止不必要的临床试验,更好地促进动物实验向临床研究的转化。当然,临床前动物实验系统评价亦存在一定的局限性:①系统评价过程常需花费较多时间;②由于动物实验在报告和方法学方面的不充分性,即使采用系统评价的方法也可能难以获得对总体证据的精确、可信赖的估计。因此,当前动物实验系统评价应该重点关注和确定的是,研究的总效应量及影响总效应量的大小和方向等因素;③由于人体和动物物种间的生物学差异,动物实验系统评价还不能解决动物模型外部真实性较低的问题。

## 第三节 动物实验系统评价制作步骤概述

动物实验系统评价的制作流程共包括 8 个步骤,包括:①提出并明确研究问题;②制定纳入和排除标准;③证据来源与检索;④文献筛选;⑤对纳入研究的偏倚进行评估;⑥资料收集和提取;⑦分析和比较每项研究的结果,并在可能的情况下进行 meta 分析;⑧呈现数据结果并给予相应的解释。具体参见图 2-1-1。

本节仅针对前两个步骤,即"提出并明确研究问题"和"制定纳入和排除标准"进行详细阐述,其他步骤详见本篇的其他章节。

### 一、提出并明确研究问题

系统评价的目的是为医疗保健措施的管理和应用提供决策依据,同临床试验系统评价一样,动物实验系统评价同样可用于解决基础医学研究中遇到的危险/病因因素、干预等的

```
┌─────────────────┐
│1. 提出并明确研究问题│─┐
└─────────────────┘ │  ●五个核心要素方面的考虑
        ↓           │
┌─────────────────┐ │
│2. 制定纳入和排除标准│─┘
└─────────────────┘
        ↓
┌─────────────────┐   ●检索问题的转化
│3. 证据来源与检索  │───┤
└─────────────────┘   ●数据库选择，检索策略制定、补充
        ↓
┌─────────────────┐   ●文献筛选阶段和标准（纳入和排
│4. 文献筛选        │───┤  除标准）
└─────────────────┘   ●文献筛选方法及其质控措施
        ↓
┌─────────────────┐   ●评估工具的选择（SYRCLE动物实
│5. 对纳入研究的偏倚 │───┤  验偏倚风险评估工具、CAMARADES
│   进行评估        │     清单等）
└─────────────────┘
        ↓
┌─────────────────┐   ●资料提取方法及其质控措施
│6. 资料收集和提取  │───┤  ●资料提取内容（五个核心要素）
└─────────────────┘   ●纳入研究间的异质性评估
        ↓
┌─────────────────┐   ●收集所有相关数据
│7. 分析和比较每项研究│───┤  ●选择恰当的效应量
│   的结果          │     ●计算每个独立研究的效应量
└─────────────────┘   ●选择合理的统计分析模型
        ↓
┌─────────────────┐
│8. 呈现数据结果并作出│
│   相应的解释      │
└─────────────────┘
```

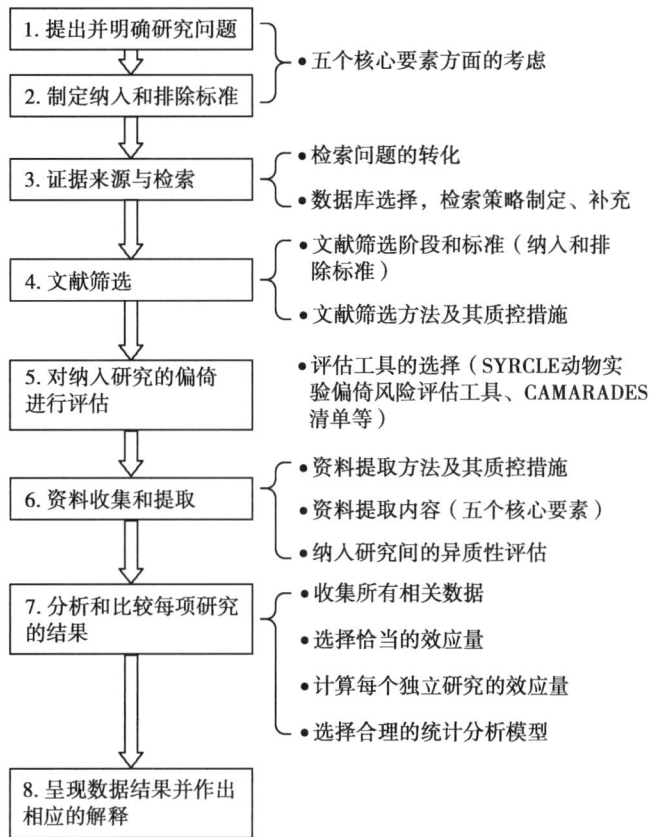

图 2-1-1　动物实验系统评价实施步骤

研究。而且，动物实验系统评价在纳入动物的同时，也可以同时纳入基于人体的试验。此外，提出的问题是否恰当、清晰、明确，关系到一个动物实验系统评价是否具有重要的临床意义，是否具有可行性，并影响整个研究方案的设计和制定。

类似于临床试验系统评价需用 PICO（Population，Intervention，Comparison，Outcome）四要素来结构化研究问题，一个明确的动物实验系统评价研究问题需包含以下 5 个方面的核心要素：①感兴趣的疾病 / 健康问题（disease of interest/health problem）；②动物 / 种属 / 菌株（population/species/strain）；③干预措施 / 暴露因素（intervention/exposure）；④对照措施（comparison）；⑤结局测量指标（outcome measure）。

例如，预探讨"干细胞对慢性颞叶癫痫的治疗效果如何？"，针对这一研究问题，按以上原则对问题进行结构化。①感兴趣的疾病 / 健康问题：慢性颞叶癫痫；②动物及其种属：不限制动物种属；③干预措施：干细胞治疗，不限制干细胞的具体类型和具体来源；④对照措施：空白对照；⑤结局测量指标：主要结局指标包括癫痫发作频率、持续时间和幅度、记忆和学习结果，次要结局指标包括细胞迁移、细胞融合和细胞分化。

## 二、制定纳入和排除标准

纳入标准和排除标准的关系为：用纳入标准定义研究的主体，用排除标准定义研究主体中具有影响结果因素的个体。同临床试验系统评价一样，动物实验系统评价的纳入和排除标准，也应体现结构化问题中所涉及的 5 个方面的核心要素。以"ZHANG J，JIANG Y，

SHANG Z, et al. Biodegradable metals for bone defect repair: A systematic review and meta-analysis based on animal studies. Bioact Mater, 2021, 6(11): 4027-4052."研究为例(下文中用"BM"代指该研究),来具体说明如何制订动物实验系统评价的纳入和排除标准。

**(一)动物物种及其种属(包括感兴趣的疾病/健康问题)**

纳入的主体可以是健康动物或患有不同疾病的动物模型等。此外,还需考虑是否限定动物种属、亚种等,以及对实验动物的质量控制和模型标准化等方面的限制。

例如:在"BM"研究中,纳入骨缺损动物模型,对动物的种属和造模方式不限制。

**(二)干预和对照措施**

研究主体包括实验组和对照组的治疗方案,也可对两组治疗方案的各种比较组合都进行详细的规定。如果在采用规定的治疗药物和对照药物之外,给动物采用其他药物或治疗措施,则可因混杂因素影响研究结果,因此,这样的个体需排除。此外,还需考虑是否限定药物剂量及给药方式等。

例如:在"BM"研究中,干预组为可降解金属,包括可降解金属及其合金,改性的可降解金属及其合金(复合材料、涂层改性、表面改性)。对照组为:①非可降解金属,如钛、钛合金、不锈钢、钴铬合金;②可吸收高分子材料,如聚乳酸等;③其他材料,包括磷酸钙陶瓷、自体骨、同种异体骨、可吸收或可降解复合材料(如陶瓷)等传统临床应用的材料。

**(三)结果测量指标**

在动物实验系统评价中,结局指标可来自对活体动物所测得的结果,也可以来自组织和/或细胞层面的结果。与临床试验系统评价相似,最好也可以将所有指标按照主要指标、次要指标和重要的毒副作用等相关指标进行区分,必要时需阐述清楚测量指标的判校标准。

例如:在"BM"研究中,测量指标包括骨缺损修复相关指标和植入物降解相关指标。

**1. 骨缺损修复相关指标** ①新骨形成:通过影像学手段检测到骨缺损部位或周围有密度增高影(骨小梁、骨痂等),通过组织切片观察到新生骨组织及成骨细胞等;②骨缺损修复:通过影像学手段检测到骨缺损部位新骨生成及骨缺损尺寸变小直至愈合;③骨体积与组织体积百分比(BV/TV):通过影像学分析(micro-CT,即显微CT)计算植入物周围骨体积/组织体积的百分比;④植入物周围与骨组织接触面积百分比:通过影像学及组织学分析的方法来计算。其中,上述①②③项是主要测量指标,④为次要测量指标。

**2. 植入物降解相关指标** ①降解:通过影像学分析(micro-CT)及组织学分析(组织切片)检测植入物的降解/腐蚀情况;②氢气生成:通过影像学分析观察气体阴影,或通过组织学分析检测到植入物周围有气泡产生。

**(四)研究类型**

动物实验是临床前试验的重要组成部分,因此,两者在许多方面存在一定的相似性,其实验设计类型亦是如此,类似于临床试验的各种设计类型,仅前者的实验对象为动物而已。如确定纳入主体为随机对照实验,则需要进一步考虑是否对"隐蔽分组""盲法"等措施进行限制。

例如:在"BM"研究中,纳入对照研究,不限制是否随机分组;但为了保证纳入动物实验的质量,消除生物活性金属离子可能通过全身调节机制对缺损骨再生效果的影响,排除了自体对照研究。

在制定完成系统评价的"纳入和排除标准"之后,就可以按照图2-1-1所示的后续步骤继续开展和实施,后续步骤中具体实施细则可参考本篇其他章节。

## 参考文献

1. RITSKES-HOITINGA M, LEENAARS M, AVEY M, et al. Systematic reviews of preclinical animal studies can make significant contributions to health care and more transparent translational medicine[J]. Cochrane Database Syst Rev, 2014(3): ED000078.

2. HOOIJMANS C R, RITSKES-HOITINGA M. Progress in using systematic reviews of animal studies to improve translational research[J]. PLoS Med, 2013, 10(7): e1001482.

3. POUND P, EBRAHIM S, SANDERCOCK P, et al. Where is the evidence that animal research benefits humans?[J]. BMJ, 2004, 328(7438): 514-517.

4. SENA E S, VAN DER WORP H B, BATH P M, et al. Publication bias in reports of animal stroke studies leads to major overstatement of efficacy[J]. PLoS Biol, 2010, 8(3): e1000344.

5. 许家科, 赵璐璐, 廖绪亮, 等. 循证构建动物实验系统评价制作流程[J]. 中国循证医学杂志, 2017, 17(11): 1357-1364.

6. ROBERTS I, KWAN I, EVANS P, et al. Does animal experimentation inform human healthcare? Observations from a systematic review of international animal experiments on fluid resuscitation[J]. BMJ, 2002, 324(7335): 474-476.

# 第二章 动物实验系统评价研究方案注册

Cochrane 协作网（Cochrane collaboration, CC）早在 1993 年成立之初，就提供了系统评价计划方案的标准格式，并要求作者提前注册，且在 Cochrane 图书馆（Cochrane library, CL）中预先发布这些计划方案。Cochrane 协作组认为在开展 Cochrane 系统评价之前，制定一个完善的研究方案，可以有效地促进研究人员前瞻性地反思该系统评价的研究方法，防止其方法学上的缺陷。计划方案的预先注册和发表还可以减少对同一选题重复的风险，减少和避免系统评价中的选择偏倚（如对纳入标准的回顾性调整）、选择性报告偏倚（如仅报告有利或阳性结局指标），为同领域研究人员科学学习和评估系统评价结果提供依据，同时，也有利于证据使用者对系统评价结果的客观评估，是提高其质量的重要措施之一。

## 第一节 研究方案内容及其解读

在动物实验研究领域，虽然英国的动物实验研究系统评价 /meta 分析研究协作组（Collaborative Approach to Meta-Analysis and Review of Animal Data from Experimental Studies, CAMARADES）和荷兰拉德堡德（Radboud）大学医学院动物实验系统评价研究中心（the Systematic Review Centre for Laboratory Animal Experimentation, SYRCLE）均发布了各自机构针对动物实验系统评价计划的方案，且在其网站提供注册并发表其计划方案。但不同机构的计划方案内容存在差异，且两者均需在各自的网站上进行注册，相应的要求、适用的范围、涵盖的国家也不尽相同，给查询和检索此类研究的研究者带来了一定的困难。

自 2018 年起，与人类健康有关的动物研究系统评价计划方案将在国际化前瞻性系统评价注册数据库（International Prospective Register of Systematic Reviews, PROSPERO）上进行统一注册。因此，在本节主要介绍 PROSPERO 平台动物实验系统评价研究方案的内容。

### 一、研究方案内容

PROSPERO 平台动物实验系统评价研究方案包括"系统评价题目和时间计划、评价课题组信息、评价方法介绍及一般信息描述"四个方面的内容，具体内容详见表 2-2-1。

表 2-2-1 PROSPERO 平台与人相关的动物实验系统评价研究方案

| 编号 | 项目 | 解释 |
|---|---|---|
| 系统评价题目和时间计划 | | |
| 1* | 题目 | 根据患者（P）、干预（I）、对照（C）、结局（O）、研究类型（S）（PICOS）构建题目 |
| 2 | 原始题目 | 如果系统评价不是计划以英文撰写，应在此处填写原语言 |

| 编号 | 项目 | 解释 |
|---|---|---|
| 3* | 预期开始/实际开始时间 | 时间应该是在计划方案完成之后且筛检文献之前 |
| 4* | 预期完成时间 | 系统会在该时间点自动提醒作者更新进度 |
| 5* | 注册时已完成的阶段 | 注册时该评价完成的阶段 |
| **评价课题组信息** | | |
| 6* | 通信作者姓名 | 最主要的作者或整个课题组的代表 |
| 7* | 通信作者邮箱 | 电子邮箱 |
| 8* | 通信作者联系地址 | 完整的邮政地址 |
| 9 | 通信作者电话号码 | 该条目将公开显示 |
| 10* | 系统评价的科研单位 | 完整的单位名称,可加上网址 |
| 11* | 评价小组成员和各自单位 | 每个作者的名字和相应的单位 |
| 12* | 资助来源 | 个体、单位、组织等资助项目名称和编号 |
| 13* | 利益冲突 | 经济利益、个人关系、学术竞争等 |
| 14 | 合作者 | 在评价中给予帮助但没列在作者中的姓名及其单位 |
| **评价方法介绍** | | |
| 15* | 提出的问题 | 根据 PICOS 提出该系统评价要解决的问题 |
| 16* | 检索的具体细节 | 检索的数据库、日期、语种等 |
| 17 | 检索策略链接/特定数据库检索策略示例 | 提供搜索策略的链接或特定数据库的搜索策略示例(包括将在搜索策略中使用的关键字) |
| 18* | 人类疾病模型 | 简要描述研究关注的疾病 |
| 19* | 动物 | 提供预开展研究中关于动物的准入标准,如物种、性别、疾病模型的细节并详细说明纳入标准和排除标准 |
| 20* | 干预措施/暴露因素 | 明确定义干预或暴露,越详细越好 |
| 21* | 对照 | 明确定义对照,越详细越好 |
| 22* | 纳入研究类型 | 明确限定需要纳入和排除的研究类型 |
| 23 | 其他特征的描述 | 对纳入和排除标准进行补充说明 |
| 24* | 结局测量指标 | 详细说明考虑纳入的结局测量指标 |
| 25 | 不适用# | 此条目不适用于为人类健康提交的动物研究的系统评价 |
| 26* | 文献筛选和数据提取的方法 | 筛选文献和提取数据的方法和过程,包括相关研究人员的数量、分歧的解决办法,还应列举出提取的信息 |
| 27* | 偏倚风险/质量评估 | 临床前动物研究的评估工具包括 SYRCLE 动物实验偏倚风险评估工具和 CAMARADES 清单 |
| 28* | 数据合成的方法 | 定性描述、定量合并、异质性检验、模型的选用 |
| 29* | 亚组分析 | 明确分组的变量、分析的方法 |

| 编号 | 项目 | 解释 |
|---|---|---|
| **一般信息描述** | | |
| 30* | 系统评价的类型 | 临床前干预性动物实验系统评价、观察性动物实验系统评价和动物模型系统评价 |
| 31 | 语言 | 撰写该系统评价所用的语言 |
| 32 | 国家 | 系统评价作者所在的国家,可选择多个 |
| 33 | 其他注册信息 | 说明该系统评价是否在其他地方注册 |
| 34 | 发表计划方案的链接 | 杂志等网站,未发表的可储存的在评价和传播中心(CRD) |
| 35* | 传播计划 | 给出计划的简要细节,以便将系统评价的基本信息传达给同行 |
| 36* | 关键词 | 提炼关键词,避免使用简写 |
| 37 | 更新前的版本 | 描述已注册的相同主题的系统评价 |
| 38* | 系统评价的状态 | 包括进行中、完成、发表、更新、放弃 |
| 39 | 其他信息 | 其他任何与注册相关的信息 |
| 40 | 全文的链接 | 包括已发表和未发表的全文链接 |

* 为必填项目

## 二、研究方案内容解读

动物实验系统评价计划方案涉及的大部分条目与基于人类健康研究相关系统评价类似,但在以下几个条目涉及的具体内容方面,与基于人类健康研究相关系统评价存在重要差异。

**(一)条目17:检索策略链接/特定数据库检索策略示例**

条目17主要涉及检索策略方面内容的填写。与基于人类健康研究相关系统评价相比,动物实验系统评价检索策略的制定方面需要注意以下问题:①检索策略的制定,首先凝练和确定检索词,涉及"感兴趣的疾病/健康问题"和"干预措施/暴露因素"方面的检索词应为必选检索词,涉及"动物/种属/菌株""对照措施"方面的检索词则需根据课题的具体情况和要求进行取舍;其次重视检索过滤器的使用,提高动物实验的检索效率。②数据资源的选择,首先对于数据库的选择而言,动物实验系统评价研究至少应检索 PubMed 和 Embase 数据库,条件允许还应检索 Web of Science 和 BIOSIS Previews 数据库。不同国家的研究者还需要增加本国相关资源的检索,例如中国学者,至少需要检索中国生物医学文献数据库(CBM)等。其次需重视补充检索在动物实验系统评价中的重要性,其具体内容可参见本篇第三章。

**(二)条目18:人类疾病模型**

条目18主要涉及人类疾病模型相关内容的填写。对动物实验系统评价而言,纳入的主体可以是健康动物或患有不同疾病的动物模型等。此外,还需要考虑是否限制动物种属、亚种等,以及对实验动物的质量控制和模型标准化等方面的限制。具体内容可参见本篇第一章。

### （三）条目 19、20、21、22：动物、干预措施 / 暴露因素、对照、纳入研究类型

条目 19、20、21、22 主要涉及在纳入物种、关注疾病、干预 / 对照措施及研究类型等方面内容的界定。对动物实验系统评价而言，一个目的明确的问题需包含以下 5 个方面的核心要素：①感兴趣的疾病 / 健康问题；②动物 / 种属 / 菌株；③干预措施 / 暴露因素；④对照措施；⑤结局测量指标。因此，研究者需要从以上 5 个方面详细叙述其纳入和排除标准，具体内容可参见本篇第三章。

### （四）条目 27：偏倚风险 / 质量评估

条目 27 主要涉及偏倚风险 / 质量评估内容的填写。目前，可用于临床前动物研究偏倚风险 / 质量评估的工具有 SYRCLE 动物实验偏倚风险评估工具、CAMARADES 清单等。其中，SYRCLE 动物实验偏倚风险评估工具是基于 Cochrane 随机对照试验偏倚风险评估工具，于 2014 年由来自 SYRCLE 的 Hooijmans 等多名学者研究、起草、制定并发布，该工具也是迄今全球唯一一个专门适用于动物实验内在真实性评估的工具。因此，建议使用该工具对纳入的动物实验内在偏倚风险进行评估，其具体内容可参见本篇第四章。

## 第二节　研究方案注册流程

### 一、注册标准

PROSPERO 是一个高效且免费的前瞻性注册健康和社会护理相关系统评价的国际数据库，由约克大学的评价和传播中心（Centre for Reviews and Dissemination, CRD）开发和管理，英国国家健康研究所（National Institute for Health Research, NIHR）资助，是非 Cochrane 系统评价注册平台。目前接受的系统评价注册范围包括：①卫生健康相关领域；②与人类健康研究有关的动物实验领域；③方法学领域（至少包含一个直接与患者相关或临床相关的结局指标）注册。但对于范围综述、文献综述和 Cochrane 计划方案的注册均不在其注册范围。此外，虽然 PROSPERO 要求系统评价应该在开始筛选纳入研究之前进行注册，但目前对于尚未完成数据提取的系统评价也接受其注册。注册语言必须为英语，但其检索策略和计划方案的附加信息可使用任何原语种。

### 二、注册步骤

PROSPERO 为用户提供了友好、简便的注册平台，整个注册的过程免费。作者只需要登陆 PROSPERO 网站，注册并登录自己的账号，然后根据图 2-2-1 的流程，即可对动物实验系统评价进行注册。

### 三、注册表的填写

当完成注册前期信息填写后，就需要填写 "Register a review" 栏目下的注册表，才能最终完成注册。该注册表必须填写，共包括 40 个项目，其中 27 条项目为必须填写条目（Required），其余 12 个项目为非必须填写条目（作者可根据自身情况选择），1 个项目不需要填写（不适用于与人类健康相关的动物实验的系统评价）。在线填写过程中，系统提供随时保存、随时编辑功能。

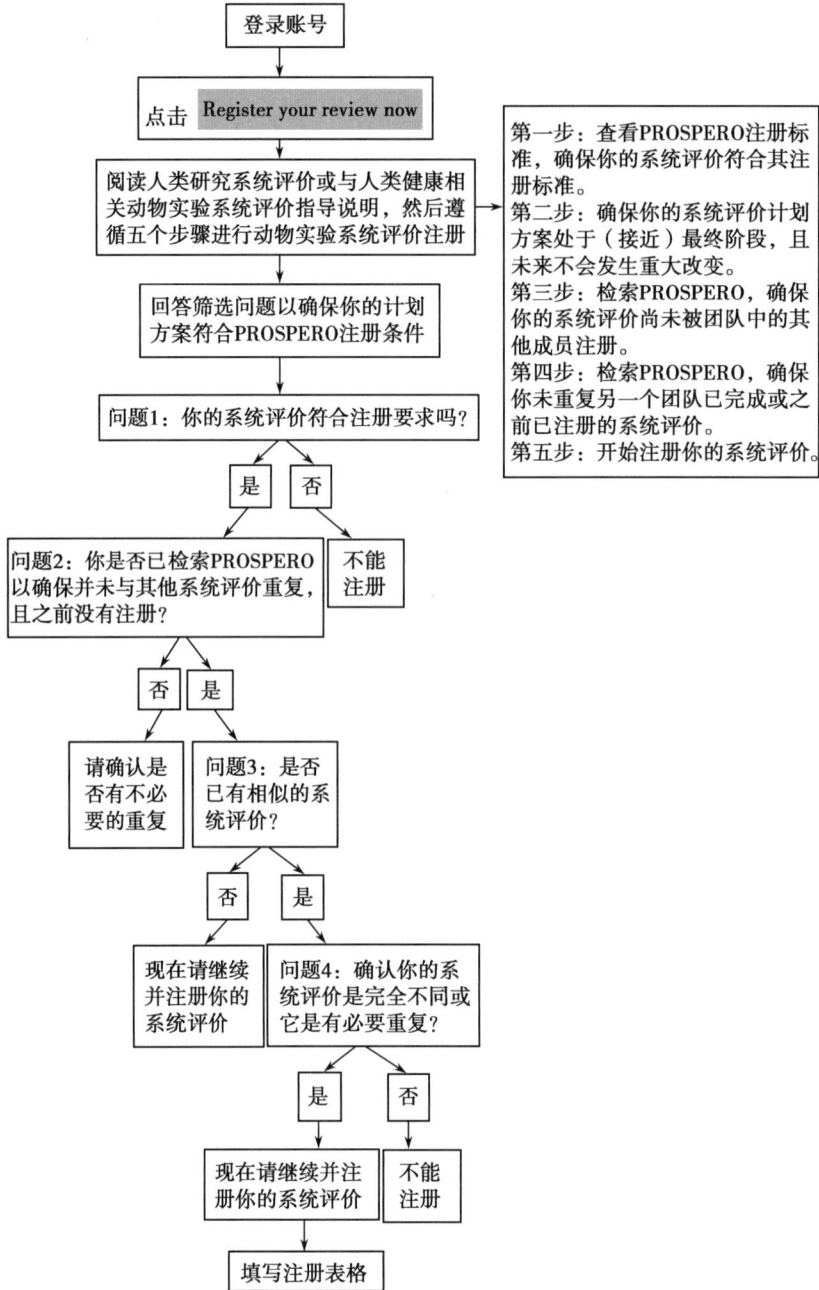

图 2-2-1　PROSPERO 平台动物实验系统评价研究方案注册流程

## 四、计划方案审批过程及其他相关信息

　　注册表提交之后,由 CRD 相关的专家及其咨询小组进行审核,确定系统评价内容是否在上述注册范围之内,研究内容是否阐述清楚,是否与已发表或注册的系统评价有重复。如果审核没有通过,该注册表将会退回作者进行修改。审核通过后,计划方案将在 PROSPERO 上发表,并且会获得唯一的注册编码。这个编码将会永久地贮存在 PROSPERO,是连接计划方案和系统评价全文的重要依据。全文发表后,系统评价者可根据这个编码在

PROSPERO 上找到其计划方案。

　　PROSPERO 发表计划之后,如果有需要还可以对计划方案进行修改,但每一次修改都会有记录,读者可以在 PROSPERO 上找到每一次修订的版本。当注册的系统评价完成后,作者可以自由选择该系统评价发表的杂志,但同时需要把发表全文的链接添加到原来的注册记录上。如果文章没有发表,其原因也应该在 PROSPERO 上进行说明,且可附上该文章全文的链接以便查阅,从而减少发表偏倚。此外,如果决定更新已完成注册的系统评价,可以通过登录并转到"My PROSPERO"来访问记录,对计划方案进行更改,并将其作为一个更新计划方案提交,此时将被作为一个新的系统评价进行处理。

## 参考文献

1. MACCALLUM C J. Reporting animal studies：good science and a duty of care［J］. PLoS Biol, 2010, 8（6）：e1000413.

2. HOOIJMANS C R, RITSKES-HOITINGA M. Progress in using systematic reviews of animal studies to improve translational research［J］. PLoS Med, 2013, 10（7）：e1001482.

3. BOOTH A, CLARKE M, DOOLEY G, et al. The nuts and bolts of PROSPERO：an international prospective register of systematic reviews［J］. Syst Rev, 2012, 1：2.

4. BOOTH A, CLARKE M, GHERSI D, et al. Establishing a minimum dataset for prospective registration of systematic reviews：an international consultation［J］. PLoS One, 2011, 6（11）：e27319.

5. 姜彦彪, 陈静红, 曾宪涛, 等. SYRCLE 动物实验系统评价研究方案简介［J］. 中国循证心血管医学杂志, 2019, 11（2）：145-147.

6. DE VRIES R B, HOOIJMANS C R, LANGENDAM M W, et al. A protocol format for the preparation, registration and publication of systematic reviews of animal intervention studies［J］. Evidence-based Preclinical Med, 2015, 2（1）：e00007.

7. 张婷, 胡凯燕, 张维益, 等. 动物实验系统评价在 PROSPERO 的注册现状及注册流程简介［J］. 中国循证心血管医学杂志, 2019, 11（4）：391-394.

# 第三章　证据检索步骤

总体而言,动物实验系统评价检索策略和步骤的实施过程为图 2-3-1 所示的 5 个步骤:①确定和凝练研究问题;②选择恰当的数据库和其他检索资源;③将研究问题转化为检索策略;④综合检索结果,重复引文去重;⑤确定可能符合要求的研究。

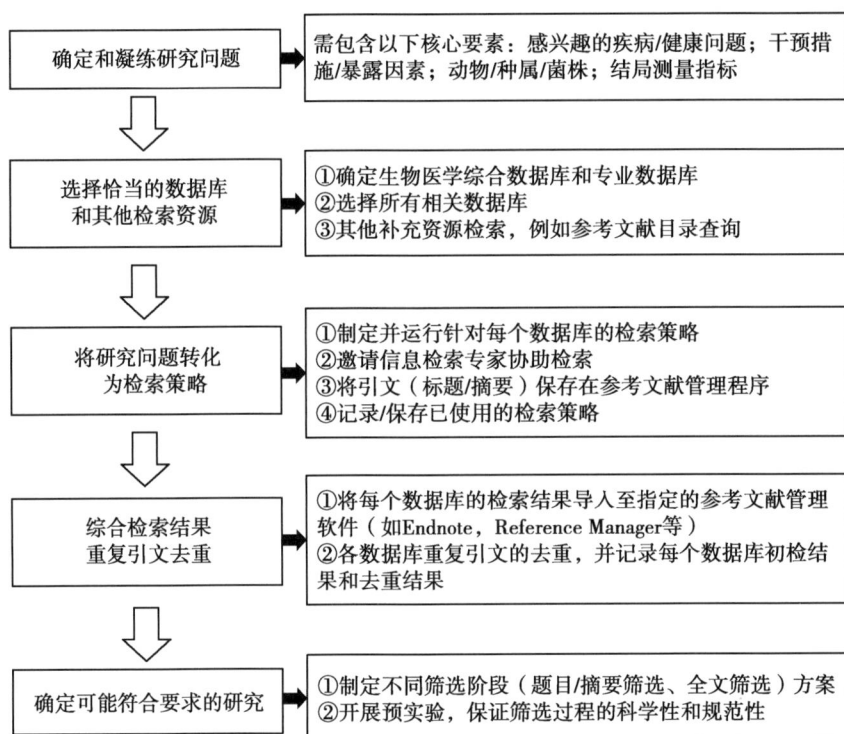

| | |
|---|---|
| 确定和凝练研究问题 | 需包含以下核心要素:感兴趣的疾病/健康问题;干预措施/暴露因素;动物/种属/菌株;结局测量指标 |
| 选择恰当的数据库和其他检索资源 | ①确定生物医学综合数据库和专业数据库<br>②选择所有相关数据库<br>③其他补充资源检索,例如参考文献目录查询 |
| 将研究问题转化为检索策略 | ①制定并运行针对每个数据库的检索策略<br>②邀请信息检索专家协助检索<br>③将引文(标题/摘要)保存在参考文献管理程序<br>④记录/保存已使用的检索策略 |
| 综合检索结果重复引文去重 | ①将每个数据库的检索结果导入至指定的参考文献管理软件(如Endnote,Reference Manager等)<br>②各数据库重复引文的去重,并记录每个数据库初检结果和去重结果 |
| 确定可能符合要求的研究 | ①制定不同筛选阶段(题目/摘要筛选、全文筛选)方案<br>②开展预实验,保证筛选过程的科学性和规范性 |

图 2-3-1　动物实验系统评价的检索步骤

## 一、确定和凝练研究问题

检索词的选择和确定主要基于一个目标明确且科学构建的研究问题。因此,研究问题的确定和凝练是制定动物实验系统评价最佳检索策略的前提条件。

在选择恰当的数据库实施检索之前,首先需要明晰和结构化该系统评价问题,以帮助系统评价检索策略的制定者,清晰了解该系统评价的研究范围和目的,以最终确定和选择恰当的检索词。

## 二、选择恰当的数据库和其他检索资源

### （一）数据库的选择

Cochrane 手册要求一个临床试验系统评价应至少检索 MEDLINE、Embase、Cochrane 临床对照试验中心注册数据库（CENTRAL）。此外，还应选择性检索系统评价研究者所在国家或地区的数据库。

对于动物实验系统评价而言，目前尚无针对动物实验系统评价检索数据库数量的公认最低标准要求。国外有学者推荐，动物实验系统评价应该至少检索两个书目型数据库，但并未对具体数据库选择进行说明。作为常用的综合生物医学数据库，MEDLINE 和 Embase 可以利用标准化学科术语分配的标准主题词进行检索，同样应该被广泛用于动物实验的检索。此外，Web of Science 可通过检索已知的相关源文献和核查引用源文献的每一篇文献来为系统评价检索文献，是动物实验系统评价检索数据库的重要辅助之一。另外，BIOSIS Previews 是目前最大的生命科学与生物医学数据库，广泛收集了与生命科学和生物医学有关的文献，例如生物学、医学、药学等。Ramos-Remus 等人比较 MEDLINE、Embase、BIOSIS Previews 检索结果的差异发现，每个数据库仅能获得纳入研究的 9%~70%。Maria 等人研究表明 MEDLINE 和 Embase 的重复程度仅为 30%，单独检索其中一个数据库会导致超过 25% 的相关研究丢失。因此，对于动物实验系统评价而言，建议至少检索 MEDLINE、Embase 数据库，若条件允许，还应检索 Web of Science 和 BIOSIS Previews 数据库。

此外，和临床试验系统评价一样，动物实验系统评价也应根据作者所在国家及其主题选择性检索本国家、地区和特定专题的数据库。如中国的研究人员需要至少检索中国生物医学文献数据库（CBM），或者某一特定主题下数据资源，如毒理学研究领域可选择增加检索 TOXNET 等。

### （二）其他补充检索资源

对于动物实验系统评价而言，并无统一推荐的补充检索标准和方法。我们可以在参考 Cochrane 手册中对临床试验系统评价补充检索推荐意见基础上，对以下资源进行补充检索：①补充检索 Google Scholar、Scoups 等资源；②对相关系统评价/meta 分析，或其其纳入研究的参考文献目录进行检索；③检索专利数据库、制药企业网站、未公开发表的报告文摘和研究简报等。

## 三、检索策略的制定和实施

制定全面的检索策略需要熟悉与研究课题相关的主要概念，以及了解各个数据库检索平台的特性，建议在检索过程中邀请有文献检索技巧的检索协调员或医疗卫生图书馆员的参与。

### （一）确定检索词

动物实验系统评价检索词的选择和确定，主要基于其构建的研究问题中所包括的 5 个方面的核心要素：①感兴趣的疾病/健康问题；②动物/种属/菌株；③干预措施/暴露因素；④对照措施；⑤结局测量指标。

其中，涉及"①感兴趣的疾病/健康问题"和"③干预措施/暴露因素"方面的检索词为必选的检索词，涉及"②动物/种属/菌株"和"④对照措施"方面的检索词，则需根据系统评价的范围和目的进行取舍，如该系统评价研究是否限定特定的动物及其种属，是否限定对

照措施范围和种类等。一般而言,检索词中并不涉及"⑤结局测量指标"方面的检索词,例如一个研究可能会探讨某个结局指标,但结局指标在一篇文章的标题或摘要中难以得到较好的描述,将其作为检索词会增加不相关文献。此外,有些部分则需要描述更精确,如在检索中使用"Mice, 129 Strain"而不是"Mice",将其作为检索词可以减少人工筛检的工作量。

举例说明:如本篇第一章第三节实例所示,根据研究问题所涉及的范围,可以确定该研究的检索词可来源于"①感兴趣的疾病/健康问题"和"③干预措施/暴露因素"这两个方面涉及的词语,即颞叶癫痫(temporallobe epilepsy)和干细胞(stem cells),包括其主题词和自由词等。

**(二)确定检索策略**

对于动物实验系统评价而言,检索策略由检索内容各部分的检索式综合构成。

**1. 确定检索内容各部分的主题词** 这里主要针对提供了主题检索功能的数据库,如PubMed、MEDLINE、Embase和CBM等。

方法如下:①可直接利用字顺表和树状结构表来寻找符合概念的主题词,或使用自由词查询相关主题词。②阅读主题词词条的详细注释,并观察树形结构图中上下位词,最终确定检索内容各部分对应的主题词。但需要注意,有些检索词可能没有对应的主题词,而且不同数据库对应的主题词也会有所差异。

如本篇第一章第三节实例所示(以PubMed为例),"颞叶癫痫"的主题词为"Epilepsy, Temporal Lobe","干细胞"的主题词为"Stem Cells"。

**2. 确定检索内容各部分的自由词** 可通过多种途径寻找检索内容各部分涉及的检索词的同义词、近义词、相关词、不同拼写方法、商品名、缩写等。此外,可适当使用"截词"和"通配符"功能简化自由词,也可在自由词后加上不同字段来限制其检索范围,如[tiab](将检索词限定在题目和摘要中进行检索)、[pt](将检索词限定在文献类型中进行检索)等,但需要注意不同数据库中对限定字段检索的规则存在一定差异。

如本篇第一章第三节实例所示(以PubMed为例),"颞叶癫痫"的自由词包括"temporal lobe epilepsy, temporal epilepsy, temporal lobe epileptic, temporal epileptic, temporal lobe epilepsies, temporal epilepsies, medial temporal lobe epilepsy"等,"干细胞"的自由词包括"stem cell, dry cell, derived stem cell"等。

**3. 确定检索内容各部分的最终检索式** 制定原则是检索内容各部分同一概念下的主题词和自由词使用布氏运算符"OR"连接。

如本篇第一章第三节实例所示(以PubMed为例),涉及"颞叶癫痫"方面的检索式为"(temporal lobe epilepsy OR temporal epilepsy OR temporal lobe epileptic OR temporal epileptic OR temporal lobe epilepsies OR temporal epilepsies OR medial temporal lobe epilepsy)OR "Epilepsy, Temporal Lobe"[MeSH]",涉及"干细胞"方面的检索式为"(stem cell OR dry cell OR derived stem cell)OR "Stem Cells"[MeSH]"。

需要注意的是,在无主题词检索功能的数据库中,如Web of Science、Scopus等,只需要将检索内容各部分所涉及的所有自由词以"OR"连接即可。

**4. 确定课题最终检索策略,评估检索结果** 在制定完成检索内容各部分检索式后,将各部分检索式组合在一起,即可得到最终检索式。具体方法为,以布氏运算符"AND"连接各部分检索式。

如本篇第一章第三节实例所示(以PubMed为例),最终的检索式为(temporal lobe epilepsy OR temporal epilepsy OR temporal lobe epileptic OR temporal epileptic OR temporal lobe epilepsies OR temporal epilepsies OR medial temporal lobe epilepsy OR "Epilepsy, Temporal Lobe"〔MeSH〕)AND(stem cell OR dry cell OR derived stem cell OR "Stem Cells"〔MeSH〕)。

在完成最终检索后,应保存检索式,留以将来更新检索结果及报告检索过程。检索策略的制定是一个反复修改、不断磨合的迭代过程,对检索结果进行评估能够有效反映出检索策略中出现的问题。系统评价的检索目标是尽可能全面,以确保尽可能多的相关研究被纳入。但在实际操作中,高敏感性的检索策略会伴随特异性的下降,导致大量无关文献的检出。若能对检索结果的相关度和数量进行评估,根据结果来调整检索策略,便能让检索策略的敏感性和特异性同时保持在可以接受的范围内。

### (三)检索过滤器使用

为提高"动物实验"的检索效率,Hooijmans 等人与 De Vries 等人分别开发出在 PubMed 数据库与 Embase 数据库中,对于动物实验的检索过滤器,该过滤器在 PubMed 数据库与 Embase 数据库中,至少能够增加 7% 和 11% 的检索量,过滤器的详细策略参见框 2-3-1 和框 2-3-2。检索过滤器的使用十分便捷,只需将检索过滤器拷贝至检索框中检索,再在历史记录中与最终确定的检索式的检索结果以布氏运算符"AND"连接即可。

**框 2-3-1　Pubmed 数据库检索过滤器**

( "animal experimentation"〔MeSH Terms〕OR "models, animal"〔MeSH Terms〕OR "invertebrates"〔MeSH Terms〕OR "Animals"〔MeSH Terms:noexp〕OR "animal population groups"〔MeSH Terms〕OR "chordata"〔MeSH Terms:noexp〕OR "chordata, nonvertebrate"〔MeSH Terms〕OR "vertebrates"〔MeSH Terms:noexp〕OR "amphibians"〔MeSH Terms〕OR "birds"〔MeSH Terms〕OR "fishes"〔MeSH Terms〕OR "reptiles"〔MeSH Terms〕OR "mammals"〔MeSH Terms:noexp〕OR "primates"〔MeSH Terms:noexp〕OR"artiodactyla"〔MeSH Terms〕OR "carnivora"〔MeSH Terms〕OR "cetacea"〔MeSH Terms〕OR "chiroptera"〔MeSH Terms〕OR "elephants"〔MeSH Terms〕OR "hyraxes"〔MeSH Terms〕OR "insectivora"〔MeSH Terms〕OR "lagomorpha"〔MeSH Terms〕OR "marsupialia"〔MeSH Terms〕OR "monotremata"〔MeSH Terms〕OR "perissodactyla"〔MeSH Terms〕OR "rodentia"〔MeSH Terms〕OR "scandentia"〔MeSH Terms〕OR "sirenia"〔MeSH Terms〕OR "xenarthra"〔MeSH Terms〕OR "haplorhini"〔MeSH Terms:noexp〕OR "strepsirhini"〔MeSH Terms〕OR "platyrrhini"〔MeSH Terms〕OR "tarsii"〔MeSH Terms〕OR "catarrhini"〔MeSH Terms:noexp〕OR "cercopithecidae"〔MeSH Terms〕OR "hylobatidae"〔MeSH Terms〕OR "hominidae"〔MeSH Terms:noexp〕OR "gorilla gorilla"〔MeSH Terms〕OR "pan paniscus"〔MeSH Terms〕OR "pan troglodytes"〔MeSH Terms〕OR "pongo pygmaeus"〔MeSH Terms〕)OR((animals〔tiab〕OR animal〔tiab〕OR mice〔tiab〕OR mus〔tiab〕OR mouse〔tiab〕OR murine〔tiab〕OR woodmouse〔tiab〕OR rats〔tiab〕OR rat〔tiab〕OR murinae〔tiab〕OR muridae〔tiab〕OR cottonrat〔tiab〕OR cottonrats〔tiab〕OR hamster〔tiab〕OR hamsters〔tiab〕OR cricetinae〔tiab〕OR rodentia〔tiab〕OR rodent〔tiab〕OR rodents〔tiab〕OR pigs〔tiab〕OR pig〔tiab〕OR swine〔tiab〕OR swines〔tiab〕OR piglets〔tiab〕OR piglet〔tiab〕OR boar〔tiab〕OR boars〔tiab〕OR "sus scrofa"〔tiab〕OR ferrets〔tiab〕OR ferret〔tiab〕OR polecat〔tiab〕OR polecats〔tiab〕OR "mustela putorius"〔tiab〕OR "guinea pigs"〔tiab〕OR "guinea pig"〔tiab〕OR cavia〔tiab〕OR callithrix〔tiab〕OR marmoset〔tiab〕OR marmosets〔tiab〕OR cebuella〔tiab〕OR hapale〔tiab〕OR octodon〔tiab〕OR chinchilla〔tiab〕OR chinchillas〔tiab〕OR gerbillinae〔tiab〕OR gerbil〔tiab〕OR gerbils〔tiab〕OR jird〔tiab〕OR jirds〔tiab〕OR merione〔tiab〕OR meriones〔tiab〕OR rabbits〔tiab〕OR rabbit〔tiab〕OR hares〔tiab〕OR hare〔tiab〕OR diptera〔tiab〕OR flies〔tiab〕OR fly〔tiab〕OR dipteral〔tiab〕OR drosphila〔tiab〕OR drosophilidae〔tiab〕OR cats〔tiab〕OR cat〔tiab〕OR carus〔tiab〕OR felis〔tiab〕OR nematoda〔tiab〕OR nematode〔tiab〕OR nematoda〔tiab〕OR nematode〔tiab〕OR nematodes〔tiab〕OR sipunculida〔tiab〕OR dogs〔tiab〕OR dog〔tiab〕OR canine〔tiab〕OR

canines［tiab］OR canis［tiab］OR sheep［tiab］OR sheeps［tiab］OR mouflon［tiab］OR mouflons［tiab］
OR ovis［tiab］OR goats［tiab］OR goat［tiab］OR capra［tiab］OR capras［tiab］OR rupicapra［tiab］OR
chamois［tiab］OR haplorhini［tiab］OR monkey［tiab］OR monkeys［tiab］OR anthropoidea［tiab］OR
anthropoids［tiab］OR saguinus［tiab］OR tamarin［tiab］OR tamarins［tiab］OR leontopithecus［tiab］OR
hominidae［tiab］OR ape［tiab］OR apes［tiab］OR pan［tiab］OR paniscus［tiab］OR "pan paniscus"［tiab］
OR bonobo［tiab］OR bonobos［tiab］OR troglodytes［tiab］OR "pan troglodytes"［tiab］OR gibbon［tiab］
OR gibbons［tiab］OR siamang［tiab］OR siamangs［tiab］OR nomascus［tiab］OR symphalangus［tiab］
OR chimpanzee［tiab］OR chimpanzees［tiab］OR prosimians［tiab］OR "bush baby"［tiab］OR prosimian
［tiab］OR bush babies［tiab］OR galagos［tiab］OR galago［tiab］OR pongidae［tiab］OR gorilla［tiab］
OR gorillas［tiab］OR pongo［tiab］OR pygmaeus［tiab］OR "pongo pygmaeus"［tiab］OR orangutans
［tiab］OR pygmaeus［tiab］OR lemur［tiab］OR lemurs［tiab］OR lemuridae［tiab］OR horse［tiab］OR
horses［tiab］OR pongo［tiab］OR equus［tiab］OR cow［tiab］OR calf［tiab］OR bull［tiab］OR chicken
［tiab］OR chickens［tiab］OR gallus［tiab］OR quail［tiab］OR bird［tiab］OR birds［tiab］OR quails
［tiab］OR poultry［tiab］OR poultries［tiab］OR fowl［tiab］OR fowls［tiab］OR reptile［tiab］OR reptilia
［tiab］OR reptiles［tiab］OR snakes［tiab］OR snake［tiab］OR lizard［tiab］OR lizards［tiab］OR alligator
［tiab］OR alligators［tiab］OR crocodile［tiab］OR crocodiles［tiab］OR turtle［tiab］OR turtles［tiab］OR
amphibian［tiab］OR amphibians［tiab］OR amphibia［tiab］OR frog［tiab］OR frogs［tiab］OR bombina
［tiab］OR salientia［tiab］OR toad［tiab］OR toads［tiab］OR "epidalea calamita"［tiab］OR salamander
［tiab］OR salamanders［tiab］OR eel［tiab］OR eels［tiab］OR fish［tiab］OR fishes［tiab］OR pisces［tiab］
OR catfish［tiab］OR catfishes［tiab］OR siluriformes［tiab］OR arius［tiab］OR heteropneustes［tiab］OR
sheatfish［tiab］OR perch［tiab］OR perches［tiab］OR percidae［tiab］OR perca［tiab］OR trout［tiab］
OR trouts［tiab］OR char［tiab］OR chars［tiab］OR salvelinus［tiab］OR "fathead minnow"［tiab］OR
minnow［tiab］OR cyprinidae［tiab］OR carps［tiab］OR carp［tiab］OR zebrafish［tiab］OR zebrafishes
［tiab］OR goldfish［tiab］OR goldfishes［tiab］OR guppy［tiab］OR guppies［tiab］OR chub［tiab］OR
chubs［tiab］OR tinca［tiab］OR barbels［tiab］OR barbus［tiab］OR pimephales［tiab］OR promelas［tiab］
OR "poecilia reticulata"［tiab］OR mullet［tiab］OR mullets［tiab］OR seahorse［tiab］OR seahorses［tiab］
OR mugil curema［tiab］OR atlantic cod［tiab］OR shark［tiab］OR sharks［tiab］OR catshark［tiab］OR
anguilla［tiab］OR salmonid［tiab］OR salmonids［tiab］OR whitefish［tiab］OR whitefishes［tiab］OR
salmon［tiab］OR salmons［tiab］OR sole［tiab］OR solea［tiab］OR "sea lamprey"［tiab］OR lamprey
［tiab］OR lampreys［tiab］OR pumpkinseed［tiab］OR sunfish［tiab］OR sunfishes［tiab］OR tilapia［tiab］
OR tilapias［tiab］OR turbot［tiab］OR turbots［tiab］OR flatfish［tiab］OR flatfishes［tiab］OR sciuridae
［tiab］OR squirrel［tiab］OR squirrels［tiab］OR chipmunk［tiab］OR chipmunks［tiab］OR suslik［tiab］
OR susliks［tiab］OR vole［tiab］OR voles［tiab］OR lemming［tiab］OR lemmings［tiab］OR muskrat
［tiab］OR muskrats［tiab］OR lemmus［tiab］OR otter［tiab］OR otters［tiab］OR marten［tiab］OR
martens［tiab］OR martes［tiab］OR weasel［tiab］OR badger［tiab］OR badgers［tiab］OR ermine［tiab］
OR mink［tiab］OR minks［tiab］OR sable［tiab］OR sables［tiab］OR gulo［tiab］OR gulos［tiab］OR
wolverine［tiab］OR wolverines［tiab］OR minks［tiab］OR mustela［tiab］OR llama［tiab］OR llamas
［tiab］OR alpaca［tiab］OR alpacas［tiab］OR camelid［tiab］OR camelids［tiab］OR guanaco［tiab］OR
guanacos［tiab］OR chiroptera［tiab］OR chiropteras［tiab］OR bat［tiab］OR bats［tiab］OR fox［tiab］
OR foxes［tiab］OR iguana［tiab］OR iguanas［tiab］OR xenopus laevis［tiab］OR parakeet［tiab］OR
parakeets［tiab］OR parrot［tiab］OR parrots［tiab］OR donkey［tiab］OR donkeys［tiab］OR mule［tiab］
OR mules［tiab］OR zebra［tiab］OR zebras［tiab］OR shrew［tiab］OR shrews［tiab］OR bison［tiab］
OR bisons［tiab］OR buffalo［tiab］OR buffaloes［tiab］OR deer［tiab］OR deers［tiab］OR bear［tiab］
OR bears［tiab］OR panda［tiab］OR pandas［tiab］OR "wild hog"［tiab］OR "wild boar"［tiab］OR
fitchew［tiab］OR fitch［tiab］OR beaver［tiab］OR beavers［tiab］OR jerboa［tiab］OR jerboas［tiab］OR
capybara［tiab］OR capybaras［tiab］）NOT medline［subset］）

框 2-3-2　Ovid-Embase 数据库检索过滤器（2013 版）

exp animal experiment/ OR exp animal model/ OR exp experimental animal/ OR exp transgenic animal/ OR exp male animal/ OR exp female animal/ OR exp juvenile animal/ OR animal/ OR chordata/ OR vertebrate/ OR tetrapod/ OR exp fish/ OR amniote/ OR exp amphibia/ OR mammal/ OR exp reptile/ OR exp sauropsid/ OR therian/OR exp monotremate/ OR placental mammals/ OR exp marsupial/ OR Euarchontoglires/ OR exp Afrotheria/ OR exp Boreoeutheria/ OR exp Laurasiatheria/ OR exp Xenarthra/ OR primate/ OR exp Dermoptera/ OR exp Glires/ OR exp Scandentia/ OR Haplorhini/ OR exp prosimian/ OR simian/ OR exp tarsiiform/ OR Catarrhini/ OR exp Platyrrhini/ OR ape/ OR exp Cercopithecidae/ OR hominid/ OR exp hylobatidae/ OR exp chimpanzee/ OR exp gorilla/ OR exp orang utan/ OR（animal OR animals OR pisces OR fish OR fishes OR catfish OR catfishes OR sheatfish OR silurus OR arius OR heteropneustes OR clarias OR gariepinus OR fathead minnow OR fathead minnows OR pimephales OR promelas OR cichlidae OR trout OR trouts OR char OR chars OR salvelinus OR salmo OR oncorhynchus OR guppy OR guppies OR millionfish OR poecilia OR goldfish OR goldfishes OR carassius OR auratus OR mullet OR mullets OR mugil OR curema OR shark OR sharks OR cod OR cods OR gadus OR morhua OR carp OR carps OR cyprinus OR carpio OR killifish OR eel OR eels OR anguilla OR zander OR sander OR lucioperca OR stizostedion OR turbot OR turbots OR psetta OR flatfish OR flatfishes OR plaice OR pleuronectes OR platessa OR tilapia OR tilapias OR oreochromis OR sarotherodon OR common sole OR dover sole OR solea OR zebrafish OR zebrafishes OR danio OR rerio OR seabass OR dicentrarchus OR labrax OR morone OR lamprey OR lampreys OR petromyzon OR pumpkinseed OR pumpkinseeds OR lepomis OR gibbosus OR herring OR clupea OR harengus OR amphibia OR amphibian OR amphibians OR anura OR salientia OR frog OR frogs OR rana OR toad OR toads OR bufo OR xenopus OR laevis OR bombina OR epidalea OR calamita OR salamander OR salamanders OR newt OR newts OR triturus OR reptilia OR reptile OR reptiles OR bearded dragon OR pogona OR vitticeps OR iguana OR iguanas OR lizard OR lizards OR anguis fragilis OR turtle OR turtles OR snakes OR snake OR aves OR bird OR birds OR quail OR quails OR coturnix OR bobwhite OR colinus OR virginianus OR poultry OR poultries OR fowl OR fowls OR chicken OR chickens OR gallus OR zebra finch OR taeniopygia OR guttata OR canary OR canaries OR serinus OR canaria OR parakeet OR parakeets OR grasskeet OR parrot OR parrots OR psittacine OR psittacines OR shelduck OR tadorna OR goose OR geese OR branta OR leucopsis OR woodlark OR lullula OR flycatcher OR ficedula OR hypoleuca OR dove OR doves OR geopelia OR cuneata OR duck OR ducks OR greylag OR graylag OR anser OR harrier OR circus pygargus OR red knot OR great knot OR calidris OR canutus OR godwit OR limosa OR lapponica OR meleagris OR gallopavo OR jackdaw OR corvus OR monedula OR ruff OR philomachus OR pugnax OR lapwing OR peewit OR plover OR vanellus OR swan OR cygnus OR columbianus OR bewickii OR gull OR chroicocephalus OR ridibundus OR albifrons OR great tit OR parus OR aythya OR fuligula OR streptopelia OR risoria OR spoonbill OR platalea OR leucorodia OR blackbird OR turdus OR merula OR blue tit OR cyanistes OR pigeon OR pigeons OR columba OR pintail OR anas OR starling OR sturnus OR owl OR athene noctua OR pochard OR ferina OR cockatiel OR nymphicus OR hollandicus OR skylark OR alauda OR tern OR sterna OR teal OR crecca OR oystercatcher OR haematopus OR ostralegus OR shrew OR shrews OR sorex OR araneus OR crocidura OR russula OR european mole OR talpa OR chiroptera OR bat OR bats OR eptesicus OR serotinus OR myotis OR dasycneme OR daubentonii OR pipistrelle OR pipistrellus OR cat OR cats OR felis OR catus OR feline OR dog OR dogs OR canis OR canine OR canines OR otter OR otters OR lutra OR badger OR badgers OR meles OR fitchew OR fitch OR foumart or foulmart OR ferrets OR ferret OR polecat OR polecats OR mustela OR putorius OR weasel OR weasels OR fox OR foxes OR vulpes OR common seal OR phoca OR vitulina OR grey seal OR halichoerus OR horse OR horses OR equus OR equine OR equidae OR donkey OR donkeys OR mule OR mules OR pig OR pigs OR swine OR swines OR hog OR hogs OR boar OR boars OR porcine OR piglet OR piglets OR sus OR scrofa OR llama OR llamas OR lama OR glama OR deer OR deers OR cervus OR elaphus OR cow

OR cows OR bos taurus OR bos indicus OR bovine OR bull OR bulls OR cattle OR bison OR bisons OR sheep OR sheeps OR ovis aries OR ovine OR lamb OR lambs OR mouflon OR mouflons OR goat OR goats OR capra OR caprine OR chamois OR rupicapra OR leporidae OR lagomorpha OR lagomorph OR rabbit OR rabbits OR oryctolagus OR cuniculus OR laprine OR hares OR lepus OR rodentia OR rodent OR rodents OR murinae OR mouse OR mice OR mus OR musculus OR murine OR woodmouse OR apodemus OR rat OR rats OR rattus OR norvegicus OR guinea pig OR guinea pigs OR cavia OR porcellus OR hamster OR hamsters OR mesocricetus OR cricetulus OR cricetus OR gerbil OR gerbils OR jird OR jirds OR meriones OR unguiculatus OR jerboa OR jerboas OR jaculus OR chinchilla OR chinchillas OR beaver OR beavers OR castor fiber OR castor canadensis OR sciuridae OR squirrel OR squirrels OR sciurus OR chipmunk OR chipmunks OR marmot OR marmots OR marmota OR suslik OR susliks OR spermophilus OR cynomys OR cottonrat OR cottonrats OR sigmodon OR vole OR voles OR microtus OR myodes OR glareolus OR primate OR primates OR prosimian OR prosimians OR lemur OR lemurs OR lemuridae OR loris OR bush baby OR bush babies OR bushbaby OR bushbabies OR galago OR galagos OR anthropoidea OR anthropoids OR simian OR simians OR monkey OR monkeys OR marmoset OR marmosets OR callithrix OR cebuella OR tamarin OR tamarins OR saguinus OR leontopithecus OR squirrel monkey OR squirrel monkeys OR saimiri OR night monkey OR night monkeys OR owl monkey OR owl monkeys OR douroucoulis OR aotus OR spider monkey OR spider monkeys OR ateles OR baboon OR baboons OR papio OR rhesus monkey OR macaque OR macaca OR mulatta OR cynomolgus OR fascicularis OR green monkey OR green monkeys OR chlorocebus OR vervet OR vervets OR pygerythrus OR hominoidea OR ape OR apes OR hylobatidae OR gibbon OR gibbons OR siamang OR siamangs OR nomascus OR symphalangus OR hominidae OR orangutan OR orangutans OR pongo OR chimpanzee OR chimpanzees OR pan troglodytes OR bonobo OR bonobos OR pan paniscus OR gorilla OR gorillas OR troglodytes）：ti, ab

## 四、检索结果的综合与去重

传统收集和整理文献资料需要花费很多时间和精力,文献管理主要是利用 Word 和 Excel 表格查找相应文献存储名,对应电子阅读器打开阅读和做笔记。当电子文献积累到一定数量时进行二次检索就很困难,特别是当来自多个数据库的检索结果有重叠时,借助专业的文献管理工具,即文献管理软件,可以达到事半功倍的效果。EndNote、Reference Manager 和 NoteExpress 等是常见的参考文献管理软件,可以帮助系统评价研究者有效地管理大量文献。

根据所使用的参考文献管理软件的不同,不同数据库最终的检索结果需要以不同的格式导出并保存,以 EndNote X7 为例,PubMed 数据库检索结果为 .text 格式,Embase 数据库为 .ris 格式,Web of Science 为 .ciw 格式。导出的引文应至少包括引用信息(收录号、文章识别码等)和摘要,以方便后续的文献筛选。

每个数据库的检索结果均需导入参考文献管理软件中进行整合,并通过参考文献管理软件自动去重功能,辅以人工阅读引用信息,达到对不同数据库检索结果去重的目的。

## 五、确定可能符合要求的研究

系统评价制作过程中,进行文献的选择和纳入时包括初筛( the first screening )和全文筛选( the full-text screening )两个步骤。根据这两个筛选阶段的特点制定不同的筛选方案。初筛是通过仔细阅读所检索到的全部文献的题目和摘要来完成。在初筛阶段,通过阅读文献的题目和摘要,来判断该研究与系统评价的研究问题相关或不相关。相比较于全文筛选标准,初筛标准相对简单且易于操作,常常主要考虑文献在研究类型、所关注的研究对象特征和所关心的干预措施这三个方面的符合度。此外,在初筛阶段,建议进行初筛的作者执行较为宽松的排除标准,因为文献一旦被排除,就没有机会再次被讨论和纳入。因此,除非十分肯定该文献与研究课题不相关,反之文献应该被留下,进入全文筛选阶段。另外,对于排除的文献,需要给出具体的排除理由。在初筛完成之后,就要进行全文筛选,首先对于初步筛选出的可能合格的文献需进一步获取全文,然后通过仔细阅读文献全文,提取文献中的相关信息,以确定该研究是否符合系统评价的纳入标准,并最终决定是否纳入该文献。一般来说,为了增加全文筛选过程的透明化和可追溯性,提高系统评价研究过程的可信度及提供对每个文献研究的决策记录,需要设计全文筛选表格来协助完成全文筛选。

对于多数系统评价,需要进行文献筛选的预实验,即根据系统评价计划书预先制定的纳入和排除标准,保证文献筛选过程的科学性和规范性。设计文献筛选表格(主要指全文筛选表格)之后,选取 10~12 篇文献研究(应该包括肯定纳入的、可能纳入的和排除的文献),基于系统评价的纳入和排除标准进行筛选,讨论该系统评价研究纳入和排除标准是否恰当和合适。预实验可以用于重新界定和澄清纳入和排除标准,同时也可以训练文献筛选者,保证纳入和排除标准可以同时被两个以上的评价者使用。

## 参考文献

1. RAMOS-REMUS C, SUAREZ-ALMAZOR M, DORGAN M, et al. Performance of online biomedical databases in rheumatology[J]. J Rheumatol, 1994, 21(10): 1912-1921.

2. SUAREZ-ALMAZOR M E, BELSECK E, HOMIK J, et al. Identifying clinical trials in the medical literature with electronic databases: MEDLINE alone is not enough[J]. Control Clin Trials, 2000, 21(5): 476-487.

3. DE VRIES R B, HOOIJMANS C R, TILLEMA A, et al. A search filter for increasing the retrieval of animal studies in Embase[J]. Lab Anim, 2011, 45(4): 268-270.

4. PETERS J L, SUTTON A J, JONES D R, et al. A systematic review of systematic reviews and meta-analyses of animal experiments with guidelines for reporting[J]. J Environ Sci Health B, 2006, 41(7): 1245-1258.

5. DE VRIES R B, HOOIJMANS C R, TILLEMA A, et al. Updated version of the Embase search filter for animal studies[J]. Lab Anim, 2014, 48(1): 88.

6. LEENAARS M, HOOIJMANS C R, VAN VEGGEL N, et al. A step-by-step guide to systematically identify all relevant animal studies[J]. Lab Anim, 2012, 46(1): 24-31.

# 第四章　动物实验证据质量评价

## 第一节　动物实验常见偏倚来源

动物实验是临床前研究的重要组成部分,其与临床研究在许多方面存在一定的相似性。动物实验的设计与临床试验相似,仅前者的实验对象为动物而已。对偏倚风险来源而言,亦与临床试验类似,但又同时存在一定的差异。

临床试验中,要保证其结果的真实性和科学性,最有效的方法是要进行严格的科研设计,尽可能控制和减少偏倚所造成的系统误差及由于机遇所带来的随机误差。随机对照试验是干预性研究设计的金标准方案。按照偏倚的来源,临床随机对照试验常见的偏倚包括选择偏倚、实施偏倚、测量偏倚、减员偏倚、报告偏倚和其他偏倚。

以干预性动物实验为例,偏倚风险来源类型也主要包括上述六类偏倚,只是相比较于临床试验而言,在具体实施方面略有一些差异,详见表2-4-1。

**1. 选择偏倚**　主要发生在实验动物的入组和分组阶段,其中随机序列产生方法、隐蔽分组的实施、基线特征均衡性、诱导疾病的时间安排等均会导致选择偏倚的产生,并影响其程度大小。

**2. 实施偏倚**　主要发生在干预措施的实施阶段,其中是否对研究者或动物饲养者实施盲法、是否对实验动物进行随机化安置等方面均会导致实施偏倚的产生,并影响其程度大小。

**3. 测量偏倚**　主要发生在结果的测量阶段,其中是否对结果评价者实施盲法、是否对测量指标进行随机性结果评估等均会导致测量偏倚的产生,并影响其程度大小。

**4. 减员偏倚**　主要发生在数据缺失阶段,其中是否所有动物都纳入最后的分析、是否缺失数据对研究结果真实性产生影响,或者是否对缺失数据采用恰当的方法进行估算等是导致减员偏倚产生,并影响其程度大小。

**5. 报告偏倚**　主要发生在实验结果的报告阶段,是否按照预定计划报告了所有测量指标是导致报告偏倚产生,并影响其程度大小。

**6. 其他偏倚**　指的是除上述偏倚之外的影响因素,包括该实验是否无污染、资助者是否存在利益冲突、是否有分析单位的错误等。

表 2-4-1　干预性动物实验的主要偏倚类型及产生原因

| 偏倚类型 | 产生原因 |
| --- | --- |
| 选择偏倚 | 随机序列产生方法;基线特征(均衡或调整;诱导疾病的时间安排);随机序列的不可预测性 |
| 实施偏倚 | 动物的随机安置;盲法(动物饲养者和研究者) |

| 偏倚类型 | 产生原因 |
|---|---|
| 测量偏倚 | 盲法（结果评价者）；随机性结果评估 |
| 减员偏倚 | 不完整数据报告 |
| 报告偏倚 | 选择性结果报告 |
| 其他偏倚 | 其他偏倚来源（污染、分析单位错误、利益冲突等） |

# 第二节　干预性动物实验的研究特点

干预性动物实验在其研究目的、疾病特点、干预时点等诸多方面与临床随机对照试验存在差别，具体详见表 2-4-2。

表 2-4-2　干预性动物实验与临床随机对照试验的区别

| 区别要点 | 临床随机对照试验 | 干预性动物实验 |
|---|---|---|
| 目的 | 论证临床干预措施的有效性 | 明晰疾病相关机制，初步提出干预策略（指导后续临床试验），验证干预的潜在有效性、安全性及毒性 |
| 疾病特点 | 疾病为自然存在 | 疾病是人为诱导的（与人类疾病相似性不明确或不充分） |
| 干预时点 | 对疾病施加干预的时点存在较大差异 | 在诱导疾病状态有关的某一已知时点施加干预 |
| 研究对象特点 | 患者群体具有多样性（如生活习惯、共病等） | 通常为均质性较好的群体（如可比或可控的饲养环境，动物特点包括遗传背景、性别、共病等） |
| 研究对象施盲 | 大部分情况下可实现对患者施盲 | 对实验动物不能也没有必要施盲 |
| 内部真实性 | 总体而言，由于随机和盲法的实施，其结果具有较高的内部真实性（与动物实验相比而言） | 由于在实验动物的随机分配、对实验实施人员和测量人员实施盲法尚未形成标准的实践范式，其内部真实性不高（与临床随机对照试验相比而言） |
| 结局指标 | 通常是与患者相关的结局 | 通常是替代结局，尽管可能存在相似性，但有时很难运用到临床 |
| 尸检数据 | 通常而言无尸检数据 | 实验结束后，往往处死动物后进行相关数据的测量和获取 |
| 外部真实性 | 相对较高的外部真实性（推断仅来自一个物种） | 相对较低的外部真实性（推断来自不同物种） |
| 样本量 | 样本量相对比较大（与动物实验相比而言） | 样本量相对比较小（与临床随机对照试验相比而言），且样本量大小的计算结果往往未被报告 |
| 研究团队 | 通常为较大的团队 | 一般而言团队相对较小 |

续表

| 区别要点 | 临床随机对照试验 | 干预性动物实验 |
|---|---|---|
| 团队分工 | 干预实施人员往往不同于结果评价或测量人员 | 通常由一位研究人员负责治疗分配、管理、结果评价和数据分析等多个环节的实施 |
| 方法和报告指南 | 有明确的系列方法设计和报告相关指南 | 方法设计和报告相关指南仍在不断发展中 |

## 第三节　动物实验偏倚风险评估工具

自 1993 年国外第一个动物实验方法质量评估工具发表以来,此后不同国家和地区的研究机构陆续发表了多个用于评估动物实验质量的条目或清单。国外有学者对已发表的动物实验方法质量评估工具的研发基础、适用范围和目的进行全面的回顾性分析和评价后发现,这些条目或清单有些是专门针对某一特定领域如毒理学,有些同时适用于内在和外在真实性的评估,尚未形成统一标准。2008 年,动物实验系统评价研究中心(the Systematic Review Centre for Laboratory Animal Experimentation, SYRCLE)在荷兰拉德堡德大学成立,旨在提高动物实验的方法质量及研究过程的透明化,并制定动物实验系统评价指南和相关教育培训材料。2012 年,荷兰议会通过决议,要求政府有责任确保系统评价成为动物实验研究的必要环节。基于 Cochrane 协作网制定和推荐的针对临床随机对照试验的偏倚风险评估工具,由来自 SYRCLE 的 Hooijmans 等多名学者共同研究、起草和制定了 SYRCLE 动物实验偏倚风险评估工具(SYRCLE's risk of bias tool for animal studies),并于 2014 年发布。目前,SYRCLE 动物实验偏倚风险评估工具是目前唯一一个专门适用于动物实验内在真实性评估的工具。

### 一、SYRCLE 动物实验偏倚风险评估工具简介

SYRCLE 动物实验偏倚风险评估工具共包括 10 个条目,偏倚类型主要包括选择偏倚、实施偏倚、测量偏倚、减员偏倚、选择性报告偏倚和其他偏倚六大类,与 Cochrane 偏倚风险评估工具一致,但涉及领域略有不同,其中条目 2、4、5、6、7 为在 Cochrane 偏倚风险评估工具的基础上新增或修改的条目(详见表 2-4-3)。

表 2-4-3　SYRCLE 动物实验偏倚风险评估工具

| 条目 | 偏倚类型 | 涉及领域 | 具体描述 | 结果判断 |
|---|---|---|---|---|
| 1 | 选择偏倚 | 序列生产 | 描述分配序列产生的方法,以评价组间可比性 | 分配序列的产生或应用是否充分或正确 |
| 2 | 选择偏倚 | 基线特征 | 为保证实验开始时两组基线可比,需描述所有可能的预后因素或动物特征 | 各组基线是否相同或是否对混杂因素进行了有效调整 |
| 3 | 选择偏倚 | 隐蔽分组 | 描述隐蔽分组的方法,以判断动物入组前或入组过程中干预分配的可见性 | 隐蔽分组是否充分或正确 |

| 条目 | 偏倚类型 | 涉及领域 | 具体描述 | 结果判断 |
|---|---|---|---|---|
| 4 | 实施偏倚 | 动物安置随机化 | 描述动物房中安置动物的方法 | 实验过程中动物是否被随机安置 |
| 5 | 实施偏倚 | 盲法 | 描述对动物饲养者和研究者施盲,以避免其知晓动物接受何种干预措施的具体方法;提供实施盲法有效性的任何相关信息 | 实验中是否对动物饲养者和研究者实施盲法,以使其不知晓动物所接受的干预措施 |
| 6 | 测量偏倚 | 随机性结果评估 | 描述是否随机选择动物用于结果测量评估,以及选择动物的方法 | 结果评价中的动物是否经过随机选择 |
| 7 | 测量偏倚 | 盲法 | 描述对结果评价者施盲,以避免其知晓动物接受何种干预措施的具体方法;提供实施盲法有效性的任何相关信息 | 实验中,是否对结果评价者施盲,以使其不知晓动物所接受的干预措施 |
| 8 | 减员偏倚 | 不完整数据报告 | 描述每个主要结局数据的完整性,包括数据缺失和在分析阶段排除的数据;说明这些数据是否被报告,以及每个干预组下(与最初随机分组的总数相比)数据缺失或排除及任何重新纳入分析的原因 | 不完整数据是否被充分或正确说明和解释 |
| 9 | 报告偏倚 | 选择性结果报告 | 说明如何审查选择性报告结果的可能性及审查结果 | 研究报告是否与选择性结果报告无关 |
| 10 | 其他偏倚 | 其他偏倚来源 | 说明不包括在上述偏倚中的其他一些重要偏倚 | 研究是否无其他会导致高偏倚风险的问题 |

## 二、SYRCLE 动物实验偏倚风险评估结果详解

SYRCLE 动物实验偏倚风险评估工具中 10 个条目的评估结果最终以"是""否"和"不确定"表示,其中"是"代表低风险偏倚,"否"代表高风险偏倚,"不确定"代表不确定风险偏倚,其具体评价细则详见表 2-4-4。

表 2-4-4　SYRCLE 偏倚风险评估工具解读

**1. 分配序列的产生或应用是否充分 / 正确?**

研究人员是否描述了具体的随机方法?　　　　　　　　　　　　　　　　是 / 否 / 不确定
□使用随机数字表;□使用计算机随机发生器

附加信息:
非随机方法的情况:
□根据判断或者调查者的偏好来分配;□根据实验室测试或者一系列测试结果来分配;□根据干预的有效性进行分配;□根据动物出生日期的奇偶数进行序列生成;□根据动物编号或者笼子编号规则进行序列生成

| **2. 各组基线是否相同,或是否对混杂因素进行了调整?** | |
| --- | --- |
| (1)实验组和对照组基线特征的分配是否均衡? | 是 / 否 / 不确定 |
| (2)如果不是,研究者是否对未平均分配的基线特征进行调整? | 是 / 否 / 不确定 |
| (3)诱导疾病的时间安排是否充分 / 正确? | 是 / 否 / 不确定 |

附加信息:
基线特征的数目和类型取决于评价问题。在评估偏倚风险前,研究者需讨论针对该特定实验,哪些基线特征需进行两组之间的比较。
基线特征和 / 或混杂因素通常包含:
□性别、年龄、动物的体重;□实验中感兴趣结局指标的基线值
疾病诱导的时间安排:
□一些预防性研究疾病的诱导发生在干预分配之后
正确的疾病诱导时间:
□在干预随机分配之前进行;□在干预随机分配之后进行,但疾病诱导时间是随机的,同时对实施干预措施的研究人员施盲,使其不知道动物接受了何种干预

| **3. 隐蔽分组是否充分 / 正确?** | |
| --- | --- |
| 研究者是否运用以下方法或等效方法来实现随机序列的不可预测性?<br>□由第三方进行随机编码序列的产生,并将其编号放入不透光、密封的信封中 | 是 / 否 / 不确定 |

附加信息:
不充分 / 不正确的隐蔽分组方法:
□公开随机化表;□使用信封但未进行适当的安全保障,如未密封或透光等;□交替或循环分配;□根据动物出生日期分配;□根据动物编号进行分配;□其他任何明确的非随机公开过程

| **4. 实验过程中动物是否被随机安置?** | |
| --- | --- |
| (1)研究者在动物房中是否随机安置笼子或动物?<br>□结果评价中的动物是否经过随机选择 | 是 / 否 / 不确定 |
| (2)结局或结局指标是否未受到非随机安置动物的影响?<br>□来自不同实验组的动物生活在一个笼子 / 牧场中(如饲养条件相同) | 是 / 否 / 不确定 |

附加信息:
研究者在安置笼子时使用非随机的一些方法:
□实验组在不同的场所进行研究(A 组实验动物放置在实验室 A 或动物饲养架 A 上,而 B 组实验动物放置在实验室 B 或动物饲养架 B 上)

| **5. 是否对动物饲养者和研究者施盲,以避免其知晓动物接受何种干预措施?** | |
| --- | --- |
| 是否有措施保证对动物饲养者和研究者的施盲方法不被打破?<br>□每个动物的身份证和笼子 / 动物标签被编码相同的外观;□顺序编号的药物容器的外观相同;□两组动物在相同的环境下给予干预;□在整个实验过程中,动物饲养条件的安置是随机的 | 是 / 否 / 不确定 |

附加信息:
不恰当的盲法情况:
□给笼子标签涂色(A 组红色标签,B 组黄色标签);□对实验组和对照组可见的结果有预期差异;□在整个实验过程中,动物饲养条件的安置并非随机;□设计实验与实施实验、分析数据的是同一个人;□两组动物未在相同的环境下给予干预;□两组动物干预环境不同;□给予安慰剂和药物的时间不同;□实验组和对照组中仪器的使用有差别

| 6. 结果测量过程中的动物是否经过随机选择？ | |
| --- | --- |
| 在结果测量过程中，研究者是否采取以下随机方法对实验动物进行随机选取？<br>□使用随机数字表；□使用计算机随机发生器；□其他等同的随机方法 | 是 / 否 / 不确定 |

| 7. 是否对结果测量者采用盲法？ | |
| --- | --- |
| （1）是否对结果测量者施盲，且有措施保证该方法不被打破？<br>□实验组和对照组使用相同的测量方法；□研究者随机选取实验动物，对结果进行测量 | 是 / 否 / 不确定 |
| （2）对结果测量者未实施盲法，但通过评价可知未实施盲法并不影响其结局指标的测定（例如对病死率等客观指标测量） | 是 / 否 / 不确定 |

附加信息：
该条目有必要对每个主要测量结果进行评估

| 8. 不完整的数据是否被充分 / 正确报告？ | |
| --- | --- |
| （1）是否所有动物都被纳入最后的分析？ | 是 / 否 / 不确定 |
| （2）是否报告缺失数据不会影响结果真实性的原因？ | 是 / 否 / 不确定 |
| （3）缺失数据是否在各干预组内相当，各组缺失原因相似？ | 是 / 否 / 不确定 |
| （4）对缺失数据是否采用恰当的方法进行估算？ | 是 / 否 / 不确定 |

| 9. 研究报告是否与选择性结果报告无关？ | |
| --- | --- |
| （1）是否可获取研究计划书，所有的主要和次要结局是否均按计划书预先说明的方式报告？ | 是 / 否 / 不确定 |
| （2）无法获取研究计划书，但已发表的文章中很清楚地报告了所有预期结果 | 是 / 否 / 不确定 |

附加信息：
选择性结果报告的可能情况：
□并未报告计划书中确定的所有主要结局；□一个或多个主要结局采用的测量和分析方法并未在计划书中预先确定；□一个或多个主要结局并未在计划书中预先确定，除非一些不可预见的不良反应等；□文章未报告此研究应当包含的主要结局指标

| 10. 是否不存在明显会产生高风险偏倚的其他问题？ | |
| --- | --- |
| （1）是否无污染（共用药品）？ | 是 / 否 / 不确定 |
| （2）是否没有来自资助者的不恰当影响？ | 是 / 否 / 不确定 |
| （3）是否没有分析单位错误？ | 是 / 否 / 不确定 |
| （4）是否不存在与实验设计相关的偏倚风险？ | 是 / 否 / 不确定 |
| （5）是否有新的动物加入到实验组和对照组以弥补从原始种群中退出的样本？ | 是 / 否 / 不确定 |

附加信息：
药品污染情况：
□除干预药物，在实验中动物额外接受了可能会对结果造成影响或偏倚的治疗或药物
分析单位错误情况：
□对实验动物身体局部进行干预；□给予干预时以一个笼的动物为一个单位，但分析时却以每个动物为一个实验单位

续表

与实验设计相关的偏倚风险情况：
□不恰当的交叉设计；□存在携带效应风险的交叉设计；□仅能取得第一个时期数据的交叉设计；□由于持续时间引起大量样本退出所导致的实验动物并未接受二次或后续治疗的交叉设计；□所有动物均接受相同顺序干预的交叉设计；□相同对照的多组比较研究中并未报告所有的结局指标（选择性结果报告）；□多组对照比较的不同研究结果被整合（应分别报告每组的数据）；□群随机试验的统计分析未考虑聚类问题（分析单位错误）；□交叉设计中未考虑配对分析的结果

## 参考文献

1. HOOIJMANS C R, RITSKES-HOITINGA M. Progress in using systematic reviews of animal studies to improve translational research [J]. PLoS Med, 2013, 10(7): e1001482.

2. 陈匡阳, 马彬, 王亚楠, 等. SYRCLE 动物实验偏倚风险评估工具简介 [J]. 中国循证医学杂志, 2014, 14(10): 1281-1285.

3. HOOIJMANS C R, ROVERS M M, DE VRIES R B, et al. SYRCLE's risk of bias tool for animal studies [J]. BMC Med Res Methodol, 2014, 14: 43.

4. HIGGINS J P, THOMAS J, CHANDLER J, ET AL. COCHRANE HANDBOOK FOR SYSTEMATIC REVIEWS OF INTERVENTIONS [M]. 2ND ED. CHICHESTER UK: WILEY-BLACKWELL, 2019.

5. KRAUTH D, WOODRUFF T J, BERO L. Instruments for assessing risk of bias and other methodological criteria of published animal studies: a systematic review [J]. Environ Health Perspect, 2013, 121(9): 985-992.

# 第五章　动物实验 meta 分析的
## 特点与数据处理

对临床前动物实验进行系统评价非常重要。首先,系统评价可以帮助研究人员通过全面收集临床前某一特定主题发表的医学文献,全面系统回答该问题。同时,发现该领域下知识空白点,指导后续进一步的研究,避免开展和重复一些不必要的实验。其次,在没有对临床前实验进行严格系统评估之前,不应轻易开展任何验证一种新的干预措施的临床试验。系统评价不仅可以帮助研究者了解干预措施的有效性,也可以帮助研究者系统了解当前已开展同类研究,特别是临床前实验设计方面的局限性。最后,通过系统评价,可以帮助研究者准确评估每个临床前实验的内部真实性及发表偏倚程度,这将有助于研究者预测和降低临床前实验数据向临床转化时的生物学风险。

## 第一节　动物实验 meta 分析与临床试验
## meta 分析的区别

目前,开展动物实验 meta 分析已被认为是提升动物实验对临床研究指导价值的有效途径,可有效降低其结果向临床转化时的生物学风险。但由于动物实验与临床试验间存在一定差异,使得动物实验 meta 分析在方法学标准等多个方面与临床试验 meta 分析不同(表 2-5-1)。在对动物实验进行 meta 分析时,可参考临床试验 meta 分析的方法学,但需要针对动物实验研究特点进行调整和优化。

表 2-5-1　动物实验 meta 分析与临床试验 meta 分析的区别

| 区别要点 | 临床试验 meta 分析 | 动物实验 meta 分析 |
|---|---|---|
| meta 分析的目的 | 评估一个持续应用的干预措施的总体效应,以帮助临床实践决策的制定或优化治疗方案,并评估在不同的人群和环境下的一致性 | 通过探索异质性,发现病理生理和治疗方面的新假说,以指导新的临床试验的设计,并检测干预措施的有效性和安全性 |
| 不同研究间效应量的合并 | 由于研究问题中 PICO 更加精确,一般合并效应量(方向和大小) | 重点关注合并效应的方向(基于置信区间),由于不可避免的异质性,很难解释点估计值 |
| 连续型数据的效应量选择 | 相比较于 SMD 而言,MD 为首选且易于解释。若使用不同的测量方法测量结果,则使用 SMD | 由于测量指标、不同物种间的差异较大,更多采用 NMD,或 SMD |

续表

| 区别要点 | 临床试验 meta 分析 | 动物实验 meta 分析 |
|---|---|---|
| 探索异质性的选择 | 特定的限制增加了效应量估计的可靠性和可信度 | 在评估干预措施的不良反应和研究疾病的发生机制方面涉及的范围较大。因此,更有利于探索异质性的来源,其结果常用于引导研究者创建新假说,也可指导后续临床试验的设计 |
| 纳入研究的特征 | 临床试验因伦理学等诸多因素的限制,其干预措施常为几种有效的治疗措施,且通常是大样本多中心的研究 | 动物实验中可同时包括安慰剂组和假干预措施组,纳入研究的偏倚风险较高,动物实验样本量通常较少,研究间的异质性相对较大 |
| 纳入原始研究的报告标准和偏倚风险评估 | 已建立相对完善的偏倚风险评估和报告标准,如 CONSORT 声明、Cochrane 手册推荐的随机对照试验偏倚风险评估工具等 | 未建立完善的偏倚风险评估和报告标准体系,但新近制定了一些标准,如 ARRIVE、SYRCLE 动物实验偏倚风险评估工具等 |

*SMD*:标准化均数差;*MD*:均数差;*NMD*:正态化均数差;ARRIVE:动物研究:体内实验报告规范

# 第二节　动物实验 meta 分析的步骤

动物实验 meta 分析主要包括 5 个步骤:①纳入研究间异质性评估;②数据收集及效应尺度选择;③选择合理的统计分析模型;④减小与评估发表偏倚;⑤数据结果呈现并作出相应的解释。

## 一、纳入研究间异质性评估

由于动物实验 meta 分析通常解决的是比原始实验更广泛的研究问题,因此,纳入的研究在动物种属、结果类型、测量时间等方面具有多样性。为了能够对某一特定的研究问题提供有指导意义的证据,进行 meta 分析的研究必须在研究对象、干预措施、实验设计和结果等方面具有充分的同质性。因此,在合并统计量前,需对纳入研究间的异质性进行检验。通过前瞻性定义严格规范的纳入和排除标准,并对相似研究进行合理的比较,可降低异质性。此外,如果 meta 分析是以研究影响总效应量的因素或关注研究特征和结局指标间的关系为目的,则可包括更多异质性较大的研究。

### (一)异质性的来源

动物实验 meta 分析中,异质性可分为研究内和研究间两方面。动物实验研究内异质性主要来自两方面的差异。①研究对象:同一种属或品系动物在饲养过程中因疾病或外界环境影响,在实验过程中其对相同干预措施及环境因素的反应存在差异;②动物安置:实验动物安置的不同可导致其生存条件的差异,如当饲养动物的笼子处于不同高度或位置时,其光照强度与温度等均存在细微差异,因此,如果在动物饲养过程中,研究人员未对动物进行随机化安置,则可能造成实验动物因不同的外界环境而产生不同的反应。

相较于动物实验研究内的异质性,动物实验研究间异质性更明显,主要包括五个方面的差异。①研究对象:各研究间纳入和排除标准的差异,实验动物所代表的群体差异,实验规模的大小、实验场所不同及对照个体的选择所造成的差异等。②干预措施：药物的剂量与剂型、给药途径与时间、干预措施的组合方式与作用时间的差异等。③实验设计：如实验动物是否随机分组、是否实施隐蔽分组、是否实施盲法、样本量是否合理、实验动物模型是否充分一致、实验过程中对结局指标的定义和测量方法是否一致、纳入研究可能由于研究目的不同导致对实验动物的选择、数据的收集与评价的倾向性出现差异。④统计学：因随机误差和多种偏倚的存在，动物实验结果仅能近似反映研究的真实效应。若研究结果与真实效应的差异超出了随机误差的范围，则会导致各研究间存在较大的统计学异质性。⑤结果合并：不同种属动物，由遗传决定的生物学基础不同，在解剖结构、代谢过程、疾病的发病机制等方面均存在差异，则需考虑合并的合理性，包括不同种属或品种的实验动物的结果合并后能够代表何种动物的合并结果，其代表的研究总体是否产生了更大的不确定性；是否需要限定最低的样本量以使各研究具有较好的同质性和代表性；研究所得的结果及结论是否真实可靠，结果报告是否充分正确等。此外，虽然使用多个种属动物模型的研究可探索或全面评估干预措施的有效性和安全性，但还需要考虑不同研究的动物模型是否足够标准化，或是否使用了公认而稳定的模型以降低研究间异质性等。

**（二）异质性的检验与处理**

meta 分析仅对符合纳入和排除标准，探索相同主题的研究进行统计合并。异质性的存在影响各研究之间效应量的合并，若不能对研究间存在的异质性加以控制，或进行合理解释和分析，将严重降低 meta 分析所得结果和结论的可信度。因此，必须对纳入研究的异质性进行严格评价，包括异质性检验和异质性处理两个方面。

**1. 异质性检验的方法**　包括定性和定量两种，其中定性方法有图示法，包括森林图、拉贝图、星状图，可以直观地观察研究之间是否存在异质性；定量统计分析方法包括 $Q$ 检验、$I^2$ 检验和 $H$ 检验，可准确检验异质性大小。若经上述方法检测出研究间存在较大异质性（$p<0.05$ 或 $I^2>50\%$），可通过亚组分析、meta 回归分析等方法探索异质性的来源并对异质性进行处理。

**2. 异质性处理**　动物实验研究的亚组分析是根据一定的研究水平变量（如研究设计、研究对象、干预措施的种类等）将研究分为若干亚组，然后对每个亚组分别进行效应量的合并以探讨异质性的来源。亚组分析等同于 meta 回归分析中实验水平上的分类协变量，一次亚组分析仅能分析一个变量，而动物实验通常样本量较小而异质性较大，过多亚组分析会导致 meta 分析变得复杂而难以理解，因此，宜采用 meta 回归分析探索异质性的来源以简化分析步骤。

meta 回归分析是以研究结果的估计为因变量，一个或多个研究水平的变量为自变量，采用回归分析的方法探讨各变量对 meta 分析中合并效应的影响，以明确各研究间异质性的来源。因其属于 meta 分析的一部分，需遵守 meta 分析的一般规律，符合 meta 分析的特点；同时，也要符合回归分析的一般规律，如样本量不能过小，否则会降低检验效能。此外，meta 回归分析也存在局限性，包括混杂偏倚、测量误差、无法获取所需的全部信息资料、假阳性结论等。

## 二、数据收集及效应尺度选择

**（一）二分类数据及效应尺度选择**

对于各实验组只有两种结果，如死亡或存活、治疗成功或失败等，可选择比值比（odds

ratio，*OR*）、相对危险度（relative risk，*RR*）、危险差（risk difference，*RD*）为合并统计量。若不能获得总样本量和目标事件发生数，仅报告 *OR* 或 *RR* 值及其95% 置信区间（*CI*）、标准误（*SE*）或 *p* 值，则可通过经典的方差倒数法合并数据。*OR*、*RR* 值作为相对效应尺度指标，其不受基线风险的影响，具有较好的一致性。但某些情况下相对指标不能反映事件的真实风险情况，易夸大研究结果的效应，如实验组中某种不良反应的发生率为 0.8%，对照组为0.08%，此时 *RR*=10，但若单独报告 *RR*=10，则意味着非常强的关联，难以接受干预措施的风险，但如果计算 *RD*，其数值仅为 0.72%。*RD* 值适用于研究对象的基线特征具有较好的一致性，当所研究的结局事件在实验组或对照组中全部发生或为 0 时，此时不能计算 *OR* 和 *RR*，可计算 *RD* 值。

### （二）连续型数据及效应尺度选择

若纳入研究中可提取的数据为各实验组测量结果的均数、标准差和测量结果的研究对象数目，则可选择均数差（mean difference，*MD*）、标准化均数差（standardized mean difference，*SMD*）或正态化均数差（normality mean difference，*NMD*）合并统计量。①均数差：*MD* 是以各研究间的结果测量方法或单位相同为基础计算合并效应量的大小，消除了研究间绝对值大小的影响，以原有的单位真实地反映实验效应。此外，作为绝对效应尺度指标，其结果易于解释。但因其易夸大研究效应且需纳入的各研究间结果测量方法和尺度相同，导致可推广性受到限制，如某一干预措施的干预效果，使得脑梗死体积在小鼠模型中减少 $10mm^3$，该结果与在灵长类动物模型中同样减少 $10mm^3$ 相比，小鼠疾病模型的干预效果要明显优于灵长类动物疾病模型。②正态化均数差：*NMD* 是将实验组干预措施产生的效应与对照组动物自身的效应进行比较，其应用的前提是对照组的动物是未接受任何干预措施的"正常"动物，且能够获得其自身的效应，同时，实验组和对照组之间的效应可用比例尺度进行量化比较。*NMD* 的计算公式为：$ES_i = 100\% \times \dfrac{(\overline{x_c} - \overline{x_{sham}}) - (\overline{x_{rx}} - \overline{x_{sham}})}{(\overline{x_c} - \overline{x_{sham}})}$，其中 $ES_i$ 为效应量，$\overline{x_c}$ 和 $\overline{x_{rx}}$ 分别代表研究中对照组和干预组的平均效应，$\overline{x_{sham}}$ 代表未接受任何干预措施的"正常"动物的平均效应。*NMD* 的优势在于将实验组的效应与正常动物相比较，可更好地揭示干预措施的效应。但由于动物实验的样本量通常较小，且易受到随机误差的影响，导致实验效应的夸大，此时要使用矫正方法计算 *NMD*。若无法得到正常动物的效应，如每个高倍视野中的神经元数量，或者自发的运动行为等，此时可计算 *SMD*。③标准化均数差：*SMD* 既不受研究间绝对值大小的影响，也不受测量单位的差异对结果的影响，适用于各研究间相同干预措施采用不同的测量方法，也适用于研究间均数差异过大的情况。

有时原始研究数据的报告并不标准和充分，如研究中仅报告中位数而未报告均数；有些仅报告标准误、置信区间、四分位间距，甚至最大值或最小值而未报告标准差；有些研究报告的结局指标也不同，如有些研究报告干预前后的差值，有些报告原始数值，有些报告对数值等。因此，需要对纳入研究的数据处理后再进行 meta 分析。

### （三）有序数据及效应尺度选择

各研究对象被分为几个有自然顺序的类别，如病情程度的"轻、中、重"等。此外，还有一种常用于测量行为及认知功能的量表所得到的"得分"的特殊类型有序数据，可作为连续型数据或有序数据进行提取。如果分类等级较少，可采用比例优势模型进行 meta 分析；如果分类等级较多，可作为连续型数据进行 meta 分析，也可以选取适当的切割点将其转换为二分类数据。

#### （四）计数数据及效应尺度选择

部分研究中报告的是事件发生的次数,如癫痫发生次数等,此类数据即为计数数据。计数数据可分为罕见事件数据和常见事件数据。对于罕见事件数据,常采用的指标是"率","率"常与观察时间跨度内事件发生的次数有关。对于常见事件数据,可作为连续型数据提取。当获得的频数为小概率事件时,若可获得发病率,则计算 *RR* 或 *RD*;当频数为非小概率事件时,可将频数当作连续型变量处理。

#### （五）事件 - 时间数据及效应量的选择

对于以死亡、疾病进展等某些重要事件发生的时间为结局的观察性动物实验,最好联系作者获得个体化数据,重新分析得到 log*HR* 及其标准误,然后进行 meta 分析。

### 三、选择合理的统计分析模型

随机效应模型和固定效应模型是基于不同的假设对研究结果进行合并的两种统计方法。固定效应模型假设纳入研究间的差异仅由随机误差引起,各研究具有相同的潜在真实效应;随机效应模型允许各研究间因研究特征等方面的差异而存在不同的潜在效应,其比固定效应模型具有更宽的置信区间。

统计分析模型的选择取决于纳入研究间异质性的大小。若各研究间存在的异质性较大,则需通过亚组分析、meta 回归分析等方法探索异质性的来源,使之达到同质后再使用固定效应模型;若经过异质性分析和处理后,各研究间的异质性依旧较大,则考虑选择随机效应模型。动物实验因其研究性质和多样性,导致各研究间通常具有较大的异质性,随机效应模型可能是更为恰当的模型选择。

### 四、减小与评估发表偏倚

虽然发表偏倚在动物实验和临床试验中均可能出现,但在动物实验中可能更为严重。相较于阳性结果,阴性或中立实验结果被发表的概率较低,因此不报告阴性或中立实验结果会导致高估干预措施效果。Sena 等人的研究发现,急性缺血性卒中动物实验研究领域下,约 14% 的原始动物实验未被发表,这些未发表的原始动物实验导致的缺失数据使其结果比实际值高了 30%。

系统化地全面收集与当前研究问题有关的全部资料是控制发表偏倚的唯一措施。对动物实验而言,除必检数据库 PubMed、EMbase 和 Web of Science 外,还应检索 BIOSIS Previews 等相关数据库。此外,会议摘要、灰色文献、参考文献目录检索都是必要的补充检索手段。

### 五、数据结果呈现并作出相应的解释

作为 meta 分析结果的主要呈现形式,森林图中的相对效应尺度指标（*RR* 和 *OR*）的无效竖线的横轴尺度为 1,绝对效应指标（如 *RD*、*MD*、*SMD*）的无效竖线的横轴尺度为 0。若某个研究 95%*CI* 的线条横跨无效竖线,则该研究无统计学意义,反之,则该研究有统计学意义。每条横线直观地表示各研究的 95%*CI* 范围的大小,线条中央的小方块为统计量的位置,其方块大小代表该研究权重大小。本章以 "ZHANG J, JIANG Y, SHANG Z, et al. Biodegradable metals for bone defect repair: A systematic review and meta-analysis based on animal studies. Bioact Mater, 2021, 6（11）: 4027-4052." 研究为例, 介绍 meta 分析中森林图的结果呈现形式及其相应的解释。如图 2-5-1 所示, 图中"菱形"为合并效应量的图示结果,"21.14（15.11, 27.17）"表示合并效应量及其 95%$CI$。左下角为异质性检验结果, 包括 $I^2$ 和 $p$ 值, 本例的异质性为 $I^2$=0.0%, $p$=0.730。

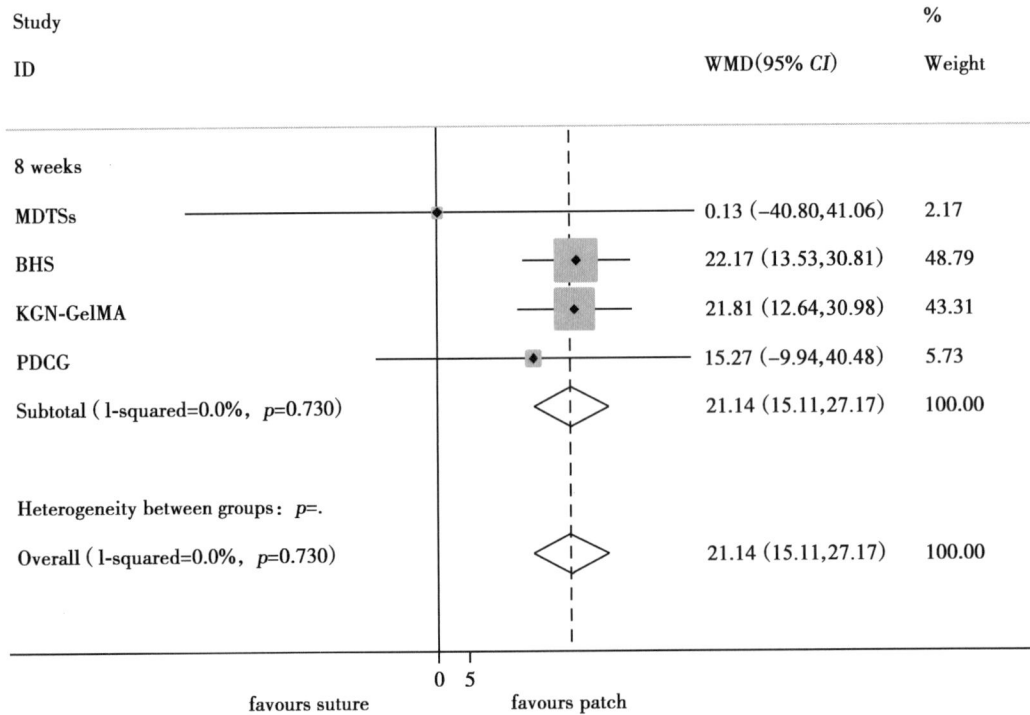

图 2-5-1　生物源性材料对比单纯缝合组对肩袖修复最大失效负荷的森林图

## 参考文献

1. HOOIJMANS C R, RITSKES-HOITINGA M. Progress in using systematic reviews of animal studies to improve translational research［J］. PLoS med, 2013, 10（7）: e1001482.

2. HOOIJMANS C R, INTHOUT J, RITSKES-HOITINGA M, et al. Meta-analyses of animal studies: an introduction of a valuable instrument to further improve healthcare［J］. ILAR J, 2014, 55（3）: 418-426.

3. MAPSTONE J, ROBERTS I, EVANS P. Fluid resuscitation strategies: a systematic review of animal trials［J］. J Trauma Acute Care, 2003, 55（3）: 571-589.

4. KOREVAAR D A, HOOFT L, TER RIET G. Systematic reviews and meta-analyses of preclinical studies: publication bias in laboratory animal experiments［J］. Lab Anim, 2011, 45（4）: 225-230.

5. YANG J, KANG Y, ZHAO W, et al. Evaluation of patches for rotator cuff repair: A systematic review and meta-analysis based on animal studies［J］. Bioact Mater, 2021, 10: 474-491.

# 第六章 GRADE分级系统在动物实验系统评价中的应用

## 第一节 应用的必要性

近年来,系统评价方法逐渐被应用于动物实验研究领域。动物实验系统评价可让公众更好地了解动物生物学的合理性,不仅可促进其结果向临床试验或临床应用的转化,降低转化风险,且有利于该领域资源整合。特别是当研究问题涉及潜在危害及无期望的益处(如毒理学)时,动物实验也许是唯一可提供相关数据的证据来源。同时,对于一些突发卫生事件,当缺乏来自人体研究的证据时,基于动物实验的系统评价可为卫生决策者提供决策依据。

目前,对于如何制订动物实验系统评价计划书、如何制订广泛而全面的检索策略、如何评价纳入研究的偏倚风险,以及如何进行meta分析,均有了标准的方法和报告规范。但需要注意的是,在进行决策时,证据体的质量起着至关重要的作用,因此,有必要对动物实验系统评价的证据体质量进行分级评价。

2004年,GRADE工作组提出了用于分级、评价临床证据体质量的工具,即GRADE分级系统。之后,GRADE在不同领域得到不断发展和拓展。目前,GRADE工作组动物实验小组正在研发基于GRADE的动物实验证据体分级和评价指南。尽管最终指南尚未发布,但该小组及一些学者均已提出并发表相关理论,加之,已有部分发表的动物实验系统评价研究开始采用GRADE对其证据体进行评价。因此,在本章将详细介绍GRADE在动物实验系统评价中应用的原理、方法及面临的挑战。

## 第二节 实施过程

### 一、适用范围

临床前干预性动物实验中研究者可以主动控制干预措施,通常被用来验证医疗干预的有效性和安全性,如在临床前阶段开发、了解疾病干预机制等,其与临床干预性试验在设计、实施等方面具有相似性。因此,在本节将主要探讨如何将GRADE用于评估临床前干预性动物实验证据的可信度,但值得注意的是该框架目前不一定适用于毒理学和环境健康领域的动物研究证据分级。

### 二、基本原理和注意事项

临床前干预性动物实验在实验设计和实施等方面,与临床干预性试验具有一定的相似性。因此,在该领域仍然将随机对照试验作为高质量证据,而对于其他设计类型的研究分级,如非实验性(即观察性)动物研究、在健康环境下评估暴露的生态影响等,需进一步讨论。

GRADE 在临床前动物实验证据中的应用原则依然遵循 GRADE 的基本原则。总体而言,对于动物随机对照试验而言,主要考虑其降级因素,包括偏倚风险、不一致性、不精确性、发表偏倚和间接性(图 2-6-1)。但需要特别考虑以下方面:①如何将动物实验结果向临床转化(GRADE 分级体系中称为间接性);②动物物种内和物种间的一致性;③升级因素(何时升级或如何确定升级因素)。

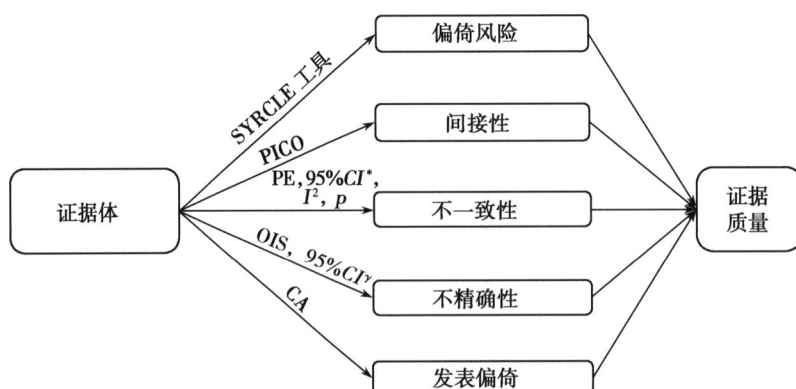

图 2-6-1 GRADE 在动物实验系统评价中的应用原则

PE:点估计值;OIS:最优信息样本量;CA:综合评估;*:95%*CI* 重叠程度小或无重叠;ˠ:95%*CI* 过宽

## 三、评级步骤

### (一)降级因素

**1. 偏倚风险** 实验在设计或实施等方面存在缺陷或偏倚,则会增加产生错误结果的风险。GRADE 分级体系在动物实验系统评价中应用的第一步就是对每一个结局的偏倚风险进行评估。临床随机对照试验和干预性动物实验偏倚风险工具的主要差异详见表 2-6-1。

表 2-6-1 临床随机对照试验和干预性动物实验偏倚风险工具的主要差异

| 偏倚类型 | 涉及领域 | 具体描述 | | 差异 |
|---|---|---|---|---|
| | | Cochrane RoB 工具 | SYRCLE 工具 | |
| 选择偏倚 | 序列产生 | 由于不充分/不正确的方法导致选择偏倚的产生 | 随机序列的产生方法是否充分/正确 | 两者一致 |
| | 基线特征相似性 | — | 组间基线是否相似或是否在分析阶段对混杂因素进行调整 | 新增条目:由于随机分配在目前的动物实验研究中并未成为标准实践模式,加之大部分动物实验的样本量相对较小,重要的基线特征差异有可能出现。因此,在动物实验中,评估实验组和对照组基线特征的相似性就显得尤为重要 |

| 偏倚类型 | 涉及领域 | 具体描述 | | 差异 |
|---|---|---|---|---|
| | | Cochrane RoB 工具 | SYRCLE 工具 | |
| | 隐蔽分组 | 由于隐蔽随机分配序列的方法不充分/不正确,使得可以预知干预措施分配情况,最终导致选择偏倚的产生 | 隐蔽分组的方法是否充分、正确 | 两者一致 |
| 实施偏倚 | 动物安置随机化 | — | 实验过程中动物是否被随机安置 | 新增条目:在动物实验中,通常由研究者/动物饲养者负责动物的安置方式,即确定动物笼放置的位置。由于安置的条件(如光线、温度、湿度等)会在一定程度上影响实验的结果(如特定的生化指标和行为等)。因此,在实验过程中,随机安置实验动物是降低实施偏倚的重要措施之一 |
| | 盲法(研究者或受试者) | 未对研究者和受试者施盲/盲法实施不恰当,使其知晓受试者的干预措施,导致实施偏倚的产生 | 实验中是否对动物饲养者和/或研究者施盲,以使其不知晓动物所接受的干预措施 | 两者一致 |
| 测量偏倚 | 随机性结果评估 | — | 是否随机选择动物用于结果评估 | 新增条目:随机选择动物用于结果评估的主要原因是多数生物存在昼夜节律现象。未随机选择动物用于结果评估会影响实验效果的方向和大小。此外,随机结果评估对于保证盲法在结果测量中的有效实施亦非常重要 |
| | 盲法(结果测量) | 未对结果测量人员施盲或盲法实施不恰当,使得结果测量人员知晓受试者的干预措施,导致测量偏倚的产生 | 是否对结果测量人员施盲 | 两者一致 |
| 减员偏倚 | 不完整结果数据 | 由于对失访和退出等数据的数量、性质或处理方法不恰当,导致减员偏倚的产生 | 不完整的数据是否被充分/正确报告 | 两者一致 |

续表

| 偏倚类型 | 涉及领域 | 具体描述 | | 差异 |
| --- | --- | --- | --- | --- |
| | | Cochrane RoB 工具 | SYRCLE 工具 | |
| 报告偏倚 | 选择性报告 | 由于利益冲突等原因,选择性地报告有利于研究假说的结果,导致选择性报告偏倚的产生 | 研究报告是否与选择性结果报告无关 | 两者一致 |
| 其他偏倚 | 其他偏倚来源 | 由于其他一些原因导致的偏倚(除上述偏倚类型和领域之外的偏倚来源) | 是否报告导致高偏倚风险的其他问题 | 两者一致 |

虽然已有很多工具可用于评估动物实验的偏倚风险,但 2014 年,由荷兰动物实验系统评价研究中心基于 Cochrane 偏倚风险评估工具,制定的 SYRCLE 动物实验偏倚风险评估工具,是目前唯一一个专门针对动物实验内在真实性进行评估的工具。SYRCLE 动物实验偏倚风险评估工具详细解读参见本篇第四章内容。

**2. 不一致性**　不一致性通常考虑置信区间的重叠程度、各个纳入研究效应量的大小和方向、异质性检验的 $p$ 值和 $I^2$ 值(描述在效应评估中是异质性引起的百分率变化而非抽样误差)。在探索了所有可能解释异质性的假说之后,若各纳入研究结果间的异质性仍不可解释,则建议证据降级。如异质性可从纳入动物种属、干预措施、对照措施或纳入研究偏倚风险等不同方面解释,则 meta 分析应该提供或实施恰当的亚组分析。如果纳入研究间偏倚风险差异可解释不一致性,则建议仅纳入低偏倚风险的研究。

目前,对不一致性的评估仍存在一些挑战。首先,由于动物实验属于探索性实验,异质性是可被预期的。部分异质性可能被实验人员刻意引入,在这种情况下,鉴于这部分异质性可解释,在评估一致性时可以不考虑。因此,不一致性的核心在于:①如何归纳和解释异质性;②如何解释 $I^2$ 值。其次,异质性可能源于动物种属,应注意来自物种内和物种间两方面的不一致。例如,当合并分析中所有种属动物都显示出相同的效应方向时,那么不同物种间(包括人)的干预效应更加有力。在这种情况下,即使结果总体上有异质性,也不会降低一致性。在不一致性方面,动物实验系统评价证据分级的标准与临床试验系统评价证据分级相似。当点估计值的方向一致、置信区间重叠程度高,则考虑不存在不一致性。在探讨了可能的不一致性来源后,结局评估仍存在大的不一致性时,则考虑降低证据等级。不一致性程度的判断可基于点估计值的相似性、置信区间的重叠程度及统计学标准(包括异质性检验和 $I^2$ 值)。

**3. 不精确性**　动物实验系统评价中对证据体的精确性评估主要从以下两个方面考虑:①样本是否达到最优信息样本量(optimal information size, OIS);②置信区间的宽窄程度。动物实验系统评价可基于 OIS 和置信区间宽窄判断是否因不精确性降级。如果结果所基于的动物数量少或事件发生率低,则会导致其置信区间变宽。

在动物实验中最重要的问题是如何计算 OIS 并设定临床相关有意义的阈值。在干预性动物实验中,实验单位通常为笼而非个体动物。虽然这类似于基于人群的群随机试验,但如何将不同实验单位考虑到 OIS 的计算中仍需要进一步探索。2021 年,Mun 等人整理并发布了动物实验样本量的常见计算公式可作为参考之一(表 2-6-2)。

**表 2-6-2　动物实验样本量计算公式**

| 类型 | 公式 | 备注 |
|---|---|---|
| 均值的样本量 | 样本量 =$(Z_{1-\alpha/2}+Z_{1-\beta})^2/$ $(\Delta/\sigma)^2$ | 1. $Z_{1-\alpha}$、$Z_{1-\beta}$ 为显著性水平和把握度的标准正态分布的分数位<br>2. $\Delta$ 为效应量<br>3. $\sigma$ 为标准差 |
| 率的样本量 | 样本量 =$(Z_{1-\alpha/2}+Z_{1-\beta})^2$ $[\Delta/2P(1-P)]^2$ | 1. $Z_{1-\alpha/2}$、$Z_{1-\beta}$ 为显著性水平和把握度的标准正态分布的分数位<br>2. $\Delta$ 为效应量<br>3. $P$ 为合并的发生率,即(干预组发生率 + 对照组发生率)/2 |
| 方差的样本量 | 样本量 =$(Z_{1-\alpha}+Z_{1-\beta})^2/$ $(\log\sigma_1/\sigma_2)^2$ | 1. $Z_{1-\alpha}$、$Z_{1-\beta}$ 为显著性水平和把握度的标准正态分布的分数位<br>2. $\sigma_1$ 旧方差,$\sigma_2$ 为新方差 |
| 相关性的样本量 | 样本量 =$(Z_{1-\alpha/2}+Z_{1-\beta})^2/$ $(Z_0-Z_\alpha)^2+3$ | 1. $Z_0$ 是 $\rho_0$ 的 Fisher Z 变换<br>2. $Z_\alpha$ 是具有给定统计功效的相关性 Fisher Z 变换 |

在解释临床前动物实验结果时,通常认为效应量的方向比其大小更为重要。因此,对于精确性的判断主要基于置信区间是否包含了无效值。对于效应量的大小可考虑进行分级,如 $SMD<0.2$ 为小, $SMD$ $0.2\sim0.5$ 为中, $SMD>0.8$ 为大。目前还没有严格、清晰的统一判断标准,建议如果置信区间包含了两个或多个级别,则可考虑降级,同时需要给出合理的解释。此外,也可基于药物疗效的效应量设定阈值以判断精确性。目前就如何确定临床决策阈值仍然存在诸多困难,因此,对于动物实验证据临床阈值的相关性和转化性将是一个巨大的挑战。此外,类似于临床试验,对未实施 meta 分析的动物实验系统评价如何评价其精确性也是目前必须面临的重要挑战之一。

**4. 发表偏倚**　Sena 等人的研究发现,急性缺血性卒中动物实验研究领域下,约 14% 的原始动物实验未被发表,这些未发表的原始动物实验导致的缺失数据使其结果比实际值高了 30%。Korevaar 等人的研究显示,近 30% 已发表的动物实验系统评价未对发表偏倚进行评估。因此,科学评估发表偏倚对解读动物实验系统评价结果的可信度具有重要意义。但对于动物实验而言,目前尚缺乏类似临床试验的强制注册制度,同时大多数动物实验纳入样本数量较少,因此,如何对其发表偏倚进行评估尚未形成共识,仍存在巨大挑战。

在保证动物实验系统评价检索策略广泛而全面的前提下,考虑到动物实验系统评价的特殊性,除了可以借鉴漏斗图法、Egger 法、Begg 法等多种统计方法对发表偏倚进行评估外,如出现以下问题,则需要高度怀疑发表偏倚的可能性:①纳入的研究多数为小样本研究,且结果均为阳性;②纳入的研究结果均为阳性,且均接受了药厂的资助却没有准确恰当的利益冲突声明;③动物实验相关证据以会议摘要、计划书等形式出现,但其全文结果无法获得(例如在正式期刊发表等);④同一动物实验研究的不同发表形式(如期刊论文、书籍相关章节、毕业论文等)撰写的内容和重点方面存在明显区别;⑤动物实验的结果是以系统评价团队无法翻译的语言撰写的;⑥现有研究显示动物实验的资助方、期刊编辑或其他资助方在其结果的呈现形式、类型等方面起到明显的主导作用。

**5. 间接性**　GRADE 分级系统中对动物实验系统评价提出了两个层面的间接性

（图 2-6-2）。第一层间接性是从临床前动物实验向临床前 PICO 的间接性，从以下 4 个方面考虑：

（1）疾病和动物模型的间接性：①临床前条件与临床场景的匹配性；②评估疾病表型的多种表现；③多种物种被检测，不同物种间结果的可比性；④动物模型与患者在临床场景下疾病、干预措施、性别、年龄与共病等情况的匹配度；⑤动物属性特点的基线。

（2）干预措施的间接性：①复杂干预参数的优选；②治疗时机与临床实践场景的匹配度；③治疗方法 / 疗程与临床实践场景的匹配度；④对治疗措施的定义；⑤实验操作 / 干预与临床情景的理论关系；⑥治疗反应的机制途径；⑦基于验证实验评估分子通路；⑧与临床相关共病的治疗相互作用。

（3）对照措施的间接性：①恰当的对照组；②间接的比较；③对照组特征与以往研究结果的可比性。

（4）结局指标的间接性：①所选择结果测量的特征和有效性；②评估晚期 / 临床相关时间点的结果。

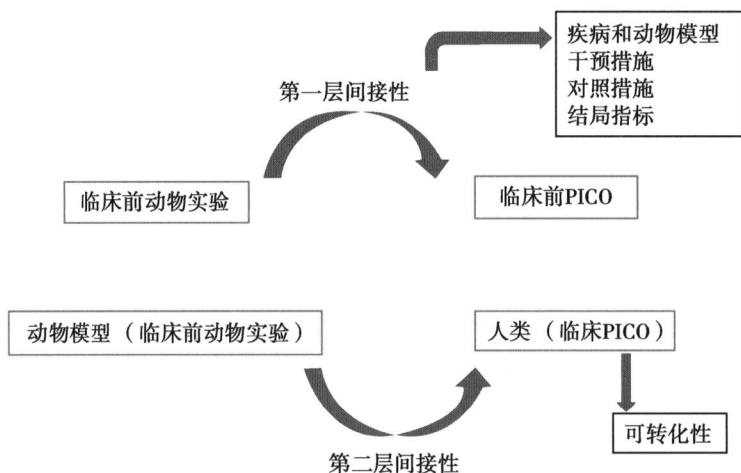

图 2-6-2　GRADE 在动物实验系统评价中的间接性

第二层间接性是从动物模型（临床前动物实验）到人类（临床 PICO）的间接性，这也称为可转化性。例如在动物实验中，通常会将组织学损伤和细菌移位作为衡量功能丧失和感染并发症的指标。然而，这些都是重要结局指标的替代结局，组织学损伤并不一定意味着功能丧失。此外，对于动物模型而言，其选择也是一个很大的挑战。如一个表达与人相同的转移蛋白的"低级"动物模型（转基因小鼠）比一个表达特定物种转移蛋白（猪）的"高级"动物模型能更好地反映临床病理生理学吗？不同的动物模型疾病间接代表着疾病的不同方面，但很少有一个模型能反映临床疾病的各个方面，且目前尚无指南说明哪种动物模型能更好地反映疾病和临床情况。

**（二）升级因素**

在 GRADE 分级系统中，观察性研究的起始证据级别为低质量，然而在某些情况下，证据质量从低升级为中（甚至可能为高）是合理的。虽然临床前动物研究存在升级可能性，但其升级的概念与临床观察性研究却有所不同，如在不同物种间得到的效应的方向和大小一致，则可以升级。此外，在环境健康领域，如动物种属和模型的结果一致时，也可作为升级因素之一。但问题是不同动物物种间的一致性是作为升级因素,还是作为不一致性或间接性/可转化性的一部分,仍然值得今后进一步研究探讨。

**（三）从证据质量到推荐**

**1. 基于动物实验系统评价证据进行临床试验转化**　动物实验系统评价的结果为阳性时,证据质量越高,则对基于当前动物实验结果进行临床转化时越有信心。即当证据质量为高或者中时,则建议可以进行临床转化;当证据质量为低或者极低时,则建议有必要开展高质量的动物实验进一步确证结果。当动物实验系统评价的结果为阴性时,证据质量越高,则对基于当前动物实验结果进行临床转化时的信心不足。即当证据质量为高或者中时,则建议不应该基于当前动物实验结果开展后续的临床试验;当证据质量为低或者极低时,则建议有必要开展高质量的动物实验进一步确证结果（图 2-6-3）。

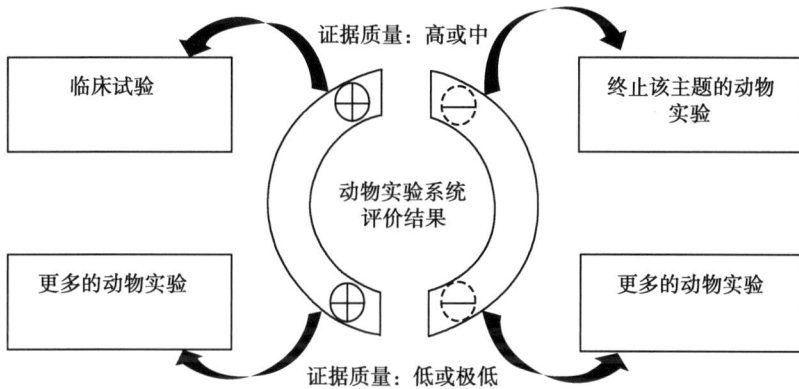

图 2-6-3　基于证据质量等级进行动物实验的临床转化

**2. 基于动物实验系统评价证据进行卫生决策**　一般情况下,基于动物实验系统评价得到的证据不能直接应用于临床或公共卫生决策。然而在突发公共卫生事件中,如重症急性呼吸综合征（SARS）、埃博拉病毒感染等,需要基于实证研究进行卫生决策,但此时却缺乏人体研究。在这种情况下,动物实验的证据将为卫生决策者提供重要依据。例如,SARS 暴发后,世界卫生组织指示 SARS 治疗专家组对当前 SARS 的动物实验研究和病例报告进行系统评价,确定可用于治疗 SARS 的可能方案,以防备 SARS 再次暴发时,卫生系统能够及时反应并控制疾病发展。

# 第三节　当前应用的挑战

虽然,GRADE 分级体系已经在临床前干预性动物实验系统评价中得到一定应用,但一些条目细则需要进一步改进,部分条目的内涵仍需要不断明确。当前仍存在较大的挑战和需要进一步探讨的领域,包括:①如何计算 OIS 和定义临床相关阈值（不精确性）;②如何定义种属内和种属间的一致性（不一致性）;③如何规范和定义可转化性/间接性;④如何确定和定义升级标准等。因此,今后有必要建立完善的临床前干预性动物研究 GRADE 分级框架,以更好地解释动物研究系统评价的结果和评估证据质量,从而降低动物实验结果向临床转化时的风险。此外,积极发挥 GRADE 从证据到决策的作用,在重大疾病或罕见病暴发中发挥其作用,为临床决策和指南制定提供依据。

通过对 GRADE 分级系统的科学使用,可以避免动物实验领域资源的过度集中,更好地分配科研资源,提高科研投入的经济效益。GRADE 分级体系在动物实验系统评价中的应用尚处于起步阶段,仍需要方法学家、基础医学科研工作者、临床医师等多学科团队完善其方法学体系。

目前,GRADE 分级系统在基础研究领域的传播水平不足,动物实验系统评价数量远远少于临床研究的系统评价,在已发表的动物实验系统评价中应用 GRADE 方法的研究少之又少,这可能与 GRADE 的起源和传播有关,未来在动物实验研究领域不仅要重视系统评价的发表,更应该重视 GRADE 的应用。始终需明确的是,系统评价的目的不是描述性地综述现有的证据,而是要通过基于证据的质量评价给予基础医学科研工作者、临床工作者甚至管理决策者方向性的指引。

## 参考文献

1. HOOIJMANS C R, RITSKES-HOITINGA M. Progress in using systematic reviews of animal studies to improve translational research [ J ]. Plos Med, 2013, 10 ( 7 ): e1001482.
2. ROBERTS I, KWAN I, EVANS P, et al. Does animal experimentation inform human healthcare Observations from a systematic review of international animal experiments on fluid resuscitation [ J ]. BMJ, 2002, 324 ( 7335 ): 474.
3. LEENAARS M, HOOIJMANS C R, VAN VEGGEL N, et al. A step-by-step guide to systematically identify all relevant animal studies [ J ]. Lab Anim, 2012, 46 ( 1 ): 24-31.
4. WEI D, TANG K, WANG Q, et al. The use of GRADE approach in systematic reviews of animal studies [ J ]. J Evid Based Med, 2016, 9 ( 2 ): 98-104.
5. KRAUTH D, WOODRUFF T J, BERO L. Instruments for assessing risk of bias and other methodological criteria of published animal studies: a systematic review [ J ]. Environ Health Perspect, 2013, 121 ( 9 ): 985-992.
6. SENA E S, VAN DER WORP H B, BATH P M, et al. Publication bias in reports of animal stroke studies leads to major overstatement of efficacy [ J ]. Plos Biol, 2010, 8 ( 3 ): e1000344.
7. TER RIET G, KOREVAAR D A, LEENAARS M, et al. Publication bias in laboratory animal research: a survey on magnitude, drivers, consequences and potential solutions [ J ]. Plos One, 2012, 7 ( 9 ): e43404.

# 第三篇

# 工　具　篇

# 第一章 meta 分析在 RevMan 软件中的实现

## 第一节 简介与安装

### 一、RevMan 简介

RevMan 软件英文全称为 Review Manager，是 Cochrane 协作组定制软件，专门用来写作 Cochrane 系统评价（Cochrane Systematic Review，CSR）。因为 RevMan 的功能经典、界面友好、操作简单、免费，很多学者在制作非 Cochrane 系统评价的时候，也习惯使用 RevMan 软件。

目前，RevMan 软件有两个官方版本：RevMan Web（在线版本）和 RevMan 5（桌面版本）。RevMan Web 旨在与其他系统评价软件集成，并定期添加新功能和更新。Cochrane Review 作者可以登录 RevMan Web 以查看任务面板上（Dashboard）的所有系统评价，并在线编辑（除诊断准确性系统评价）。RevMan 5（桌面版本）可以到 Cochrane 官网下载。RevMan 软件中预设了四种主要的系统评价制作格式，分别是干预性试验系统评价（intervention review）、诊断准确性系统评价（diagnostic test accuracy review）、方法学系统评价（methodology review）和系统评价的汇总评价（overview of reviews）。

### 二、RevMan 的操作界面

在图 3-1-1 中主操作界面顶端的菜单栏包括 File（文件）、Edit（编辑）、Format（格式）、View（视图）、Tools（工具）、Table（表格）、Window（窗口）、Help（帮助）。点开后各自会出现子菜单，可进行相应操作，如点开 File（文件）子菜单可以进行新建、保存、打开、导入、引出等操作；点开 Edit（编辑）子菜单可以进行剪切、复制、粘贴等操作；当遇到操作疑问时，可点开 Help（帮助）子菜单查询操作手册。菜单栏下面是快速工具栏，可进行打开、保存等操作。

左侧的大纲栏以框架式结构分布，预设了写作内容，由上至下包括 Title（标题）、Review information（系统评价信息）、Main text（正文）、Tables（表格）、Studies and references（研究及参考文献）、Data and analyses（数据及分析）、Figures（图片）、Sources of support（支持来源）、Feedback（反馈）、Appendices（附录）等 10 部分。其中，Main text（正文）又包括 Abstract（摘要）、Background（背景）、Methods（方法）、Results（结果）、Discussion（讨论）等 13 个条目。点开左侧大纲栏时，右侧内容栏便会出现对应板块内容，可对文本进行编辑。

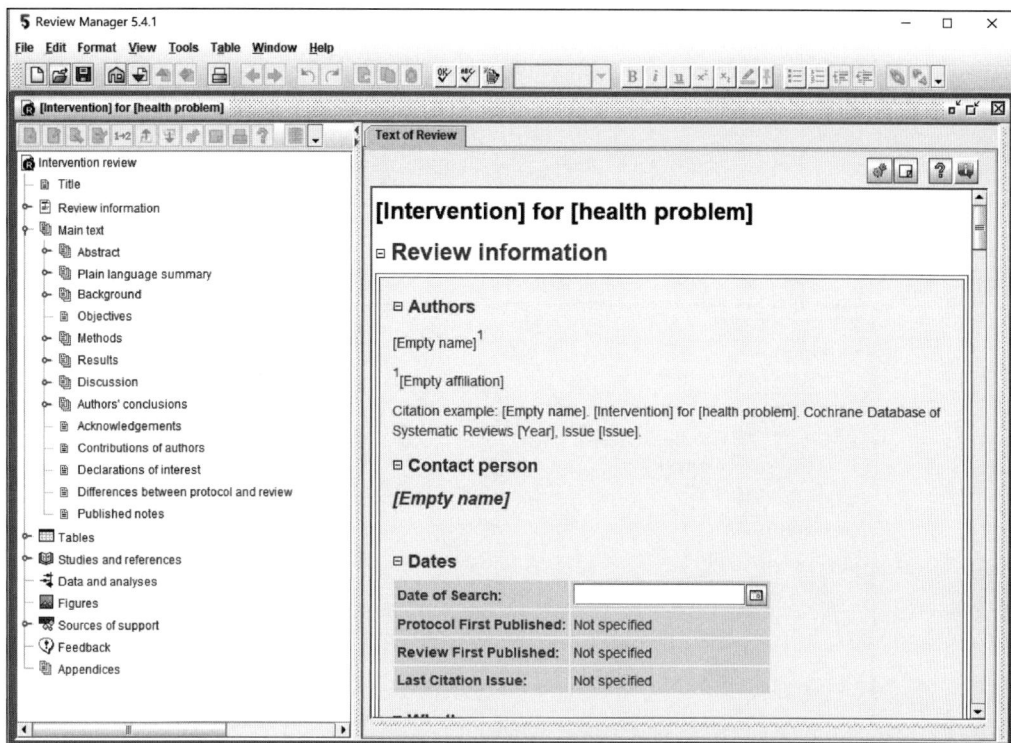

图 3-1-1　RevMan 主操作界面

## 三、新建一个 meta 分析

打开软件后,点开菜单栏上 File(文件),点击 New,即可出现 New Review Wizard 界面(图 3-1-2)。在图 3-1-2 的 New Review Wizard 界面,点击 Next 按钮,根据实际情况,选择

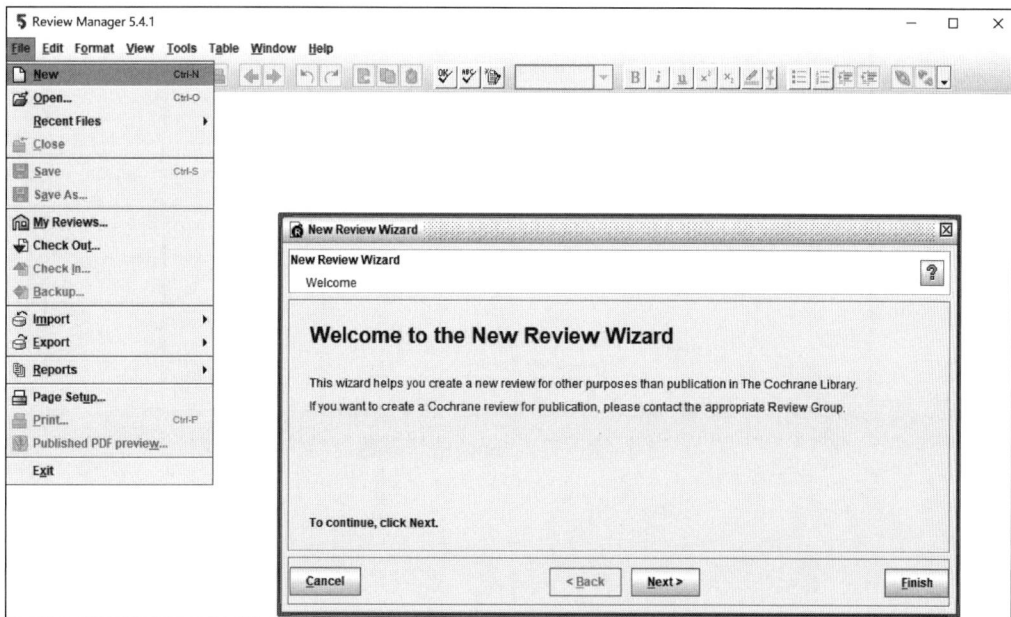

图 3-1-2　RevMan 新建系统评价界面

meta 分析类型（图 3-1-3 ）。选择好后,点击 Next 按钮,出现如图 3-1-4 界面,根据实际内容输入文章标题。填写好标题后,点击 Next 按钮,即出现如图 3-1-5 界面,根据需求选择 Protocol 或者 Full review；最终点击 Finish 按钮,即出现如图 3-1-1 所示的 RevMan 主操作界面。

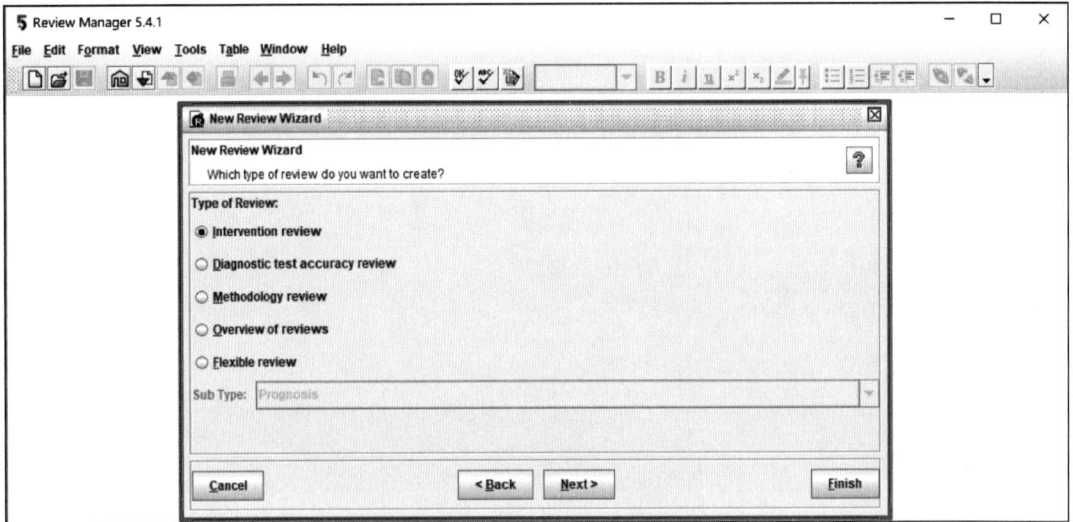

图 3-1-3　选择 meta 分析类型

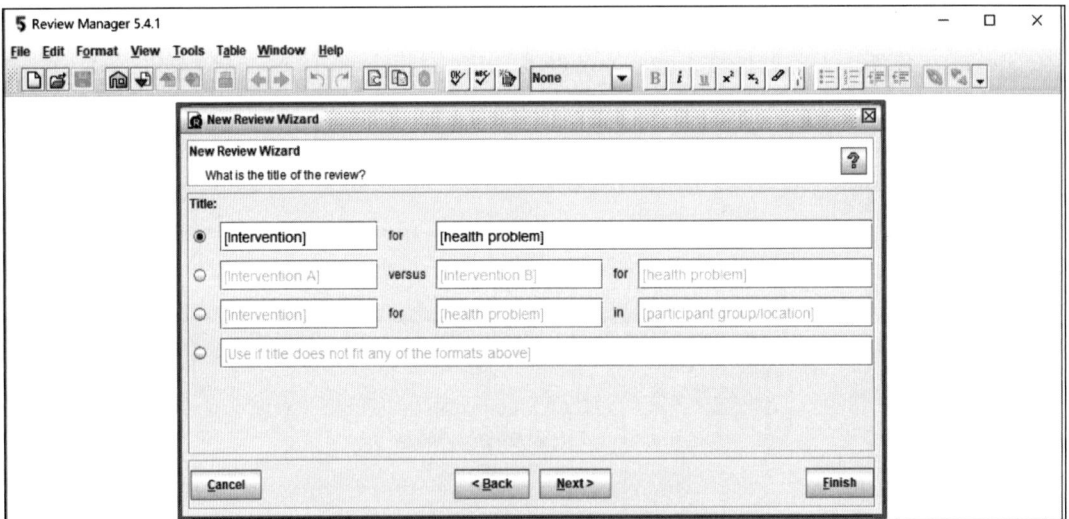

图 3-1-4　录入 meta 分析标题

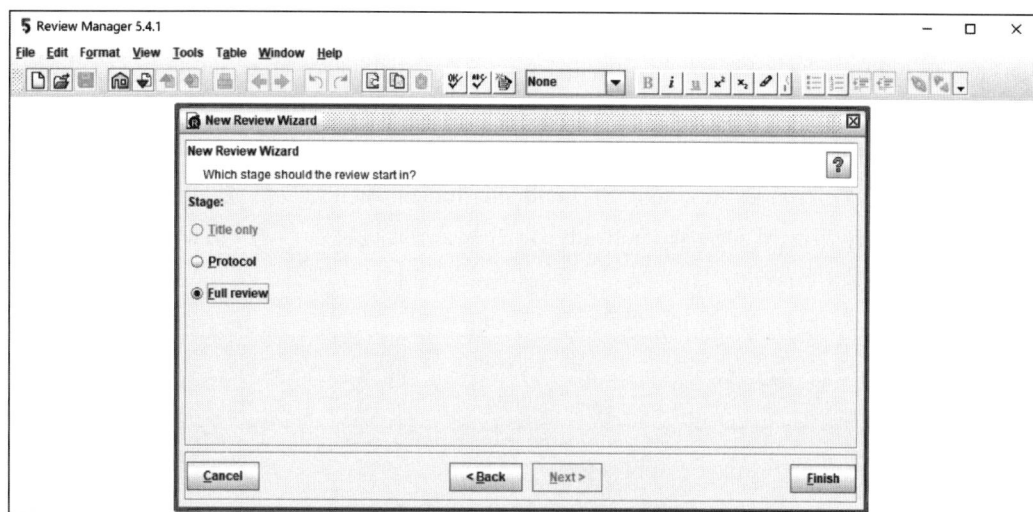

图 3-1-5　meta 分析状态选择

# 第二节　数据录入与读取

## 一、数据准备

本文以 "LI S, LIU P, FENG X, et al. The role and mechanism of tetramethylpyrazine for atherosclerosis in animal models: A systematic review and meta-analysis. PLoS One, 2022, 17（5）: e0267968." 这篇文献为例, 表 3-1-1 展示了川芎嗪对动脉粥样硬化动物模型总胆固醇量影响的实验数据及数据具体整理格式。

表 3-1-1　川芎嗪对动脉粥样硬化动物模型总胆固醇量影响的实验数据

| 研究来源 | 干预组 | | | 对照组 | | |
|---|---|---|---|---|---|---|
| | 均数 | 标准差 | 样本量 | 均数 | 标准差 | 样本量 |
| Zhao 2020 | 4.07 | 5.24 | 8 | 6.13 | 0.62 | 8 |
| Zhang 2017 | 2.67 | 0.37 | 10 | 3.59 | 0.17 | 10 |
| Zhang 2005 | 1.78 | 0.12 | 8 | 2.17 | 0.15 | 8 |
| Yuan 2019 | 21.98 | 3.23 | 6 | 22.67 | 4.20 | 6 |
| Wang 2013a | 9.16 | 2.34 | 6 | 14.93 | 4.20 | 3 |
| Wang 2013b | 5.91 | 1.23 | 6 | 14.93 | 4.20 | 3 |
| Jiang 2011a | 6.37 | 2.18 | 10 | 18.29 | 4.62 | 5 |
| Jiang 2011b | 4.27 | 1.59 | 10 | 18.29 | 4.62 | 5 |
| Dong 2021a | 11.7 | 1.7 | 12 | 13.8 | 1.8 | 4 |
| Dong 2021b | 9.1 | 1.4 | 12 | 13.8 | 1.8 | 4 |
| Dong 2021c | 7.6 | 1.9 | 12 | 13.8 | 1.8 | 4 |
| Dong 1997 | 2.33 | 0.15 | 12 | 14.11 | 2.10 | 12 |

## 二、RevMan 软件操作

### （一）添加研究

在 RevMan 中建立一个新的 meta 分析后,点开左侧大纲栏 Studies and references,树形目录中依次点开 References to studies 和 Included studies,单击鼠标右键,点击 Add study 系统弹出 New Study Wizard 对话框,在 Study ID 处输入研究名称,点击 Finish;重复此操作添加其他的研究(图 3-1-6)。

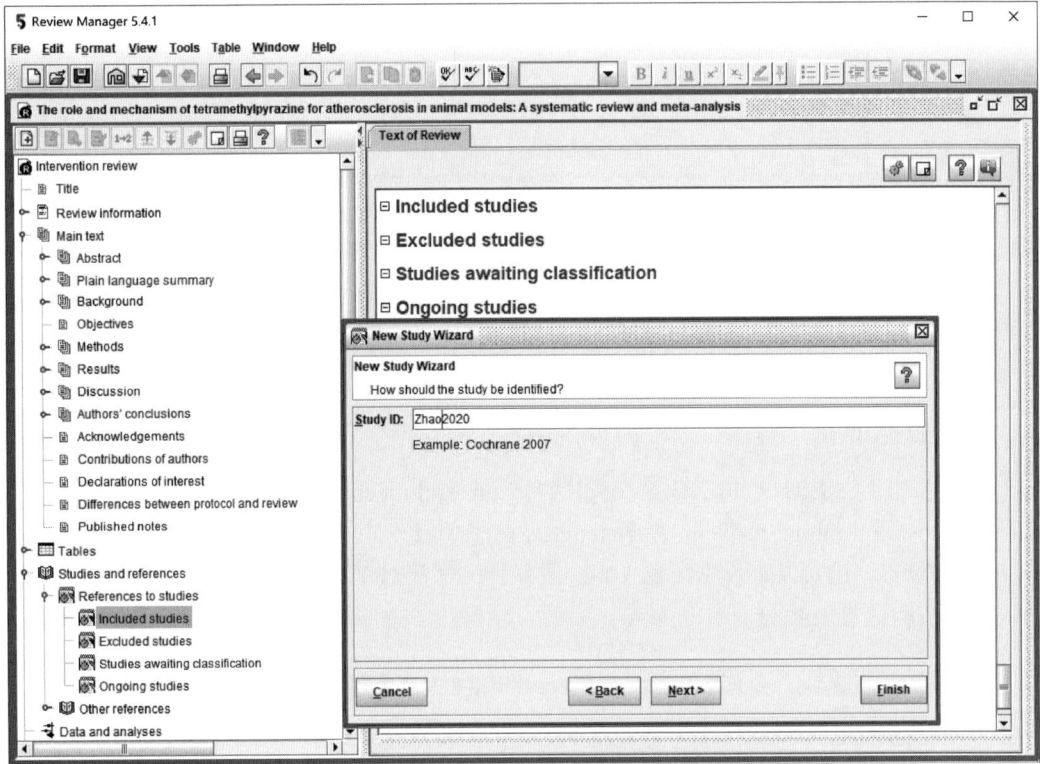

图 3-1-6　添加纳入研究对话框

### （二）实验数据的录入

点开左侧大纲栏 Data and analyses,单击鼠标右键,点击 Add comparison,系统弹出 New Comparison Wizard 对话框,在 Name 处输入研究对比结局名称(图 3-1-7)。再用鼠标右键点击左侧大纲栏 Data and analyses 下的"川芎嗪对动脉粥样硬化动物模型总胆固醇量的影响",点击 Add outcome,系统弹出 New Outcome Wizard 对话框,选择分析数据类型,本研究为连续型数据,选择 Continuous,点击 Next,在 Name 处输入结局名称"川芎嗪对动脉粥样硬化动物模型总胆固醇量的影响",在组别标签处根据实际情况输入实验组及对照组名称(图 3-1-8),点击 Next,根据实验数据选择分析模型及合并效应量,本研究分析模型选择 Random-effect model(随机效应模型),合并效应量选择 Mean Difference(均数差),点击 Finish,弹出如图 3-1-9 所示界面,点击右侧内容栏中 Add study data 按钮,弹出 New Study Data Wizard 界面(图 3-1-10),在左侧选择本次对比需要纳入的研究,点击 Finish,出现如图 3-1-11 所示界面,将表 3-1-1 中实验数据依次录入即可。

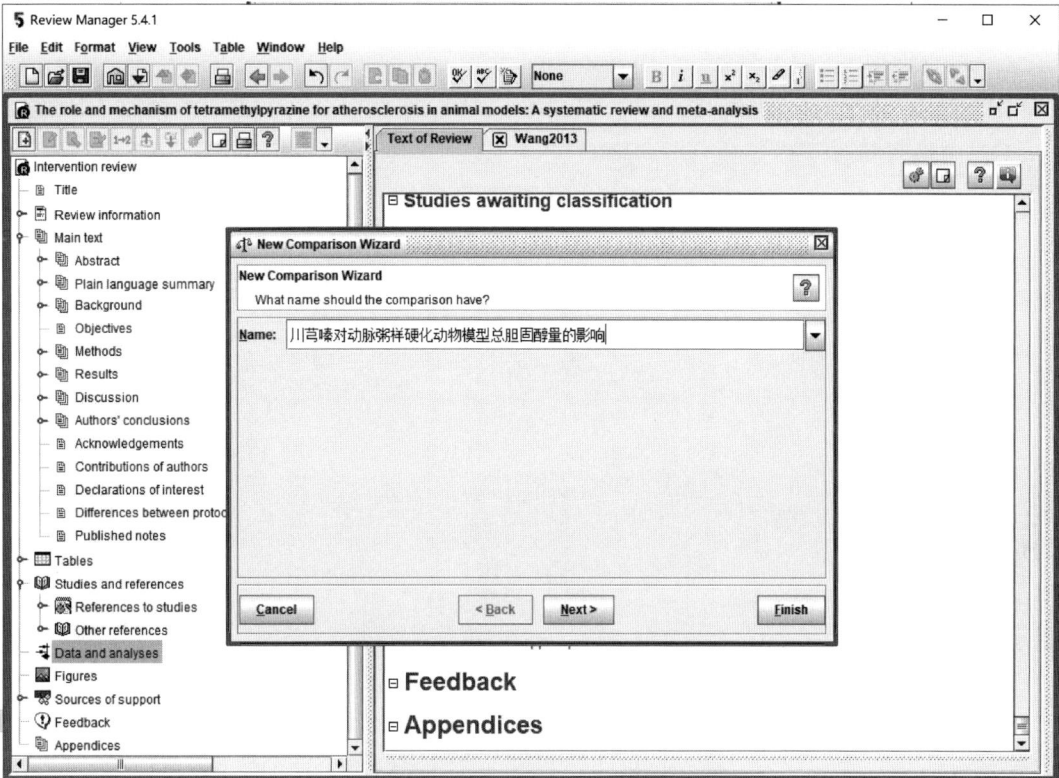

图 3-1-7　添加对比结局名称对话框

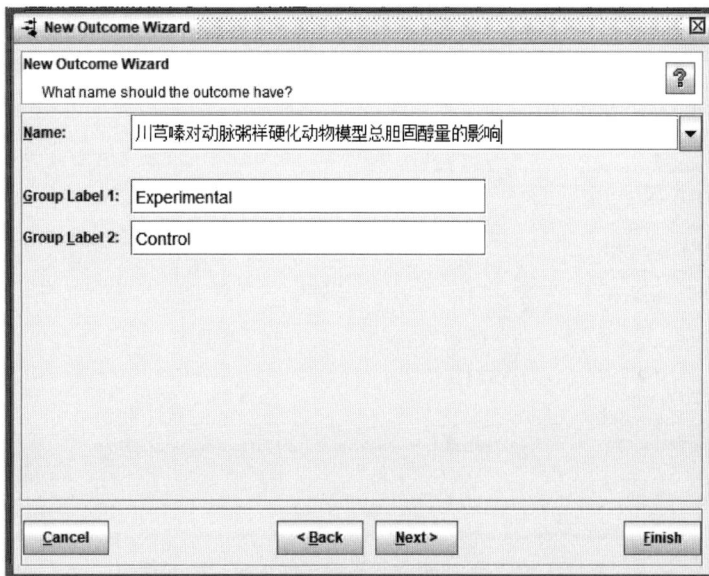

图 3-1-8　输入结局名称及组别标签对话框

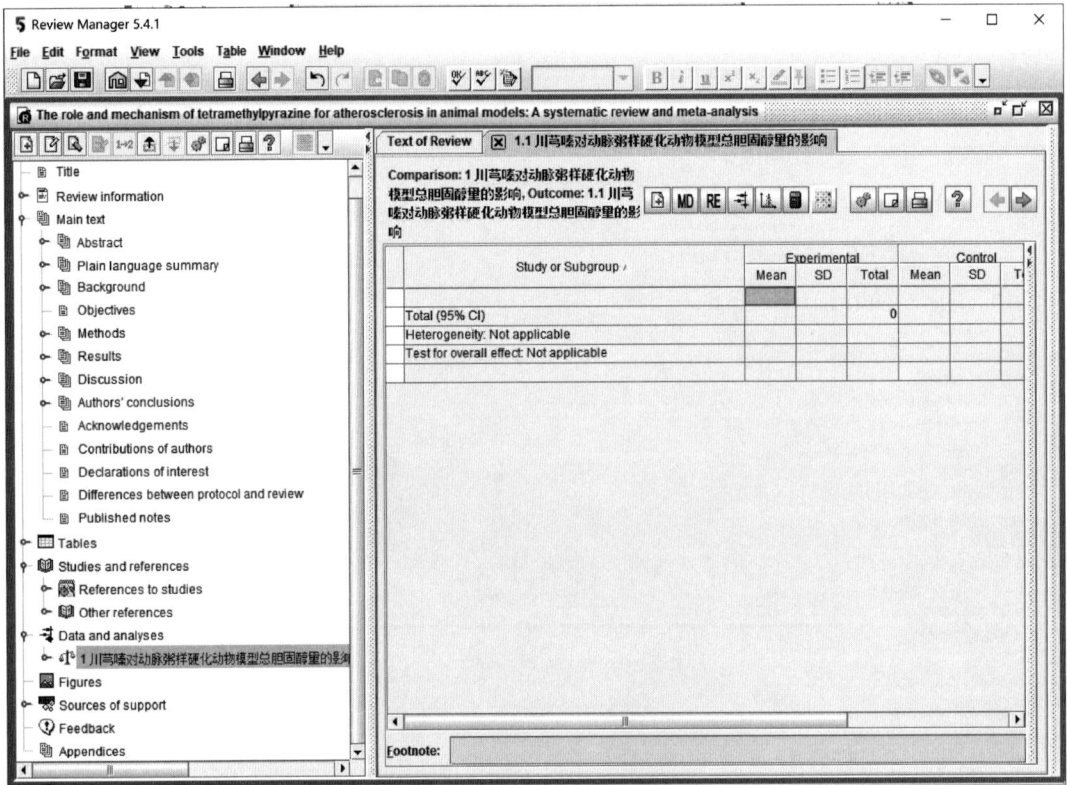

图 3-1-9　变量输入界面对话框

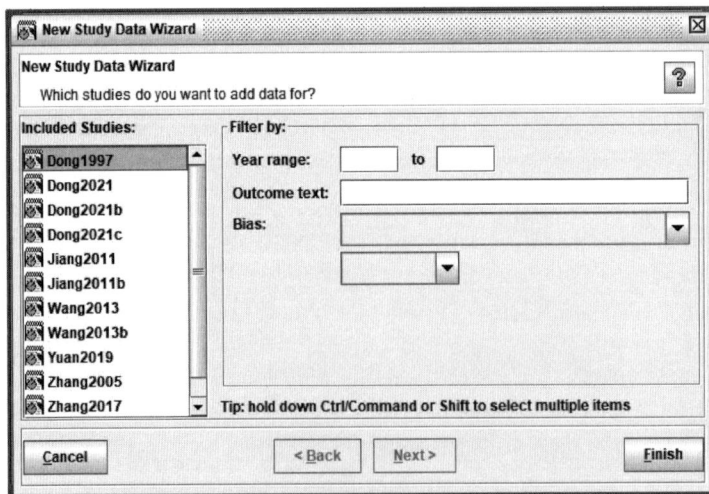

图 3-1-10　添加研究结局需要纳入研究的对话框

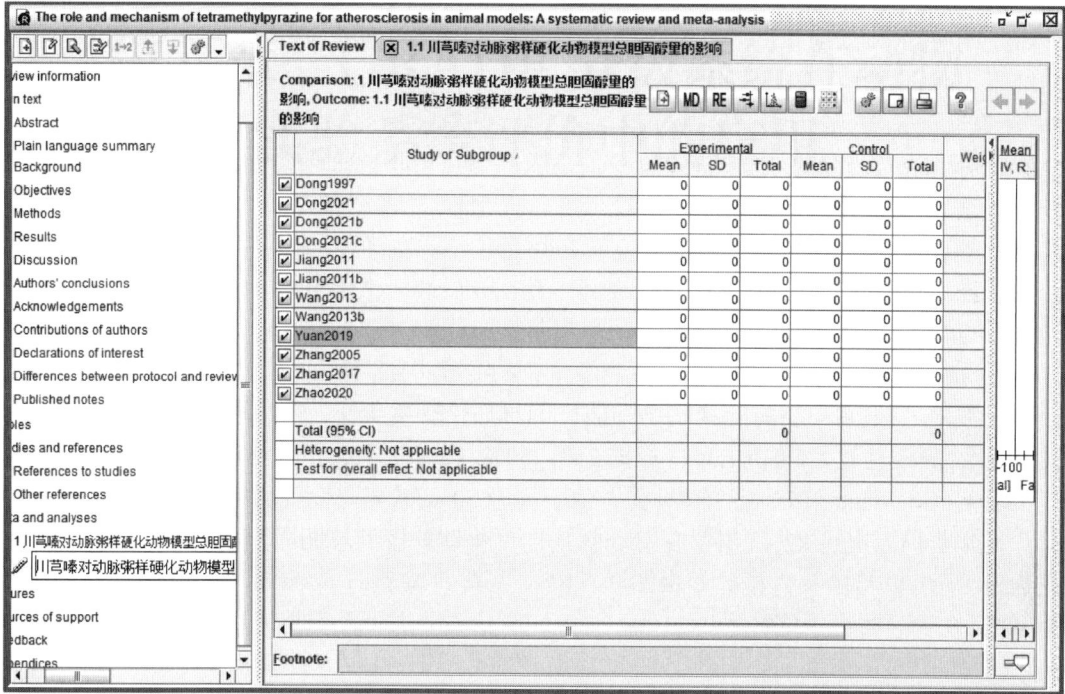

图 3-1-11　实验数据录入对话框

# 第三节　异质性检验与合并效应量的计算

## 一、异质性检验

理想情况下,一个 meta 分析应该相当于一个大型的多中心研究,纳入的各项研究应同质,研究内的变异应相似,各项研究应指向同一个结果。但是,真实情况却相反,由于纳入各研究在研究人员、对象、地点等方面的条件均有所差异,严格意义上说世界上没有哪两项研究绝对相同。由于动物实验 meta 分析通常解决比原始研究更广泛的研究问题,因此,纳入的研究在动物种属、结果类型、测量时间等方面具有多样性,可能研究间异质性(heterogeneity)更明显。

### (一)异质性的来源

由于纳入 meta 分析中的各研究间均存在一定差异,因此,将 meta 分析中不同研究间的各种变异称为异质性,主要包含研究对象、研究设计、干预措施、结果测量等方面的变异;根据来源分为临床异质性、方法学异质性和统计学异质性,三者之间相互独立又相互关联。

### (二)异质性的检验方法

异质性的检验方法包括图示法和统计学检验法两种。图示法是通过视觉观察对异质性进行判断,直观但不客观,比较粗糙,包含森林图(forest plot)、星状图(radial plot)、拉贝图(L'Abbe plot)、加尔布雷斯图(Galbraith plot)。统计学检验法可准确检验异质性大小,包含 $Q$ 检验、$I^2$ 检验、$H$ 检验。其中,RevMan 软件能实现的有森林图、$Q$ 检验及 $I^2$ 检验。

Q 检验回答的是各个研究间效应量的分布是否具有同质性。如果各个研究间效应量的分布是同质的,则效应量间的变异不会大于由于各研究的抽样误差引起的变异;如 Q 检验的结果表明研究间存在明显的异质性,即各研究效应量间的变异来源除了抽样误差引起之外,还有其他来源,如干预措施、研究对象的纳入和排除标准等方面的差异产生的异质性。Q 检验对于纳入研究的数量敏感,即 Q 值随着自由度的增加而增加,当纳入研究的样本量较小或纳入 meta 分析中的研究数目较少时,Q 检验的检验效能较低。当 Q 检验的结果具有统计学意义时,提示纳入研究的效应量之间存在异质性,但需注意的是,检验结果不具有统计学意义并不一定总意味着纳入研究间不存在异质性。Q 检验水准通常设定为 $\alpha=0.1$,即当 $p<\alpha=0.1$ 时,具有统计学意义,研究间存在明显异质性。

$I^2$ 检验统计量反映异质性部分在效应量总的变异中所占的比重,克服了 Q 检验对纳入研究个数的依赖,可以更好地衡量多个研究间异质性程度大小。$I^2$ 的取值范围为 0~100%,其值越大,异质性越大。Higgins 等根据 25%、50%、75% 三个截断点将异质性分为低、中、高三个程度;Cochrane 系统评价中,只要 $I^2$ 值不大于 50%,其异质性就可以接受。

在本节仍以上述文献"川芎嗪对动脉粥样硬化动物模型总胆固醇量的影响"的实验数据为例,解读 Q 检验及 $I^2$ 检验。由图 3-1-12 可见其 Q 检验时 $p<0.000\ 01$,$I^2$ 检验时其 $I^2$ 值为 80%,说明存在明显异质性。

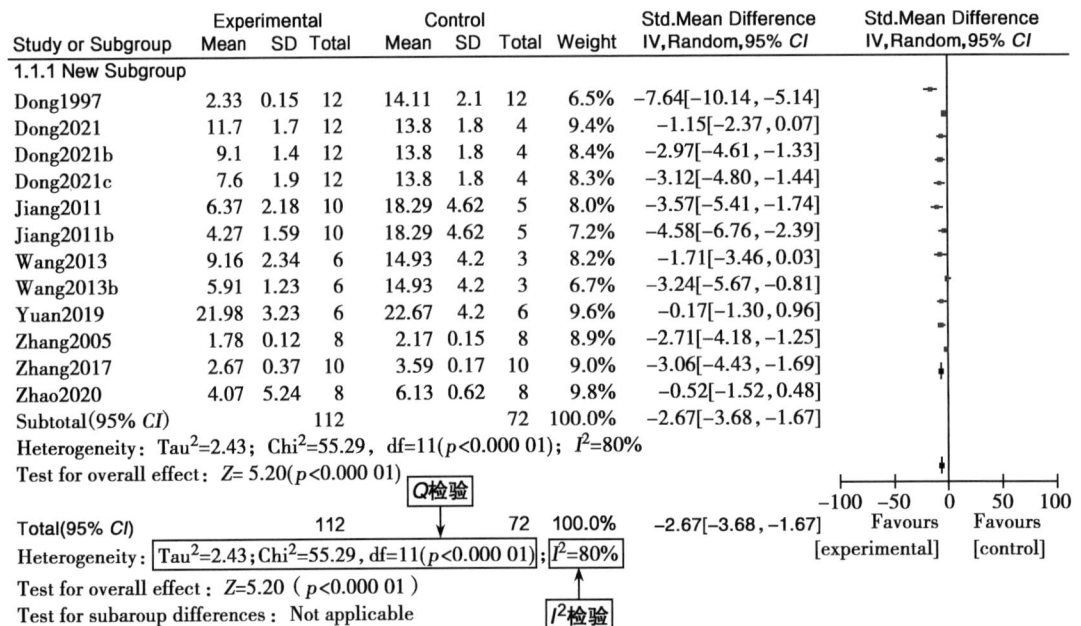

图 3-1-12 异质性结果解读

### (三)异质性的处理

应用 RevMan 软件行 meta 分析时,对异质性的处理可通过改变分析模型(analysis model)、行亚组分析(subgroup analysis)或行敏感性分析(sensitivity analysis)实现。

meta 分析的分析模型包括随机效应模型(random-effect model,RE 模型)和固定效应模型(fixed-effect model,FE 模型)。FE 模型是指 meta 分析中,假设研究间所有观察到的变异都是由偶然机会引起的一种合并效应量的计算模型;RE 模型则是统计 meta 分析中研究内抽样误差和研究间变异以估计结果的不确定性（置信区间）的模型。当纳入的研究有除偶然机会以外的异质性时，RE 模型将给出比 FE 模型更宽的置信区间。动物实验 meta 分析往往选择 RE 模型，尤其当存在明显异质性时，进行 meta 分析的统计学方法选择 RE 模型可能更为恰当。

　　动物实验研究的亚组分析是根据一定的研究水平变量（如研究设计、研究对象、干预措施的种类等）将研究分为若干亚组，然后对每个亚组分别进行效应量的合并以探讨异质性的来源。亚组的添加如图 3-1-13 所示，在左侧大纲栏点开 Data and analyses，鼠标在"川芎嗪对动脉粥样硬化动物模型总胆固醇量的影响"上单击右键，选择 Add Subgroup，系统便会弹出 New Subgroup Wizard 界面，根据提示及需求进行下一步操作。

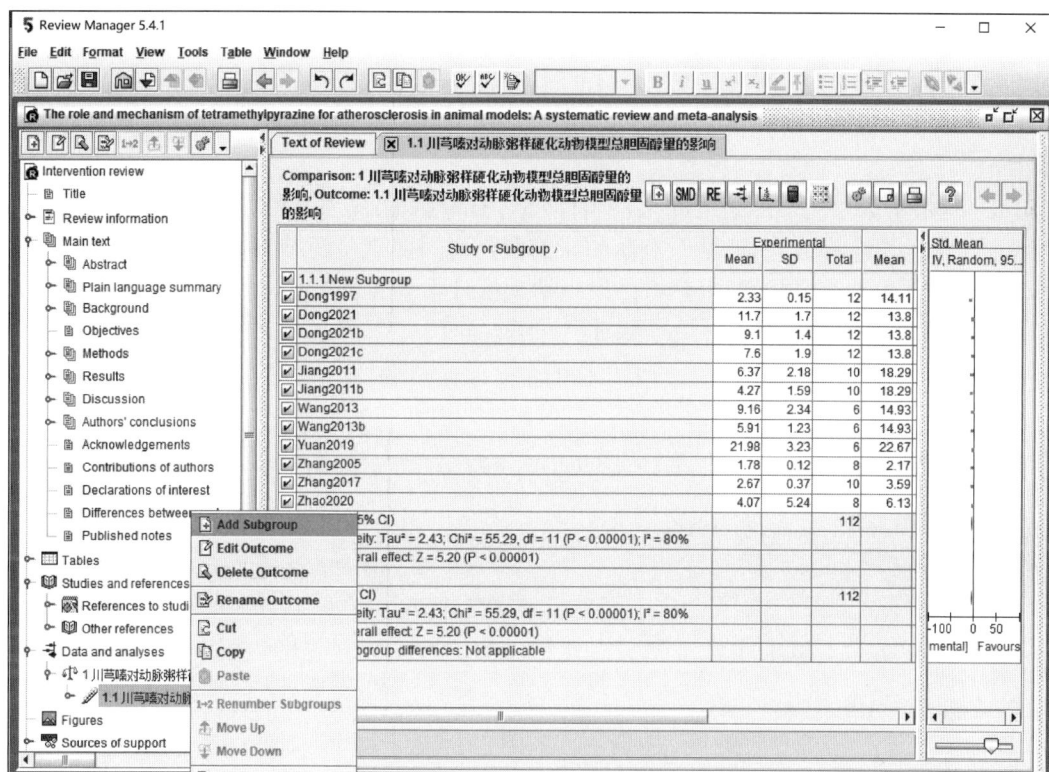

图 3-1-13　建立亚组分析

　　敏感性分析是用于评价一个或几个研究对 meta 分析最终结果如何影响的一种分析方法，评估数据和使用方法的不确定性如何影响合并结果的稳健程度。常用以下几种方法：①使用不同的纳入和排除标准、研究对象、干预措施、结局指标；②纳入或排除某些含糊不清的研究；③对缺失数据进行合理的估计后重新分析数据；④使用不同的分析模型，如 RE 模型和 FE 模型间的相互转换；⑤从纳入研究中剔除样本量过大或过小的研究、研究质量较差的研究或发表年份过早的研究等。

## 二、合并效应量的计算

### （一）二分类数据

　　对于各实验组只有两种结果时，如死亡或存活、治疗成功或失败等，可选择比值比

（odds ratio，*OR*）、相对危险度（relative risk，*RR*）和危险差（risk difference，*RD*）作为合并统计量。

*OR* 也称优势比，是病例-对照研究中常用的衡量关联的方法，是指病例组中暴露的可能性除以对照组中暴露的可能性。如果病例组和对照组暴露的可能性相等，则 *OR*=1.0，即当 *OR* 的置信区间包含 1.0 时，提示两组无差异；若病例组暴露的可能性高于对照组，则 *OR*>1.0，即当 *OR* 的置信区间均大于 1.0 时，提示暴露因素与危险性增高有关；若病例组暴露的可能性低于对照组，则 *OR*<1.0，即当 *OR* 的置信区间均小于 1.0 时，提示暴露因素具有保护作用。

*RR* 也称危险比，是指暴露组中发生结局的频率除以非暴露组中发生结局的频率，是前瞻性研究中常用的指标。如果暴露组和非暴露组结局频率是相同的，则 *RR*=1.0，即当 *RR* 的置信区间包含 1.0 时，表示暴露与结局之间没有关联；若暴露组中结局发生更多，则 *RR*>1.0，即当 *RR* 的置信区间均大于 1.0 时，提示暴露因素与危险性增加相关联；若非暴露组中结局发生更多，则 *RR*<1.0，即当 *RR* 的置信区间均小于 1.0 时，提示暴露因素具有保护作用。

*RD* 是指暴露组与对照组之间某一事件发生率的差异，具体来说，是暴露组事件发生率与对照组事件发生率之差，通常只有队列研究和随机对照试验的结果可以计算 *RD*。当 *RD* 的置信区间包含 0 时，提示两组某事件发生率无统计学意义，当 *RD* 的置信区间均大于 0 或者均小于 0 时，则两组间某事件发生率有统计学差异。

如图 3-1-14 中方框内便为二分类数据的合并效应量选择的界面。

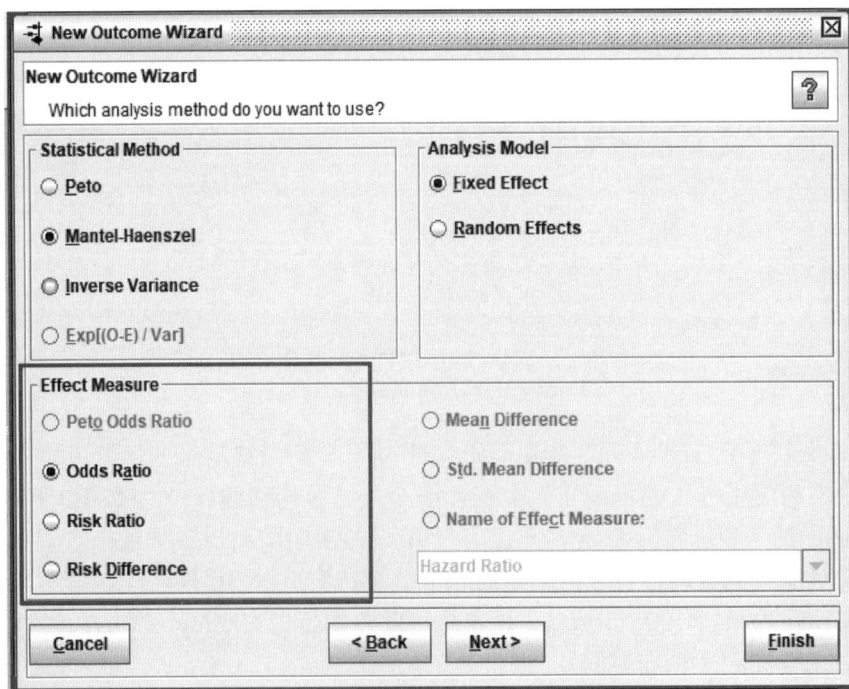

图 3-1-14　二分类数据的合并效应量选择的界面

## （二）连续型数据

若纳入研究中可提取的数据为各实验组测量结果的均数、标准差和测量结果的研究对象的数目,可选用加权均数差(weighted mean difference,*WMD*)和标准化均数差(standardized mean difference,*SMD*)。

*WMD* 用于 meta 分析中所有研究具有相同连续性结局变量和测量单位时,计算 *WMD* 需要知道每个原始研究的均数、标准差和样本量。每个原始研究均数差的权重由其效应估计的精确性确定。RevMan 软件设定计算 *WMD* 的权重为方差的倒数,5.0 及以上版本中将 *WMD* 全部使用 MD 进行标注。*SMD* 为两组估计均数差值除以平均标准差而得,消除了单位的影响,因而可用于合并不同的测量方法、单位或量纲。

如图 3-1-15 中方框内便为连续型数据的合并效应量选择的界面。

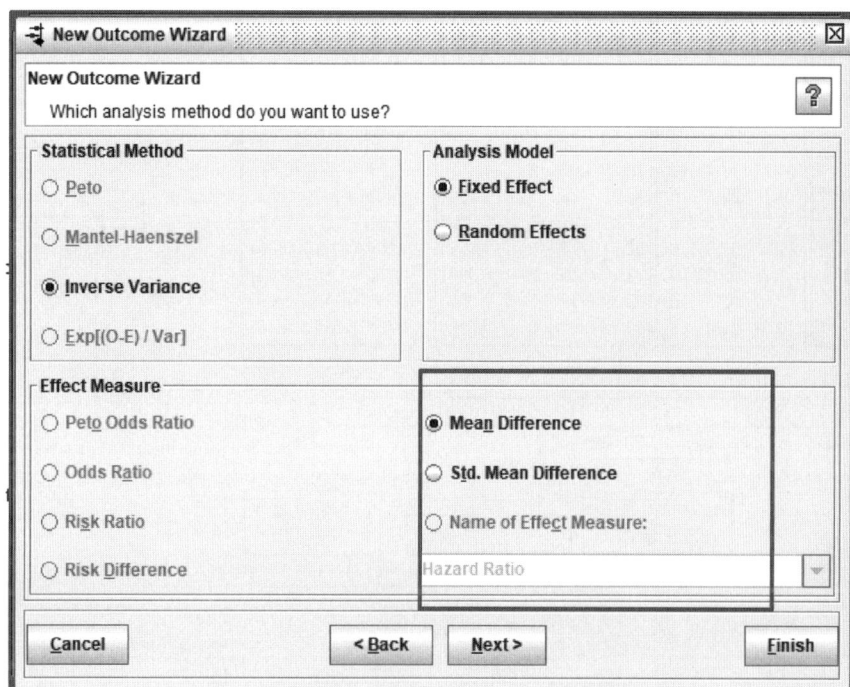

图 3-1-15　连续型数据的合并效应量选择的界面

# 第四节　森林图的绘制

## 一、森林图简介

森林图(forest plot)可简单、直观地表达 meta 分析的统计结果,是 meta 分析中最常用的结果表达形式。它是以统计效应量和统计分析方法(置信区间)为基础,用数值运算结果绘制出的图形。它在平面直角坐标系中以一条垂直的等效线(横坐标刻度为 0 或 1)为中心,用平行于横轴的多条线段描述了每个被纳入研究的效应量和置信区间,以及 meta 分析合并效应量和置信区间;位于每条平行于横轴的线段正中间图形的面积大小代表该研究在 meta 分析中被赋予的权重(面积越大,权重越大),同时该线段向点的两端延伸代表其置信区间(越长代表置信区间越宽)。

## 二、RevMan中森林图的绘制及解读

在图 3-1-11 实验数据录入对话框基础上,将相应的实验数据录入便可得到森林图
( 图 3-1-16 )。

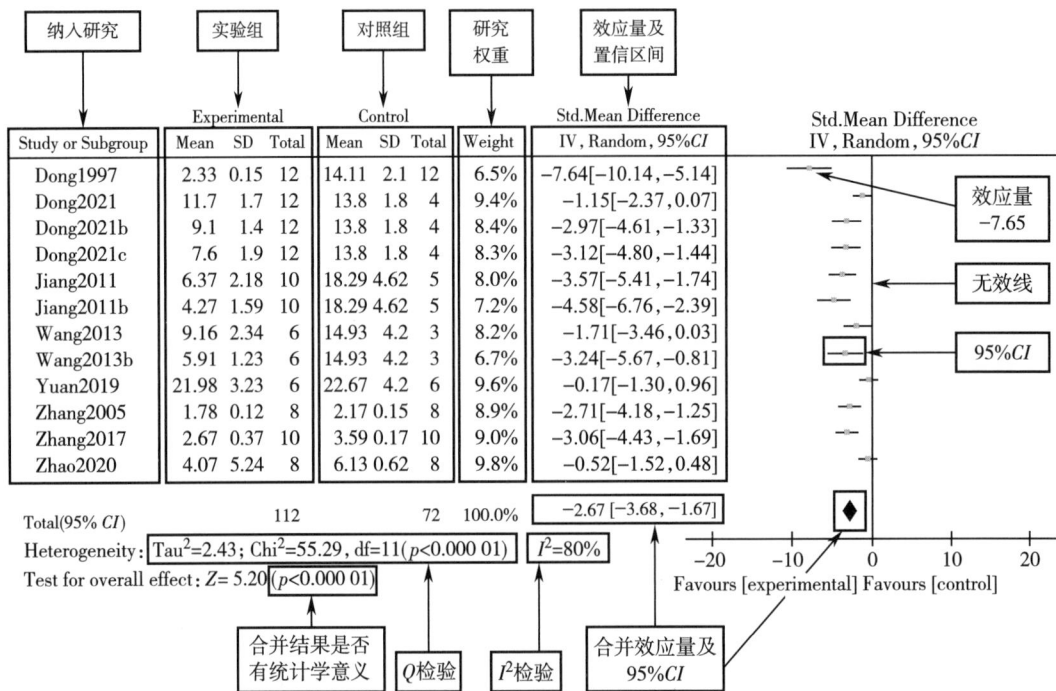

| Study or Subgroup | Experimental | | | Control | | | Weight | Std.Mean Difference IV, Random, 95%CI |
|---|---|---|---|---|---|---|---|---|
| | Mean | SD | Total | Mean | SD | Total | | |
| Dong1997 | 2.33 | 0.15 | 12 | 14.11 | 2.1 | 12 | 6.5% | −7.64[−10.14,−5.14] |
| Dong2021 | 11.7 | 1.7 | 12 | 13.8 | 1.8 | 4 | 9.4% | −1.15[−2.37,0.07] |
| Dong2021b | 9.1 | 1.4 | 12 | 13.8 | 1.8 | 4 | 8.4% | −2.97[−4.61,−1.33] |
| Dong2021c | 7.6 | 1.9 | 12 | 13.8 | 1.8 | 4 | 8.3% | −3.12[−4.80,−1.44] |
| Jiang2011 | 6.37 | 2.18 | 10 | 18.29 | 4.62 | 5 | 8.0% | −3.57[−5.41,−1.74] |
| Jiang2011b | 4.27 | 1.59 | 10 | 18.29 | 4.62 | 5 | 7.2% | −4.58[−6.76,−2.39] |
| Wang2013 | 9.16 | 2.34 | 6 | 14.93 | 4.2 | 3 | 8.2% | −1.71[−3.46,0.03] |
| Wang2013b | 5.91 | 1.23 | 6 | 14.93 | 4.2 | 3 | 6.7% | −3.24[−5.67,−0.81] |
| Yuan2019 | 21.98 | 3.23 | 6 | 22.67 | 4.2 | 6 | 9.6% | −0.17[−1.30,0.96] |
| Zhang2005 | 1.78 | 0.12 | 8 | 2.17 | 0.15 | 8 | 8.9% | −2.71[−4.18,−1.25] |
| Zhang2017 | 2.67 | 0.37 | 10 | 3.59 | 0.17 | 10 | 9.0% | −3.06[−4.43,−1.69] |
| Zhao2020 | 4.07 | 5.24 | 8 | 6.13 | 0.62 | 8 | 9.8% | −0.52[−1.52,0.48] |
| Total(95% CI) | | | 112 | | | 72 | 100.0% | −2.67 [−3.68,−1.67] |

Heterogeneity: $Tau^2=2.43$; $Chi^2=55.29$, $df=11$ ( $p<0.000\ 01$ )    $I^2=80\%$

Test for overall effect: $Z=5.20$ ( $p<0.000\ 01$ )

图 3-1-16　RevMan 绘制的森林图

比值比( odds ratio, $OR$ )和相对危险度( relative risk, $RR$ )的等效线对应的横坐标为 1。
当某研究 $OR$ 或 $RR$ 的置信区间在森林图中同等效线相交时,即 $OR$ 或 $RR$ 的置信区间包
含 1,可认为实验组和对照组某事件发生概率无统计学差异;当 $RR$ 或 $OR$ 的置信区间不与
等效线相交,落在等效线左侧时,即 $RR$ 或 $OR$ 的置信区间上限小于 1 时,可认为实验组某
事件发生概率小于对照组;反之,当落在等效线右侧时,即 $RR$ 或 $OR$ 的置信区间下限大于
1 时,可认为实验组某事件发生概率大于对照组。

危险差( risk difference, $RD$ )、加权均数差( weighted mean difference, $WMD$ )和标准化
均数差( standardized mean difference, $SMD$ )的等效线对应的横坐标为 0。当某研究 $RD$、
$WMD$ 或 $SMD$ 的置信区间在森林图中同等效线相交时,即 $RD$、$WMD$ 或 $SMD$ 的置信区间包
含 0,可认为实验组和对照组某指标均数无统计学差异;当 $RD$、$WMD$ 或 $SMD$ 的置信区间
不与等效线相交,落在等效线左侧时,即 $RD$、$WMD$ 或 $SMD$ 的置信区间上限小于 0 时,可认
为实验组某指标均数小于对照组;反之,当落在等效线右侧时,即 $RD$、$WMD$ 或 $SMD$ 的置信
区间下限大于 0 时,可认为实验组某指标均数大于对照组。

meta 分析的结果解读,即看最终的森林图中菱形与等效线的关系;对于效应量采用 $OR$
或 $RR$ 的研究,则看其合并效应量置信区间与 1 的关系;对于效应量采用 $RD$、$WMD$ 或 $SMD$
的研究,则看其合并效应量置信区间与 0 的关系。

## 第五节　发表偏倚的评估

由研究结果的性质和方向导致研究成果的发表与未发表被称作发表偏倚（publication bias）；相较于阳性结果，阴性或中立实验结果被发表的概率较低，因此对阴性或中立实验结果的不报告会导致高估干预措施效果，会影响最终结果的准确性。可见，评估是否存在发表偏倚，对最终 meta 分析结果的可信度判断至关重要。目前，对发表偏倚判断的方法包括漏斗图（funnel plot）、线性回归法（如 Egger 法）、秩相关法（如 Begg 法）等；RevMan 软件能实现的就是绘制漏斗图。

RevMan 可直接绘制漏斗图，当录入实验相关数据后，点击如图 3-1-17 中黑框内 Funnel plot 按钮，便会弹出相应漏斗图（图 3-1-18）。

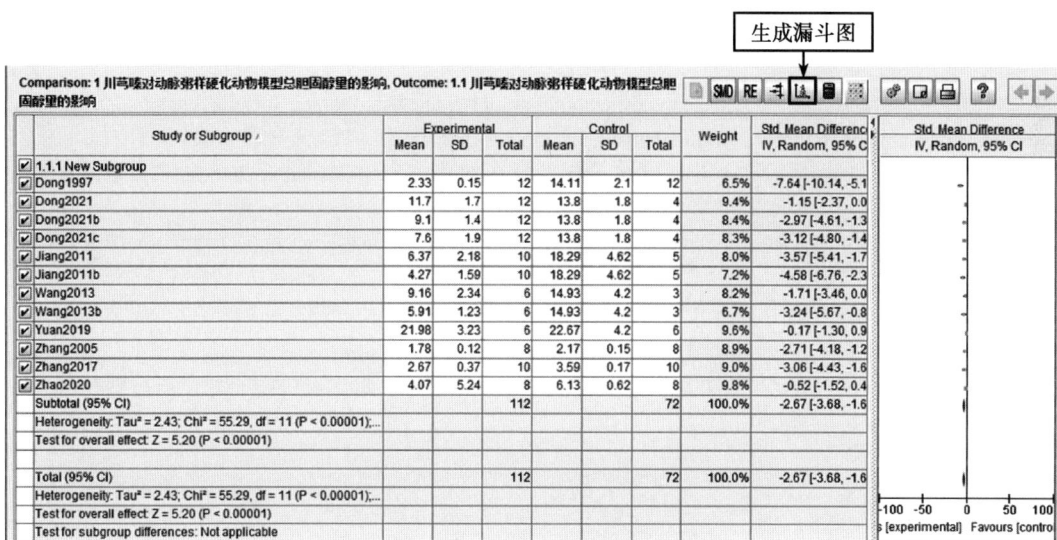

图 3-1-17　RevMan 绘制漏斗图

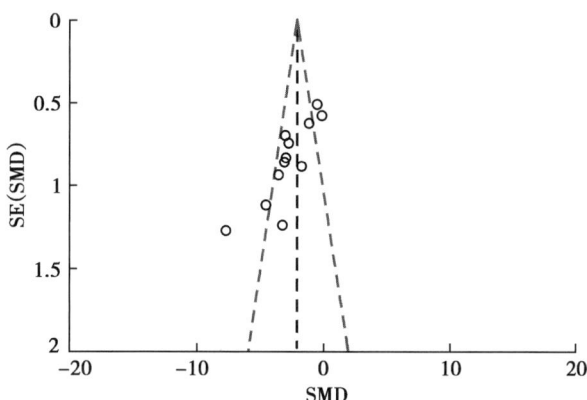

图 3-1-18　漏斗图

漏斗图是一种定性测量发表偏倚的常用方法，是将单个研究的效应量作横轴、研究规模作纵轴所作的散点图。漏斗图所基于的假设是效应量估计值的精度随着样本量的增加而增加,其宽度随精度的增加而逐渐变窄,最后趋近于点状,其形状类似一个对称倒置的漏斗,故称为漏斗图。即样本量小的研究,精度低,分布在漏斗图的底部呈左右对称排列;样本量大的研究,精度高,分布在漏斗图的顶部,且向中间集中。当存在发表偏倚时,则表现为漏斗图不对称。

漏斗图对判断发表偏倚虽然直观、简单,但也存在一定的缺陷。首先,除发表偏倚外,还有其他原因可能导致漏斗图不对称,如低质量小样本研究、真实的异质性;其次,漏斗图的对称与否没有严格的限定,是一种主观的定性判断,不同的观察者可能得出截然不同的结论;最后,漏斗图的绘制需要纳入较多的研究,研究过少会严重影响其检验效能。

## 参考文献

1. 罗杰,冷卫东. 系统评价 /Meta 分析理论与实践[M]. 北京:军事医学科学出版社,2013.
2. 徐世侠,汤先华,陈海青. Meta 分析及 RevMan 软件介绍[J]. 中华医学图书情报杂志,2009,18(3):61-63.
3. LI S, LIU P, FENG X, et al. The role and mechanism of tetramethylpyrazine for atherosclerosis in animal models:A systematic review and Meta-analysis[J]. PLoS One, 2022, 17(5):e0267968.
4. 尚志忠,姜彦彪,赵冰,等. 动物实验 Meta 分析的数据处理[J]. 中国循证心血管医学杂志,2019,11(12):1437-1445.
5. HIGGINS J P, THOMPSON S G, DEEKS J J, et al. Measuring inconsistency in Meta-analyses[J]. BMJ, 2003, 327(7414):557-560.
6. 廖绪亮,姜彦彪,王欢,等. 如何提高动物实验系统评价质量——基于动物实验系统评价与临床试验系统评价的比较研究[J]. 中国循证心血管医学杂志,2019,11(5):526-533.
7. 康德英,洪旗,刘关键,等. Meta 分析中发表性偏倚的识别与处理[J]. 中国循证医学杂志,2003,3(1):45-49.

# 第二章　头对头 meta 分析在
# Stata 软件中的实现

## 第一节　简介与安装

Stata 软件是基于 C 语言的一个功能强大而又小巧玲珑的统计分析软件,最初由美国计算机资源中心(Computer Resource Center)研制,现为 Stata 公司的产品。自 1985 年 Stata1.0 版问世,从 4.0 版起进入 Windows 时代,当前最新版本为 17.0,操作系统还有 Linux 和 Mac。经过不断更新和扩充,软件功能已日趋完善,操作灵活、简单易用、计算速度快,同时还具有数据管理软件、统计分析软件、绘图软件、矩阵计算软件和程序语言的特点。

Stata 可以用命令行和窗口两种方式进行操作,其中命令操作更能体现其强大的功能。Stata 的许多高级统计模块均是编程人员用其宏语言写成的程序文件(Ado 文件),并允许用户自行修改、添加和发布 Ado 程序文件,用户可随时到 Stata 网站或者其他网站上寻找并免费下载所需的程序包安装后使用。因此,Stata 软件一直处于统计分析方法发展的前沿,已经成为几大统计软件中升级最多、最频繁的一个。

meta 分析命令并非 Stata 的官方命令,是由数十位 Stata 用户和统计学家编写的一组程序。相对于 Cochrane 协作网提供的 RevMan 这一专用于进行系统评价制作的软件而言,Stata 软件的 meta 分析功能更为全面和强大,可以实现二分类变量、连续型变量的 meta 分析,可进行诊断性试验、剂量效应资料、生存资料的 meta 分析,可完成 meta 回归分析、累积 meta 分析及网状 meta 分析,还可提供定性和定量的异质性评价方法、发表偏倚评估方法,并实现森林图、漏斗图等多种高分辨率图形的绘制,是一款功能超级强大的 meta 分析软件。

Stata 软件中主要用于干预性研究 meta 分析的命令包括 Meta 和 Metan 两个命令,其中 Meta 命令基于倒方差法采用固定效应模型或随机效应模型来定量估计合并效应量,自 1998 年后未再更新,目前不太常用;Metan 命令经过数次更新,提供了全面而广泛的 meta 分析方法,包括倒方差法和 Mantel-Hanzsel 等方法,且可以产生每一个研究的治疗效应量和标准误等新变量,还可基于 by 选项来进行亚组分析,并将相应结果可视化绘制森林图等图形。欲安装 Meta 命令组软件包,可以在联机的情况下,在 Stata 命令窗口输入 ssc install Metan,即可完成安装;或在 Stata 命令框中输入 net install sbe24_3, from(http://www.stata-journal.com/software/sj9-2),完成 Metan 命令的安装。

Stata 界面主要包括四个窗口,分别是结果窗口(Results Window)、命令窗口(Command Window)、命令回顾窗口(Review Window)和变量名窗口(Variable Window),其他比较常用的还有数据编辑窗口、帮助窗口、绘图窗口等,需要时可在菜单栏或工具栏中将其打开。

此外,Stata 软件还提供了非常强大的在线和离线帮助功能。帮助菜单中,可有三种帮助选择,分别为 Contents、Search 和 Command。Contents 包括所有命令的系列内容如名称、命令、描述、选项和举例等说明。Search 允许用户从键盘输入获得帮助内容,如查看一下 use 有关内容,则需要点击 Help 下拉菜单中的 Search,在出现的对话框中键入 use,点击 OK,则可获得相关内容;如果想学习已知命令的相关内容,则在 Command 对话框中键入已知的命令即可。

# 第二节　数据录入与读取

## 一、Stata 软件中的数据类型

Stata 软件中的变量主要包括数值型、字符型和日期型三类。

**1. 数值型变量**　用 0、1、2……9 及 + 、–（正负号）与小数点 “.” 来表示,如 1、–1、3.3 等。

**2. 字符型变量**　字符型变量通常是一些身份信息,如姓名。此外,分类变量也可以用字符型变量来表示,如性别可分为 “男” 和 “女”。字符型变量由字母或一些特殊的符号组成,如地名、住址、职业等。字符型变量也可以由数字组成,但数字在这里仅代表一些符号而非数字。

**3. 日期型变量**　Stata 软件中,1960 年 1 月 1 日被认为是第 0 天,因此 1959 年 12 月 31 日则记为第 –1 天,2001 年 1 月 26 日则记为第 15 001 天。

## 二、Stata 软件的数据录入

**1. 数据编辑工具录入**　Stata 软件的 Data 下拉菜单中单击 data editor,或在命令窗口中输入 edit,则会启动 Stata 的数据编辑工具,可以按变量输入数据。需要注意的是,Stata 软件对不同的变量会自动命名为 var1、var2 等,若想更改变量名,则可双击纵格顶端的变量名栏进行更改,并可以在 label 栏中添加注释,点击 OK 确认即可。

**2. 键盘直接输入（input 命令）**　如果数据量较少,可以使用命令行方式直接输入数据。首先使用 input 命令制定相应的变量名称,然后一次录入数据,最后使用 end 语句表明数据录入结束。如用下列数据建立数据库:

```
x:1 2 3 4;y:7 8 9 10
```

则需在命令窗口中输入以下语句:

```
clear // 清空内存
input x y // 输入变量名
x y
1. 1 7
2. 2 8
3. 3 9
4. 4 10
5. end // 录入数据结束
```

## 三、Stata 软件的数据读取

除了数据录入,Stata 软件还可以直接读取 .txt、.xls 等格式的数据,以读取 .xls 格式的数据为例,一般可以通过两种方式读取 Excel 表格的数据。一是在 File 下拉菜单中点击 Import,选择 Excel spreadsheet,选择需要打开的 Excel 文件和相应 worksheet,勾选 import first raw as variable names 即可。二是如果数据量不大,则可直接使用拷贝、粘贴的方式将 Excel 中的数据直接粘贴到 Stata 软件中。

## 四、Stata 软件的数据保存

当数据录入完成或读取完成后,可以将数据存盘保存。Stata 只能将数据存为自身专用的数据格式(即 .dta 格式)或纯文本格式,保存方法有两种。一是点击 File 下拉菜单中的 save,选择路径和文件名,点击保存;二是在命令窗口输入 save mydata,即可保存数据,数据文件名为 mydata。

# 第三节　异质性检验与合并效应量的计算

## 一、案例与数据准备

### (一)案例介绍

本节以 "ARRICH J, HERKNER H, MÜLLNER D, et al. Targeted temperature management after cardiac arrest. A systematic review and meta-analysis of animal studies. Resuscitation, 2021, 162: 47-55." 这篇文章的数据为例,该 meta 分析的干预措施为目标体温管理(targeted temperature management, TTM),对照为正常体温,适用场景为动物心脏骤停模型(包含鼠、狗和猪等多种动物),结局指标为神经功能改善,属于连续型结局变量,故选择均数差(MD)作为效应指标。原文共纳入了 45 个研究,其中部分研究拆分为了 2~6 个研究。原始数据详见表 3-2-1,需注意表中数据为基于对比格式的数据(contrast-based data),MD 为每个原始研究两组神经功能差值的点估计值,LCI 为每个原始研究两组神经功能差值的置信区间下限,UCI 为每个原始研究两组神经功能差值的置信区间上限。

表 3-2-1　原始数据

| 研究(Study) | 均数差(MD) | 置信区间下限(LCI) | 置信区间上限(UCI) |
|---|---|---|---|
| Brucken 2017 | −1.0 | −2.1 | 0.0 |
| Callaway 2008 | −1.1 | −2.1 | −0.1 |
| Chen 2013 | −1.1 | −2.0 | −0.2 |
| Chen 2018a | 0.0 | −0.9 | 0.8 |
| Chen 2018b | −0.4 | −1.2 | 0.5 |
| Dai 2019 | −1.3 | −2.2 | −0.5 |
| Deng 2015a | −2.4 | −3.6 | −1.1 |
| Deng 2015b | −0.9 | −2.2 | 0.3 |
| Fries 2012 | −0.7 | −1.9 | 0.5 |
| Gong 2013a | −6.2 | −8.8 | −3.6 |
| Gong 2013b | −2.1 | −3.4 | −0.7 |

续表

| 研究（Study） | 均数差（MD） | 置信区间下限（LCI） | 置信区间上限（UCI） |
|---|---|---|---|
| Gong 2015 | −5.2 | −7.7 | −2.6 |
| Hayashida 2014a | −3.3 | −4.6 | −1.9 |
| Hayashida 2014b | −0.9 | −2.0 | 0.1 |
| He 2019 | −0.3 | −1.4 | 0.7 |
| Hicks 2000a | −1.0 | −2.2 | 0.2 |
| Hicks 2000b | −1.0 | −2.2 | 0.2 |
| Hua 2012 | −1.6 | −2.8 | −0.5 |
| Huang 2016 | −1.3 | −2.3 | −0.4 |
| Janata 2008 | −1.4 | −2.4 | −0.3 |
| Janata 2013 | 0.0 | −1.1 | 1.1 |
| Jia 2006a | −2.8 | −4.3 | −1.3 |
| Jia 2006b | −1.4 | −2.7 | 0.0 |
| Jia 2008 | −1.4 | −2.4 | −0.3 |
| Kang 2009 | −1.7 | −3.0 | −0.3 |
| Katz 2004a | −6.2 | −8.8 | −3.6 |
| Katz 2004b | −6.4 | −9.1 | −3.7 |
| Katz 2004c | −8.1 | −11.5 | −4.8 |
| Katz 2004d | −5.2 | −7.6 | −2.9 |
| Katz 2004e | −2.2 | −3.6 | −0.8 |
| Katz 2004f | 0.9 | −0.3 | 2.0 |
| Katz 2015 | −0.4 | −1.1 | 0.4 |
| Kohlhauer 2015a | −0.3 | −1.2 | 0.7 |
| Kohlhauer 2015b | −1.4 | −2.4 | −0.3 |
| Lee 2015a | −1.7 | −2.7 | −0.6 |
| Lee 2015b | −1.1 | −2.1 | −0.1 |
| Li 2017 | −1 | −1.8 | −0.1 |
| Logue 2007a | 0.0 | −1.0 | 1.0 |
| Logue 2007b | 0.0 | −1.0 | 1.0 |
| Lu 2014 | −2.3 | −3.5 | −1.1 |
| Sterz 1991 | −0.9 | −1.8 | 0.0 |
| Su 2011 | −1.7 | −3.1 | −0.4 |
| Tang 2013 | −1.1 | −2.2 | −0.1 |
| Wang 2012 | −1.3 | −2.4 | −0.2 |
| Wang 2016 | −0.3 | −0.8 | 0.3 |
| Wang 2019 | −2.5 | −4.0 | −1.1 |
| Wu 2017a | −0.6 | −1.2 | 0.1 |

| 研究（Study） | 均数差（MD） | 置信区间下限（LCI） | 置信区间上限（UCI） |
| --- | --- | --- | --- |
| Wu 2017b | −0.9 | −2.2 | 0.4 |
| Wu 2017c | −0.9 | −1.9 | 0.2 |
| Xiao 1998 | −0.7 | −1.5 | 0.2 |
| Xiao 2019 | −1.2 | −2.3 | −0.1 |
| Ye 2012a | −1.2 | −2.7 | 0.3 |
| Ye 2012b | −0.4 | −1.8 | 1.0 |
| Ye 2012c | −0.3 | −1.7 | 1.1 |
| Yu 2015 | −1.8 | −2.9 | −0.6 |
| Yuan 2017a | −0.6 | −2.0 | 0.8 |
| Yuan 2017b | −3.5 | −5.6 | −1.4 |
| Yuan 2019 | −1.7 | −2.9 | −0.5 |
| Zhang 2016 | −0.9 | −1.8 | 0.0 |
| Zhao 2012 | −3.7 | −6.1 | −1.3 |
| Zhao 2015 | −0.5 | −1.1 | 0.0 |
| Zou 2018 | −16.7 | −23.0 | −10.5 |

**（二）数据准备**

将表 3-2-1 案例数据按照上节读取 Excel 格式数据的说明，导入 Stata 软件，准备进行数据分析。

## 二、数据分析与结果解释

在上述数据格式下，可直接进行 meta 分析，所用程序包为 Metan 命令。在 Stata 软件的命令窗口中输入 metan MD LCI UCI, random effect（MD）label（namevar=Study），即可得到随机效应模型下 TTM 与正常体温情况下两组神经功能结局的差值及其置信区间，具体见图 3-2-1。由图可见，异质性因子 tau square（$tau^2$）为 0.776 2，衡量异质性的参数 $I^2$ 为 71.8%，异质性检验的统计量卡方值为 215.99（自由度 $df$=61），$p<0.001$，即不同原始研究之间的异质性较大，可采用随机效应模型进行效应量的合并；在随机效应模型下，TTM 与正常体温相比，对于神经功能指标来说，合并的效应量为 −1.35，95% 置信区间为（−1.62，−1.08），$p<0.001$，即两组神经功能的改善差异有显著意义。当然，若不同原始研究之间的异质性较小，即异质性检验 $p>0.05$（或 0.10）或 $I^2>50\%$，则可采用固定效应模型进行效应量的合并，具体命令为 metan MD LCI UCI, fixed effect（MD）label（namevar=Study）。

值得注意的是，若结局变量为二分类变量，效应指标可采用 OR，可在 Stata 软件的命令窗口中输入 metan tevents tnoevents cevents cnoevents, eform random effect（OR），即可得到两组相应的 OR 值及其置信区间，其中 tevents、tnoevents、cevents、cnoevents 分别指实验组结局发生数、实验组未发生结局数、对照组结局发生数和对照组未发生结局数。类似地，对于二分类结局变量来说，效应指标也可选择 RR，此时的 Stata 命令为 metan tevents tnoevents cevents cnoevents, eform rr random effect（RR），即可得到两组相应的 RR 值及其置信区间。

| 研究 | 均数差 | 95%置信区间下限 | 95%置信区间上限 | 权重/% |
|---|---|---|---|---|
| Brucken 2017 | -1 | -2.1 | 0 | 1.81 |
| Callaway 2008 | -1.1 | -2.1 | -0.1 | 1.85 |
| Chen 2013 | -1.1 | -2 | -0.2 | 1.95 |
| Chen 2018a | 0 | -0.9 | 0.8 | 1.99 |
| Chen 2018b | -0.4 | -1.2 | 0.5 | 1.99 |
| Dai 2019 | -1.3 | -2.2 | -0.5 | 1.99 |
| Deng 2015a | -2.4 | -3.6 | -1.1 | 1.62 |
| Deng 2015b | -0.9 | -2.2 | 0.3 | 1.62 |
| Fries 2012 | -0.7 | -1.9 | 0.5 | 1.67 |
| Gong 2013a | -6.2 | -8.8 | -3.6 | 0.76 |
| Gong 2013b | -2.1 | -3.4 | -0.7 | 1.54 |
| Gong 2015 | -5.2 | -7.7 | -2.6 | 0.78 |
| Hayashida 2014a | -3.3 | -4.6 | -1.9 | 1.54 |
| Hayashida 2014b | -0.9 | -2 | 0.1 | 1.81 |
| He 2019 | -0.3 | -1.4 | 0.7 | 1.81 |
| Hicks 2000a | -1 | -2.2 | 0.2 | 1.67 |
| Hicks 2000b | -1 | -2.2 | 0.2 | 1.67 |
| Hua 2012 | -1.6 | -2.8 | -0.5 | 1.72 |
| Huang 2016 | -1.3 | -2.3 | -0.4 | 1.90 |
| Janata 2008 | -1.4 | -2.4 | -0.3 | 1.81 |
| Janata 2013 | 0 | -1.1 | 1.1 | 1.76 |
| Jia 2006a | -2.8 | -4.3 | -1.3 | 1.41 |
| Jia 2006b | -1.4 | -2.7 | 0 | 1.54 |
| Jia 2008 | -1.4 | -2.4 | -0.3 | 1.81 |
| Kang 2009 | -1.7 | -3 | -0.3 | 1.54 |
| Katz 2004a | -6.2 | -8.8 | -3.6 | 0.76 |
| Katz 2004b | -6.4 | -9.1 | -3.7 | 0.72 |
| Katz 2004c | -8.1 | -11.5 | -4.8 | 0.52 |
| Katz 2004d | -5.2 | -7.6 | -2.9 | 0.87 |
| Katz 2004e | -2.2 | -3.6 | -0.8 | 1.49 |
| Katz 2004f | 0.9 | -0.3 | 2 | 1.72 |
| Katz 2015 | -0.4 | -1.1 | 0.4 | 2.08 |
| Kohlhauer 2015a | -0.3 | -1.2 | 0.7 | 1.90 |
| Kohlhauer 2015b | -1.4 | -2.4 | -0.3 | 1.81 |
| Lee 2015a | -1.7 | -2.7 | -0.6 | 1.81 |
| Lee 2015b | -1.1 | -2.1 | -0.1 | 1.85 |
| Li 2017 | -1 | -1.8 | -0.1 | 1.99 |
| Logue 2007a | 0 | -1 | 1 | 1.85 |
| Logue 2007b | 0 | -1 | 1 | 1.85 |
| Lu 2014 | -2.3 | -3.5 | -1.1 | 1.67 |
| Sterz 1991 | -0.9 | -1.8 | 0 | 1.95 |
| Su 2011 | -1.7 | -3.1 | -0.4 | 1.54 |
| Tang 2013 | -1.1 | -2.2 | -0.1 | 1.81 |
| Wang 2012 | -1.3 | -2.4 | -0.2 | 1.76 |
| Wang 2016 | -0.3 | -0.8 | 0.3 | 2.25 |
| Wang 2019 | -2.5 | -4 | -1.1 | 1.45 |
| Wu 2017a | -0.6 | -1.2 | 0.1 | 2.17 |
| Wu 2017b | -0.9 | -2.2 | 0.4 | 1.58 |
| Wu 2017c | -0.9 | -1.9 | 0.2 | 1.81 |
| Xiao 1998 | -0.7 | -1.5 | 0.2 | 1.99 |
| Xiao 2019 | -1.2 | -2.3 | -0.1 | 1.76 |
| Ye 2012a | -1.2 | -2.7 | 0.3 | 1.41 |
| Ye 2012b | -0.4 | -1.8 | 1 | 1.49 |
| Ye 2012c | -0.3 | -1.7 | 1.1 | 1.49 |
| Yu 2015 | -1.8 | -2.9 | -0.6 | 1.72 |
| Yuan 2017a | -0.6 | -2 | 0.8 | 1.49 |
| Yuan 2017b | -3.5 | -5.6 | -1.4 | 1.00 |
| Yuan 2019 | -1.7 | -2.9 | -0.5 | 1.67 |
| Zhang 2016 | -0.9 | -1.8 | 0 | 1.95 |
| Zhao 2012 | -3.7 | -6.1 | -1.3 | 0.84 |
| Zhao 2015 | -0.5 | -1.1 | 0 | 2.25 |
| Zou 2018 | -16.7 | -23 | -10.5 | 0.18 |
| **D+L pooled estimate** | **-1.349** | **-1.621** | **-1.077** | **100.00** |

**Heterogeneity chi-squared=215.99 (df=61), $p$=0.000**
**I-squared=71.8%, Estimate of between-study variance tau-squared=0.7762**
**Test of pooled estimate=0: $Z$=9.73, $p$=0.000**

图 3-2-1　meta 分析结果

# 第四节　森林图的绘制

运行完上述 Metan 命令即 metan MD LCI UCI, random effect（MD）label（namevar=Study）后, 森林图即可自动出现, 森林图从左至右依次为每个原始研究 ID、每个原始研究效应值图形、每个原始研究点估计值及 95% 置信区间、每个原始研究所占的权重, 详见图 3-2-2。读者还可使用 legend（string）、xlabel、xtick、nobox、nooverall、nowt、group1（string）、group2（string）、force 等选项来修饰森林图。

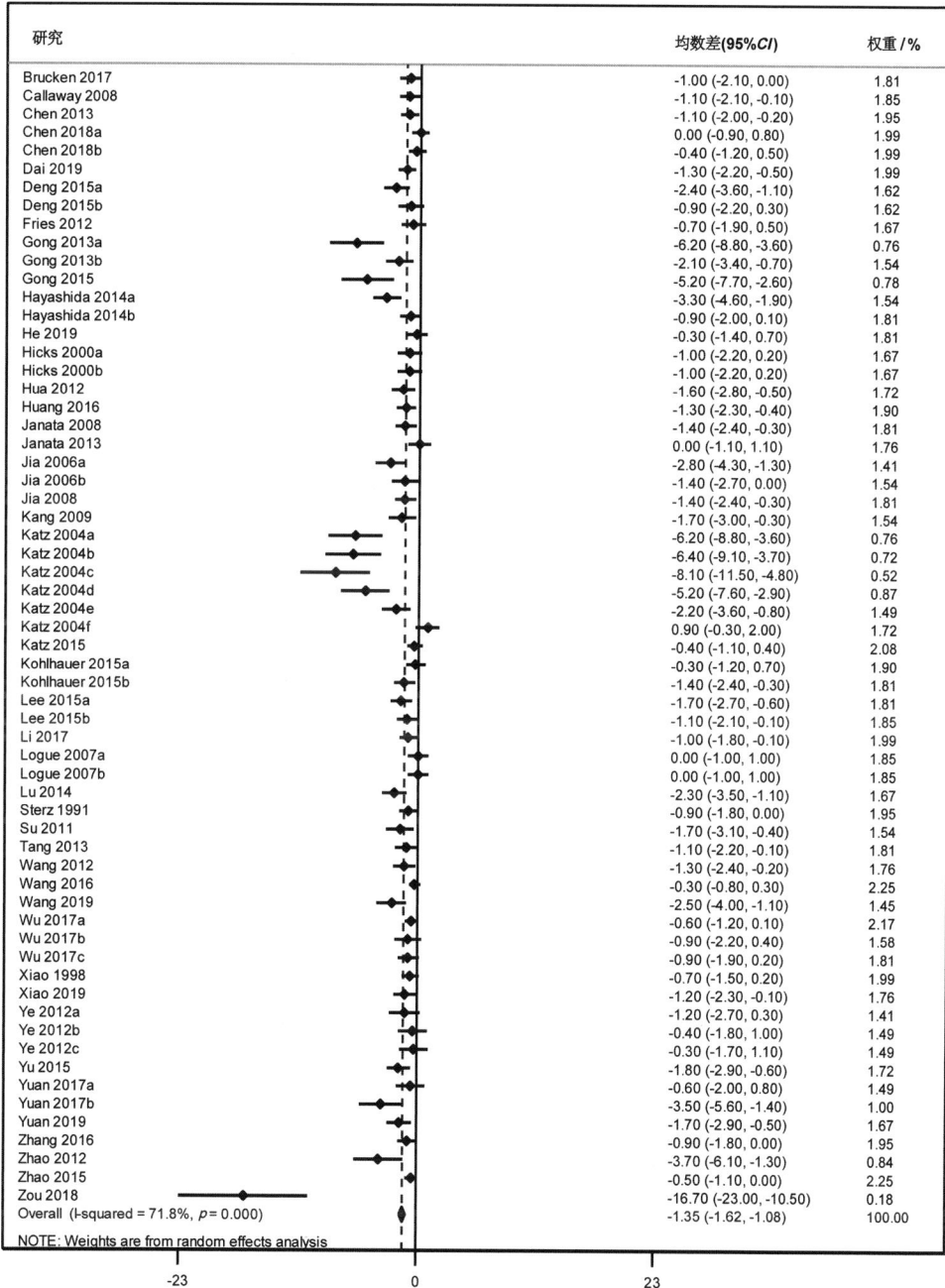

| 研究 | 均数差(95%*CI*) | 权重 /% |
|---|---|---|
| Brucken 2017 | -1.00 (-2.10, 0.00) | 1.81 |
| Callaway 2008 | -1.10 (-2.10, -0.10) | 1.85 |
| Chen 2013 | -1.10 (-2.00, -0.20) | 1.95 |
| Chen 2018a | 0.00 (-0.90, 0.80) | 1.99 |
| Chen 2018b | -0.40 (-1.20, 0.50) | 1.99 |
| Dai 2019 | -1.30 (-2.20, -0.50) | 1.99 |
| Deng 2015a | -2.40 (-3.60, -1.10) | 1.62 |
| Deng 2015b | -0.90 (-2.20, 0.30) | 1.62 |
| Fries 2012 | -0.70 (-1.90, 0.50) | 1.67 |
| Gong 2013a | -6.20 (-8.80, -3.60) | 0.76 |
| Gong 2013b | -2.10 (-3.40, -0.70) | 1.54 |
| Gong 2015 | -5.20 (-7.70, -2.60) | 0.78 |
| Hayashida 2014a | -3.30 (-4.60, -1.90) | 1.54 |
| Hayashida 2014b | -0.90 (-2.00, 0.10) | 1.81 |
| He 2019 | -0.30 (-1.40, 0.70) | 1.81 |
| Hicks 2000a | -1.00 (-2.20, 0.20) | 1.67 |
| Hicks 2000b | -1.00 (-2.20, 0.20) | 1.67 |
| Hua 2012 | -1.60 (-2.80, -0.50) | 1.72 |
| Huang 2016 | -1.30 (-2.30, -0.40) | 1.90 |
| Janata 2008 | -1.40 (-2.40, -0.30) | 1.81 |
| Janata 2013 | 0.00 (-1.10, 1.10) | 1.76 |
| Jia 2006a | -2.80 (-4.30, -1.30) | 1.41 |
| Jia 2006b | -1.40 (-2.70, 0.00) | 1.54 |
| Jia 2008 | -1.40 (-2.40, -0.30) | 1.81 |
| Kang 2009 | -1.70 (-3.00, -0.30) | 1.54 |
| Katz 2004a | -6.20 (-8.80, -3.60) | 0.76 |
| Katz 2004b | -6.40 (-9.10, -3.70) | 0.72 |
| Katz 2004c | -8.10 (-11.50, -4.80) | 0.52 |
| Katz 2004d | -5.20 (-7.60, -2.90) | 0.87 |
| Katz 2004e | -2.20 (-3.60, -0.80) | 1.49 |
| Katz 2004f | 0.90 (-0.30, 2.00) | 1.72 |
| Katz 2015 | -0.40 (-1.10, 0.40) | 2.08 |
| Kohlhauer 2015a | -0.30 (-1.20, 0.70) | 1.90 |
| Kohlhauer 2015b | -1.40 (-2.40, -0.30) | 1.81 |
| Lee 2015a | -1.70 (-2.70, -0.60) | 1.81 |
| Lee 2015b | -1.10 (-2.10, -0.10) | 1.85 |
| Li 2017 | -1.00 (-1.80, -0.10) | 1.99 |
| Logue 2007a | 0.00 (-1.00, 1.00) | 1.85 |
| Logue 2007b | 0.00 (-1.00, 1.00) | 1.85 |
| Lu 2014 | -2.30 (-3.50, -1.10) | 1.67 |
| Sterz 1991 | -0.90 (-1.80, 0.00) | 1.95 |
| Su 2011 | -1.70 (-3.10, -0.40) | 1.54 |
| Tang 2013 | -1.10 (-2.20, -0.10) | 1.81 |
| Wang 2012 | -1.30 (-2.40, -0.20) | 1.76 |
| Wang 2016 | -0.30 (-0.80, 0.30) | 2.25 |
| Wang 2019 | -2.50 (-4.00, -1.10) | 1.45 |
| Wu 2017a | -0.60 (-1.20, 0.10) | 2.17 |
| Wu 2017b | -0.90 (-2.20, 0.40) | 1.58 |
| Wu 2017c | -0.90 (-1.90, 0.20) | 1.81 |
| Xiao 1998 | -0.70 (-1.50, 0.20) | 1.99 |
| Xiao 2019 | -1.20 (-2.30, -0.10) | 1.76 |
| Ye 2012a | -1.20 (-2.70, 0.30) | 1.41 |
| Ye 2012b | -0.40 (-1.80, 1.00) | 1.49 |
| Ye 2012c | -0.30 (-1.70, 1.10) | 1.49 |
| Yu 2015 | -1.80 (-2.90, -0.60) | 1.72 |
| Yuan 2017a | -0.60 (-2.00, 0.80) | 1.49 |
| Yuan 2017b | -3.50 (-5.60, -1.40) | 1.00 |
| Yuan 2019 | -1.70 (-2.90, -0.50) | 1.67 |
| Zhang 2016 | -0.90 (-1.80, 0.00) | 1.95 |
| Zhao 2012 | -3.70 (-6.10, -1.30) | 0.84 |
| Zhao 2015 | -0.50 (-1.10, 0.00) | 2.25 |
| Zou 2018 | -16.70 (-23.00, -10.50) | 0.18 |
| Overall (I-squared = 71.8%, p = 0.000) | -1.35 (-1.62, -1.08) | 100.00 |

NOTE: Weights are from random effects analysis

-23　　　0　　　23

图 3-2-2　meta 分析森林图

# 第五节　发表偏倚的评估

众多 meta 分析软件均可完成漏斗图的绘制及漏斗图的不对称性检验,在本节将基于上节案例数据详述 Stata 绘制漏斗图及漏斗图不对称性检验的方法。

## 一、漏斗图绘制

Stata 中的 Metafunnel 命令可绘制漏斗图,安装此命令,可在联机情况下,在 Stata 命令窗口输入 ssc install metafunnel。其命令操作格式为:metafunnel 变量[ ,选择项]。

其中,变量有以下几种形式:①效应量及其标准误,如 $logOR/SE(logOR)$、$WMD/SE$( $WMD$ )等;②效应量及其方差,如 $logOR/v(logOR)$ 等;③效应量及其置信区间的上限和下限,如 $OR/RR$ 及其置信区间的上/下限。

常用的选择项包括:①nolines,指定漏斗图不显示 pseudo 95%$CI$ 线,默认情况下为显示 95%$CI$ 线;②reverse,指将漏斗图倒置,使大样本研究显示在漏斗图底部,小样本研究显示在顶部;③eform,将治疗效应量取幂并按对数尺度显示于 $x$ 轴上,对于 $OR/RR$ 等效应指标非常有用;④egger,添加 Egger 法检验漏斗图不对称的相应回归直线。

基于上节案例数据,绘制漏斗图。该实例数据的效应量为 $MD$,其形式为效应量及其置信区间的上/下限格式,故相应命令为:

第一步:产生效应量的标准误, gen semd=( UCI–LCI )/1.96/2

第二步:绘制漏斗图, metafunnel MD semd, egger xtitle( MD )ytitle( seMD )

可得漏斗图如图 3-2-3 所示,显示了 pseudo 95%$CI$ 及总效应量线、Egger 法检验漏斗图不对称的相应回归直线,在 $x$ 轴上标注了"MD",在 $y$ 轴上标注了"seMD"。从漏斗图来看,漏斗图存在不对称现象,故可认为不排除存在发表偏倚的可能。

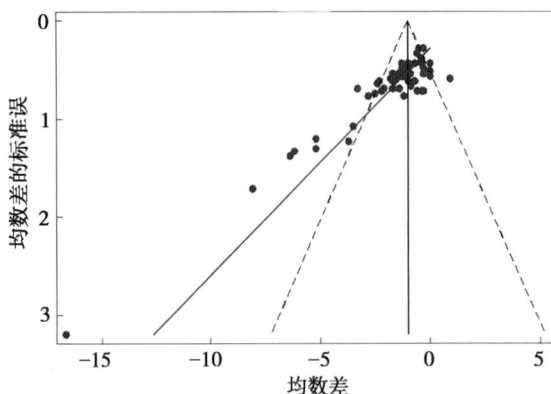

图 3-2-3　meta 分析漏斗图

## 二、漏斗图不对称检验

Stata 中的 Metabias 命令可进行漏斗图不对称检验,安装此命令,可在联机情况下,在 Stata 命令窗口输入 ssc install Metabias。其命令操作格式为:metabias 变量[ ,选择项]。

其中,变量可以为效应量及其标准误,也可以为 2×2 四格表数据,分别是实验组发生结局事件人数与未发生结局事件人数、对照组发生结局事件人数与未发生结局事件人数。

常用的选择项有 Egger 法、Peters 法、Harbord 法和 Begg 法四种漏斗图不对称检验方法，必须且只能选择一种方法。对于连续型结局变量，效应指标通常为 *MD*，此时可以选择 Egger 法。对于二分类结局变量，效应指标通常为 *OR*，则可选择 Harbord 法或 Peters 法。

基于上节案例数据，进行漏斗图不对称检验。该实例数据的效应量为 *MD*，其形式为效应量及其置信区间的上 / 下限格式，故相应命令为：

第一步：产生效应量的标准误，gen semd=（UCI−LCI）/1.96/2

第二步：漏斗图不对称检验（图 3-2-4），metabias MD semd, egger graph

结果如下：

```
Note:data input format theta se_theta assumed.
Egger's test for small-study effects:
Regress standard normal deviate of intervention effect
estimate against its standard error
Number of studies=62                                    Root
MSE=1.18
```

| Std_Eff | Coef. | Std. Err. | t | P>t | [95%Conf. Interval] | |
|---|---|---|---|---|---|---|
| slope | 1.225456 | .2484948 | 4.93 | 0.000 | .728392 | 1.72251 |
| bias | −4.34714 | .4515153 | −9.63 | 0.000 | −5.250305 | −3.44397 |

```
Test of H0:no small-study effects   P=0.000
```

可见，Egger 法所得 *p*<0.001，提示存在发表偏倚的可能性较大。

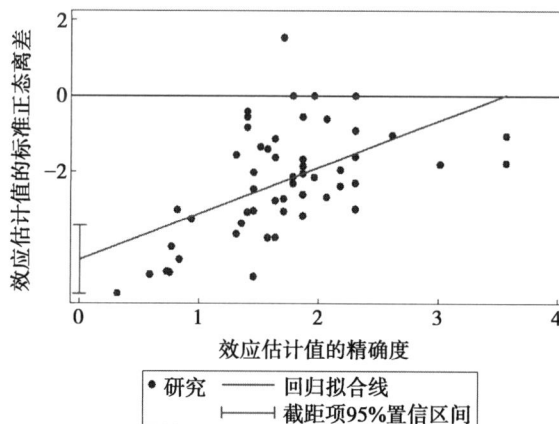

图 3-2-4 meta 分析漏斗图不对称检验

**参考文献**

1. ARRICH J, HERKNER H, MÜLLNER D, et al. Targeted temperature management after cardiac arrest. A systematic review and Meta-analysis of animal studies [ J ]. Resuscitation, 2021, 162 ( 5 ): 47-55.

2. HIGGINS J P, THOMAS J, CHANDLER J, et al. Cochrane handbook for systematic reviews of interventions [ M ]. 2nd ed. Chichester UK: Wiley-Blackwell, 2019.

3. 张天嵩, 钟文昭, 李博. 实用循证医学方法学 [ M ]. 3 版. 武汉: 中南大学出版社, 2021.

4. HIGGINS J P, THOMPSON S G. Quantifying heterogeneity in a Meta-analysis [ J ]. Stat Med, 2002, 21 ( 11 ): 1539-1558.

5. GUREVITCH J, KORICHEVA J, NAKAGAWA S, et al. Meta-analysis and the science of research synthesis [ J ]. Nature, 2018, 555 ( 7691 ): 175-182.

6. HOPEWELL S, LOUDEN K, CLARKE M, et al. Publication bias in clinical trials due to statistical significance or direction of trial results [ J ]. Cochrane Database Syst Rev, 2009 ( 1 ): MR000006.

7. MAEKS-ANGLIN A, CHEN Y. A historical review of publication bias [ J ]. Res Synth Methods, 2020, 11 ( 6 ): 725-742.

# 第三章 剂量 - 反应 meta 分析在 Stata 软件中的实现

## 第一节 临床前动物实验剂量 - 反应 meta 分析介绍

在本章主要是在前面章节的基础上,对临床前动物实验剂量 - 反应 meta 分析进行介绍。在进行剂量 - 反应 meta 分析前,通常需要对原始数据进行二分类 meta 分析,因此需要在 Stata 软件中安装用于二分类 meta 分析的板块。另外,剂量 - 反应 meta 分析常用程序如 glst、xblc 和 utest 等可通过在 Stata 软件中输入 "findit 程序名称" 进行查找,并在查找结果中选择合适链接进行安装。部分程序如 glst 可直接使用 ssc install glst 命令进行安装。

### 一、剂量 - 反应 meta 分析概念

如果随着暴露 / 干预水平的变化,研究疾病的发生风险 / 疗效亦发生相应变化,则认为这两者之间存在剂量 - 反应关系( dose-response relationship )。剂量 - 反应 meta 分析是指用于探讨自变量暴露 / 干预水平与因变量之间因果关系的 meta 分析。在临床前动物实验中,自变量通常是指干预因素,剂量是指干预水平,因变量是指对应疾病的疗效。随着暴露 / 干预因素水平的增加或降低,对应疾病的疗效会呈现一定的变化趋势,或不变,或增加,或降低。临床前动物实验的剂量 - 反应 meta 分析则是将同类临床前动物实验研究提供的某种暴露 / 干预水平 - 反应关系加权合并来获得 "平均" 干预效应,以全面反映暴露 / 干预与结局之间的剂量 - 反应关系。

### 二、剂量 - 反应 meta 分析基本思路

1992 年 Greenland 提出的线性模型是最早用于剂量 - 反应 meta 分析的方法,其核心是将原始研究中不同分层的剂量数据看作具有连续性。随着线性剂量 - 反应关系研究的深入,更多的研究者发现了很多特殊类型的非线性剂量 - 反应类型,如 J 型或 U 型曲线等。

从本质上讲,剂量 - 反应 meta 分析模型是一种 meta 回归模型,其中一个重要假设是通过选择合适的链接函数,来定量评价效应量与暴露 / 干预剂量的关系。按照效应量与暴露 / 干预之间潜在的剂量 - 反应趋势,可分为线性(包括普通线性和分段线性)回归和非线性回归两大类。一般来说,先进行非线性剂量 - 反应 meta 分析,然后根据计算出来的关键变量对其线性情况进行统计学检验,如果非线性回归能满足要求,就可以进行非线性剂量 - 反应 meta 分析,否则就为线性剂量 - 反应 meta 分析。在临床前动物实验研究中,线性关系主要用于反映不同暴露 / 干预水平与效应量的整体趋势变化,可理解为该条直线的斜率;而非线性关系更加关注暴露 / 干预水平对应的效应值,以横坐标为暴露 / 干预水平,纵坐标为效应

值,可理解为该条逼近的曲线上横坐标任意一点对应的纵坐标的值。

目前使用最广泛的剂量-反应meta分析模型是基于经典的"二阶段法"(two-stage approach)实现的,即首先通过线性或非线性模型拟合出单篇研究的回归系数(第一阶段),再采用固定效应模型或随机效应模型将第一阶段的回归系数进行合并(第二阶段)。另外,也可以将所有纳入研究当作一个整体,直接计算这个整体的平均回归系数,即所谓的"一阶段法"(one-stage approach)。

### 三、剂量-反应meta分析在临床前动物实验中的重要性

动物实验在基础医学研究中起着重要作用,是连接基础医学研究和临床试验的重要桥梁。它的主要目的是初步验证干预措施的安全性和有效性,为新干预措施是否可以进入临床阶段研究提供科学依据,以保护Ⅰ期临床试验对象。然而,对于某一特定主题的动物实验研究,不同研究的干预水平不尽相同,干预效应也存在一定差异。传统的meta分析方法只能简单合并二分类变量(有无干预措施或不同干预措施)对应的效应值,无法利用多分类变量(不同干预水平)对应的剂量-反应关系数据,从而在一定程度上浪费了大量有效数据。同时,传统meta分析中各个研究的干预标准也不尽一致,这在一定程度上限制了meta分析合并效应值的准确性。

剂量-反应meta分析则是将不同研究的剂量-反应关系加权合并获得"平均"剂量效应,不仅在一定程度上提高合并效应值的准确性,同时可用于探讨不同暴露/干预水平与因变量之间的因果关系,以此寻找"临界安全线"及获得"最佳干预剂量"。特别是特殊类型的剂量-反应关系,它提示暴露/干预引起的疾病效应中存在一类使效应达到最低/最高或者安全/危险临界值的干预水平,在临床前动物实验中寻找这种干预水平,对于开展相应临床试验具有非常重要的指导意义。

## 第二节　数据录入与读取

经典的剂量-反应meta分析的结局变量通常是二分类变量,相应的效应指标为比值比(odds ratio, OR)、相对危险度(relative risk, RR)或风险比(hazard ratio, HR);而临床前动物实验往往以加权均数差(weighted mean difference, WMD)和标准化均数差(standardized mean difference, SMD)为效应指标,因此,在对此类研究进行剂量-反应meta分析时,可以选择加权均数差或标准化均数差作为因变量,也可以选择均数比(均数$_{实验组}$/均数$_{对照组}$)作为因变量。

### 一、数据准备

本节以"LIN K, CHEN H, CHEN X, et al. Efficacy of curcumin on aortic atherosclerosis: A systematic review and meta-analysis in mouse studies and insights into possible mechanisms. Oxid Med Cell Longev, 2020, 2020: 1520747."这篇文献为例,表3-3-1展示了该文献中关于姜黄素对小鼠主动脉粥样硬化作用的实验研究数据,数据具体整理格式如下:

study:研究名称,字符型。

standardized dosage:原始研究中姜黄素的标准化剂量(mg/kg),数值型,后面简写为dosage。

mean1:原始研究中实验组小鼠主动脉粥样斑块面积均数,数值型。

mean2：原始研究中对照组小鼠主动脉粥样斑块面积均数，数值型。

standardized mean difference：实验组小鼠与对照组小鼠主动脉粥样斑块面积的标准化均数差，数值型，后面简写为 SMD。

ll：实验组小鼠与对照组小鼠主动脉粥样斑块面积标准化均数差的 95% 置信区间下限，数值型。

ul：实验组小鼠与对照组小鼠主动脉粥样斑块面积标准化均数差的 95% 置信区间上限，数值型。

表 3-3-1　姜黄素对小鼠主动脉粥样硬化作用的实验研究数据

| study | standardized dosage | mean1 | mean2 | standardized mean difference | ll | ul |
|---|---|---|---|---|---|---|
| Coban 2012 | 300 | 6.10 | 8.33 | −0.95 | −1.71 | −0.19 |
| Hasan 2014 | 150 | 9.39 | 13.05 | −0.94 | −2.12 | 0.23 |
| Hasan 2014 | 225 | 13.26 | 13.05 | 0.05 | −1.07 | 1.17 |
| Hasan 2014 | 75 | 11.68 | 13.05 | −0.35 | −1.41 | 0.70 |
| Li 2019 | 3.3 | 56.57 | 61.58 | −0.76 | −1.68 | 0.15 |
| Meng 2019 | 16.7 | 45.23 | 50.89 | −0.43 | −1.58 | 0.72 |
| Olszanecki 2005 | 10 | 19.20 | 25.15 | −1.01 | −2.14 | 0.13 |
| Sawada 2012 | 750 | 7.89 | 3.58 | 1.43 | 0.10 | 2.76 |
| Shin 2014 | 75 | 32.83 | 54.1 | −1.96 | −3.22 | −0.70 |
| Wan 2016 | 40 | 31.21 | 32.3 | −0.13 | −1.29 | 1.03 |
| Wan 2016 | 60 | 21.19 | 32.30 | −1.47 | −2.92 | −0.01 |
| Wan 2016 | 80 | 12.71 | 32.30 | −3.24 | −5.21 | −1.27 |
| Zhang 2018 | 150 | 8.62 | 17.73 | −1.93 | −3.04 | −0.83 |
| Zou 2018 | 150 | 9.28 | 16.86 | −1.63 | −2.68 | −0.59 |

study 表示研究名称，字符型；standardized dosage 表示原始研究中姜黄素的标准化剂量（mg/kg），数值型，后面简写为 dosage；mean1 表示原始研究中实验组小鼠主动脉粥样斑块面积均数，数值型；mean2 表示原始研究中对照组小鼠主动脉粥样斑块面积均数，数值型；standardized mean difference 表示实验组小鼠与对照组小鼠主动脉粥样斑块面积的标准化均数差，数值型，后面简写为 SMD；ll 表示实验组小鼠与对照组小鼠主动脉粥样斑块面积标准化均数差的 95% 置信区间下限，数值型；ul 表示实验组小鼠与对照组小鼠主动脉粥样斑块面积标准化均数差的 95% 置信区间上限，数值型。

## 二、Stata 软件操作

Stata 数据录入可通过键入形式为 use filename 的命令，或者通过菜单选择，将以前保存的 Stata 格式数据读入内存。打开 Stata 后，在左上角的菜单窗格点击 file → open 或者 file → filename 即可通过输入文件名或直接检索查找相应 Stata 格式的文件。

另外，将所需数据整理在 Excel 表格中，可通过复制粘贴直接创建新数据集。打开 Stata 软件后，在左上角的菜单窗格点击 ，弹出 data editor（数据编辑器）界面。复制 Excel 表格中事先整理好的数据，并将第一行设置为变量名粘贴至 data editor。图 3-3-1 显示了姜黄素对小鼠主动脉粥样硬化作用的实验研究数据。

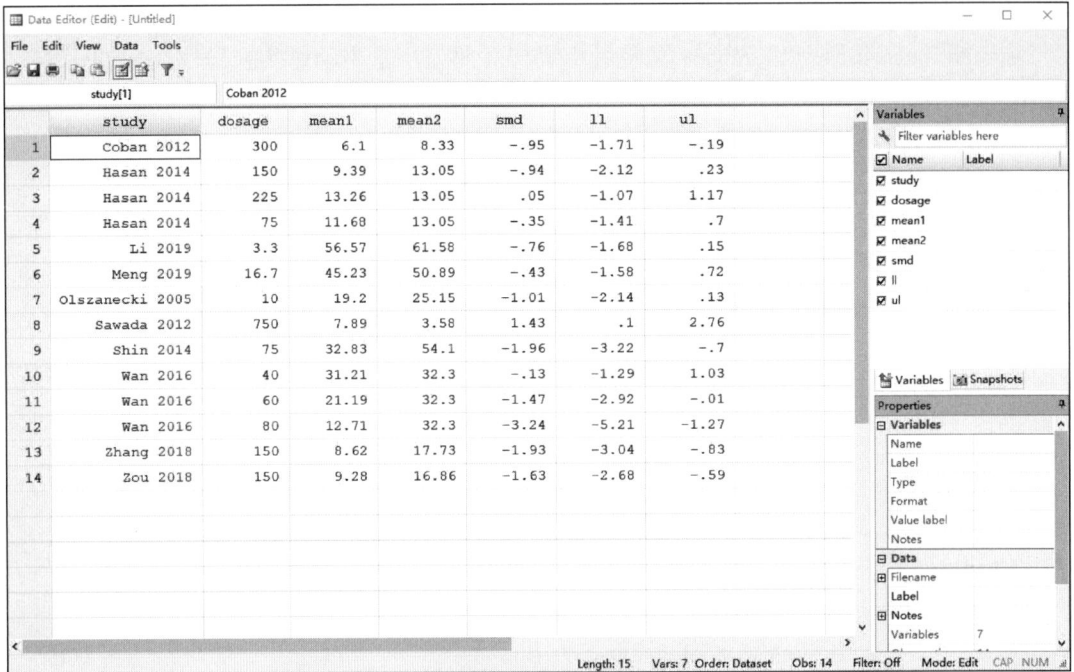

图 3-3-1　data editor（数据编辑器）中的输入格式

## 第三节　剂量 - 反应 meta 分析在 Stata 软件中的基本步骤

在本节主要是以均数比为例展示 Stata 软件作"一阶段法"剂量 - 反应 meta 分析的基本步骤，若以加权均数差或标准化均数差为因变量，剂量 - 反应 meta 分析的基本步骤则与之类似。

### 一、非线性回归模型估计

数据录入后，输入命令：

gen rr=mean1/mean2，产生结局变量 $rr$（均数比，主动脉粥样斑块面积均数$_{实验组}$ / 主动脉粥样斑块面积均数$_{对照组}$）；

gen ln$rr$=ln（$rr$），对 $rr$ 进行对数转换产生变量 ln$rr$。进行对数转换的目的是尽可能使转换后的分布接近正态分布，当结局变量为连续型变量时，不需要进行对数转换。

上述步骤完成后，首先要对剂量 - 反应方程是线性还是非线性作出判断。剂量 - 反应 meta 分析中常用的非线性模型包括自然多项式模型、限制性立方样条函数模型及灵活多项式函数模型。本例采用自然多项式模型中的二次回归预测模型，设定模型为 $Y=\beta_1 X+\beta_2 X^2+\varepsilon$，输入下列命令进行非线性剂量 - 反应回归分析，并对进行线性还是非线性剂量 - 反应 meta 分析作出判断：

gen dosage2=dosage2，生成平方项 dosage2；

regress lnrr dosage dosage2，进行二次回归分析；

test dosage2，对二次回归方程中 dosage2 的系数是否为 0 进行检验。

上述命令结果如图 3-3-2 所示。

```
. regress lnrr dosage dosage2
```

| Source | SS | df | MS | | |
|---|---|---|---|---|---|
| Model | 1.29165883 | 2 | .645829417 | Number of obs = | 14 |
| Residual | .881281846 | 11 | .080116531 | F(2, 11) = | 8.06 |
| | | | | Prob > F = | 0.0070 |
| | | | | R-squared = | 0.5944 |
| Total | 2.17294068 | 13 | .167149283 | Adj R-squared = | 0.5207 |
| | | | | Root MSE = | .28305 |

| lnrr | Coef. | Std. Err. | t | P>|t| | [95% Conf. Interval] | |
|---|---|---|---|---|---|---|
| dosage | -.0017399 | .0013794 | -1.26 | 0.233 | -.0047759 | .0012961 |
| dosage2 | 4.20e-06 | 1.80e-06 | 2.33 | 0.040 | 2.33e-07 | 8.16e-06 |
| _cons | -.2376817 | .1351624 | -1.76 | 0.106 | -.5351721 | .0598086 |

```
. test dosage2

 ( 1)  dosage2 = 0

       F(  1,    11) =    5.43
            Prob > F =    0.0398
```

图 3-3-2　非线性回归模型系数检验结果

在判断 dosage2 的系数是否为 0 的检验中,如果 $p>0.05$,则为线性剂量 - 反应关系,反之则不能认为存在线性剂量 - 反应关系,这时可以考虑使用非线性的回归模型。本例中非线性的检验结果为 $F(1,11)=5.43$,$p>F=0.039\,8$,刚好处于统计学的临界水平,可以同时拟合两种模型。

回归结果右上角是基于左上角的平方和得到的整体 $F$ 检验,用于评估关于模型中所有 $x$ 变量的系数等于 0 这一假设。$F$ 统计量为 8.06,自由度为 2 和 11,$p$ 值为 0.007 0,在 $\alpha=0.05$ 水平上可以拒绝零假设,模型整体有统计学意义。确定系数 $R^2$ 为 0.594 4,调整的 $R^2$ 为 0.520 7,考虑了相对于数据复杂性的模型复杂性。Root MSE 表示均方根误差(root mean squared error, RMSE),用以评估模型预测结果与实际观察结果间的平均误差。一般来说,$R^2$ 越高,模型越好;Root MSE 越低,模型越好。

回归结果下半部分给出了拟合模型本身,第 1 列显示的是 dosage、dosage2 的系数及 $y$ 截距。dosage 的系数为 -0.001 739 9,dosage2 的系数为 $4.20\times10^{-6}$,$y$ 截距(作为常数 _cons 的系数列出)为 -0.237 681 7。因此,回归方程大致为:预测的 $lnrr=4.20\times10^{-6}dosage2-0.001\,739\,9dosage-0.237\,681\,7$。第 2 列给出了系数的标准误,被用来计算回归系数的 $t$ 统计量(第 3 列和第 4 列)及置信区间(第 5 列和第 6 列)。

上述结果表明,小鼠主动脉粥样斑块面积均数比的对数与姜黄素标准化剂量之间呈开口向上的抛物线关系。输入命令 utest dosage dosage2,结果显示 dosage 为 207 时,$lnrr$ 最小,且二次回归曲线与直线 $lnrr=0$ 的一个交点的横坐标为 522,说明随着姜黄素标准化剂量的增加,姜黄素对小鼠主动脉粥样硬化损伤的保护作用先增强后减弱,甚至逆转(图 3-3-3)。在该模型中,姜黄素的最优化剂量为 207mg/kg,此时预测的保护效果最好,而当姜黄素的标准化剂量超过 522mg/kg 时,则会进一步加重小鼠的主动脉病变。

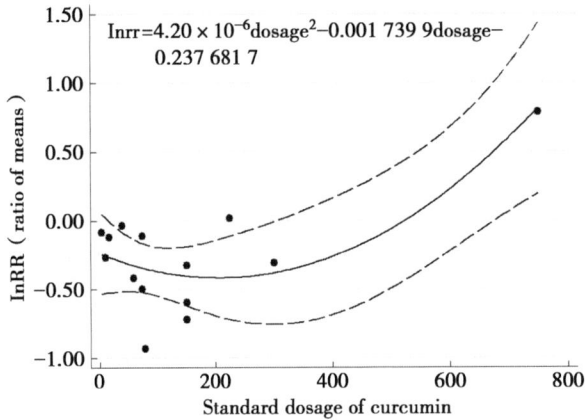

图 3-3-3　dosage 与 ln*rr* 的二次回归剂量 - 反应 meta 分析图

InRR（ratio of means）：小鼠主动脉粥样斑块面积均数比（主动脉粥样斑块面积均数_{实验组} / 主动脉粥样斑块面积均数_{对照组}）的对数；Standard dosage of curcumin：姜黄素标准化剂量

## 二、线性回归模型估计

下面进行线性剂量 - 反应回归分析，设定模型为 $Y=\beta_1 X+\varepsilon$，输入回归命令 regress lnrr dosage，结果如图 3-3-4 所示。

```
. regress lnrr dosage
```

| Source | SS | df | MS | | |
|--------|----|----|----|----|----|
| | | | | Number of obs = | 14 |
| | | | | F(1, 12) = | 7.81 |
| Model | .856603816 | 1 | .856603816 | Prob > F = | 0.0162 |
| Residual | 1.31633686 | 12 | .109694739 | R-squared = | 0.3942 |
| | | | | Adj R-squared = | 0.3437 |
| Total | 2.17294068 | 13 | .167149283 | Root MSE = | .3312 |

| lnrr | Coef. | Std. Err. | t | P>\|t\| | [95% Conf. Interval] | |
|------|-------|-----------|---|------|------|------|
| dosage | .0013313 | .0004764 | 2.79 | 0.016 | .0002933 | .0023692 |
| _cons | -.4571493 | .1134415 | -4.03 | 0.002 | -.7043171 | -.2099816 |

图 3-3-4　线性回归模型系数检验结果

回归结果显示，$F$ 统计量为 7.81，自由度为 1 和 12，$p$ 值为 0.016 2，在 $\alpha=0.05$ 水平上可以拒绝零假设，模型整体有统计学意义。确定系数 $R^2$ 为 0.394 2，调整的 $R^2$ 为 0.343 7，线性模型拟合效果一般。dosage 的系数为 0.001 331 3，$y$ 截距为 –0.457 149 3，同时 $t$ 检验结果表明在 $\alpha=0.05$ 水平上可以拒绝关于 dosage 和 $y$ 截距的系数为 0 这两个假设。因此，线性回归方程大致为：预测的 ln*rr*=–0.457 149 3+0.001 331 3dosage。

小鼠主动脉粥样斑块面积均数比的对数与姜黄素标准化剂量之间可能存在线性关系，并且姜黄素标准化剂量每增加 1mg/kg，小鼠主动脉粥样斑块面积均数比的对数增加 0.001 331 3。

146

# 第四节 剂量 - 反应 meta 分析图的绘制

图形能够更加直观地展示剂量 - 反应 meta 分析中自变量与因变量之间的回归关系,特别是非线性回归关系。在本节将分别以第三节介绍的姜黄素标准化剂量与小鼠动脉粥样斑块面积均数比对数的动物实验研究数据为例,绘制非线性(二次)和线性回归剂量 - 反应 meta 分析图。

## 一、非线性剂量 - 反应 meta 分析图的绘制

在本章第三节剂量 - 反应 meta 分析的命令基础上,输入命令 graph twoway ( scatter lnrr dosage, sort mcolor ( black ) msymbol ( circle ) ) ( qfitci lnrr dosage, clcolor ( black ) ciplot ( rline ) blcolor ( black ) blpattern ( longdash ) ), legend ( off ) ytitle ( "lnRR ( ratio of means ) " ) xtitle ( "Standard dosage of curcumin" ) ylabel ( –1 –0.5 0 0.5 1 1.5, format ( %3.2fc ) angle ( horiz ) ) xlabel ( 0 ( 200 ) 800 ) text ( 1.2 350 "lnrr=4.20*10^ ( –6 ) dosage2–0.001 739 9dosage– 0.237 681 7" ),得到标准化剂量 dosage 与小鼠主动脉粥样斑块面积均数比的对数 ln$rr$ 的二次回归剂量 - 反应 meta 分析图( 图 3-3-4 )。

命令释义如下:

twoway ( ) 用于绘制二维图形,括号内放置具体的绘图命令,可以是一个,也可以是多个;

scatter lnrr dosage, sort mcolor ( black ) msymbol ( circle ) 用于展示原始研究中不同剂量所对应的 ln$rr$,并标识为黑色圆形;

qfitci lnrr dosage, clcolor ( black ) ciplot ( rline ) blcolor ( black ) blpattern ( longdash ), qfitci 用于绘制二次回归拟合线及其 95% 置信区间带,clcolor ( black ) 表示将拟合回归线绘制为黑色,ciplot ( rline ) 表示将 95% 置信区间带绘制为范围线,blcolor ( black ) 表示将 95% 置信区间线绘制为黑色,blpattern ( longdash ) 表示将 95% 置信区间线绘制为长虚线;

legend ( off ) 表示去掉不需要的图例;

ytitle ( "lnRR ( ratio of means ) " ) xtitle ( "Standard dosage of curcumin" ) 表示为纵横坐标设置标题;

ylabel ( –1 –0.5 0 0.5 1 1.5, format ( %3.2fc ) angle ( horiz ) ) 表示以水平方式显示纵坐标,并只标识 –1、–0.5、0、0.5、1、1.5 六个数值;

xlabel ( 0 ( 200 ) 800 ) 是定义横坐标取值范围是从 0 到 800,刻度是 200。

text ( 1.2 350 "lnrr=4.20*10^ ( –6 ) dosage2–0.001 739 9dosage–0.237 681 7" ) 表示在 ( 350, 1.2 ) 的位置以文本形式插入回归方程 ln$rr$=$4.20 \times 10^{-6}$dosage$^2$–0.001 739 9dosage–0.237 681 7。

## 二、线性剂量 - 反应 meta 分析图的绘制

在本章第三节剂量 - 反应 meta 分析的命令基础上,输入命令 graph twoway ( scatter lnrr dosage, sort mcolor ( black ) msymbol ( circle ) ) ( lfitci lnrr dosage, clcolor ( black ) ciplot ( rline ) blcolor ( black ) blpattern ( longdash ) ), legend ( off ) ytitle ( "lnRR ( ratio of means ) " ) xtitle ( "Standard dosage of curcumin" ) ylabel ( –1 –0.5 0 0.5 1 1.5, format ( %3.2fc ) angle

（horiz））xlabel（0（200）800）text（1 300 "lnrr=-0.457 149 3+0.001 331 3dosage"），得到标准
化剂量 dosage 与小鼠主动脉粥样斑块面积均数比的对数 ln*rr* 的线性剂量 - 反应 meta 分析图
（图 3-3-5）。lfitci 用于绘制线性回归拟合线及其 95% 置信区间带。

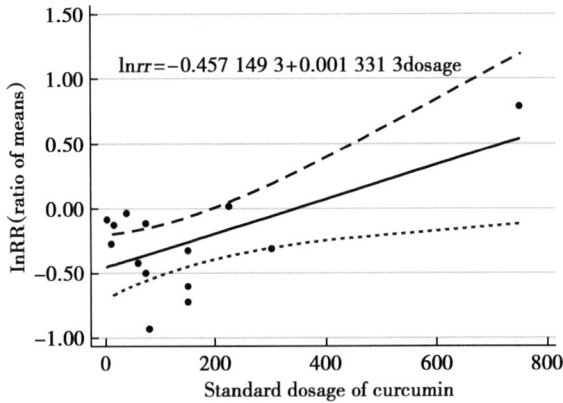

图 3-3-5　dosage 与 ln*rr* 的线性剂量 - 反应 meta 分析图

InRR（ratio of means）：小鼠主动脉粥样斑块面积均数比（主动脉粥样斑块面积均数$_{实验组}$/主动脉粥样斑块面积均数$_{对照组}$）的对数；Standard dosage of curcumin：姜黄素标准化剂量

# 第五节　发表偏倚的评估

发表偏倚（publication bias）是指由于研究者和编辑在提交、接受、发表文献等诸多方面的偏好，是基于研究结果的方向和强度，从而导致的发表机会不同和对结果造成的影响，是系统评价和 meta 分析结果有效性的主要影响因素。经典二分类 meta 分析一般会对纳入研究进行发表偏倚检测，剂量 - 反应 meta 分析的发表偏倚评估往往基于此结果。

Stata 软件中常用的评估发表偏倚的方法有漏斗图法、线性回归法（如 Egger 法）、秩相关法（如 Begg 法）等，在本节以小鼠主动脉粥样斑块面积的标准化均数差为效应指标，展示在 Stata 软件中用前三种常用方法进行发表偏倚评估的基本步骤。

## 一、漏斗图法

漏斗图是 meta 分析中应用多个研究数据作成的散点图，以效应量大小为横坐标，以测量值的权重如方差倒数、标准误或样本量等为纵坐标，是一种常用于评估发表偏倚的可视化方法。

在本研究中，使用漏斗图进行发表偏倚评估，首先要生成变量 *se*。本例可直接根据置信区间计算得到 *se*，然后采用 metafunnel 命令或采用 metafunnel 菜单操作完成漏斗图绘制。图 3-3-6 为 metafunnel 菜单操作界面。

漏斗图绘制相关命令如下：

```
gen se=(ul-ll)/(2*invnorm(.975))
metafunnel smd se,xtitle(Standardized mean difference)ytitle
(Standard Error of smd)
```

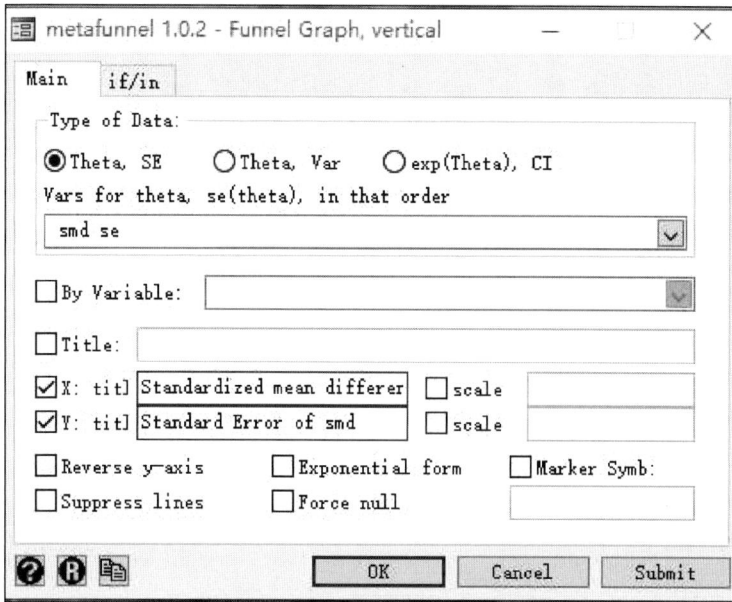

图 3-3-6　metafunnel 菜单操作界面

输入上述命令或进行 metafunnel 菜单操作后,得到姜黄素对小鼠主动脉粥样硬化作用的漏斗图(图 3-3-7),其横坐标为小鼠主动脉粥样斑块面积的标准化均数差,纵坐标为标准化均数差的标准误。通过图 3-3-7 可以直观地判断漏斗图是否对称,初步判断是否存在发表偏倚。本图散点基本对称,提示不存在发表偏倚。

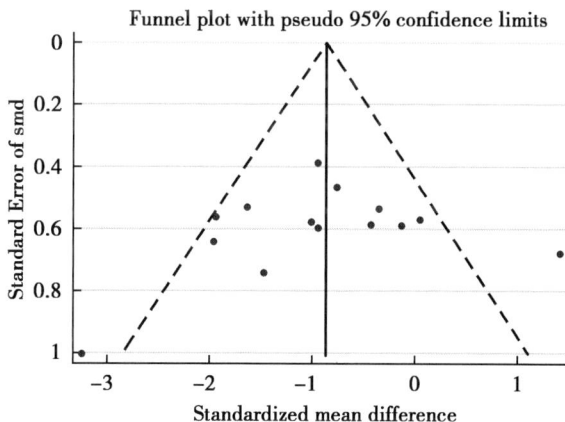

图 3-3-7　姜黄素对小鼠主动脉粥样硬化作用的漏斗图

Standardized mean difference:小鼠主动脉粥样斑块面积的标准化均数差;Standard Error of smd:小鼠主动脉粥样斑块面积的标准化均数差的标准误;Funnel plot with pseudo 95% confidence limits:95% 置信限度的漏斗图

漏斗图虽然是检验发表偏倚的直观方法,但并非所有的漏斗图不对称均是由于发表偏倚导致的。另外,漏斗图的对称与否通常没有严格的限定,仅仅通过目测,不同的研究者可能会得出不同的结论,存在一定的主观性,因此是一种定性的评价方法。

## 二、线性回归法

Matthias Egger 等人为克服漏斗图法的不足,于 1997 年提出了根据效应量与其对应标准误的线性加权回归分析法,称为 Egger 线性回归法(简称 Egger 法),又称 Egger 检验,是一种检验漏斗图对称性的定量方法,也是线性回归法的代表性方法。Stata 软件中 Egger 检验命令为 metabias smd se, egger,也可以按照图 3-3-8 进行菜单操作。

图 3-3-9 展示了发表偏倚评估中 Egger 检验的结果。

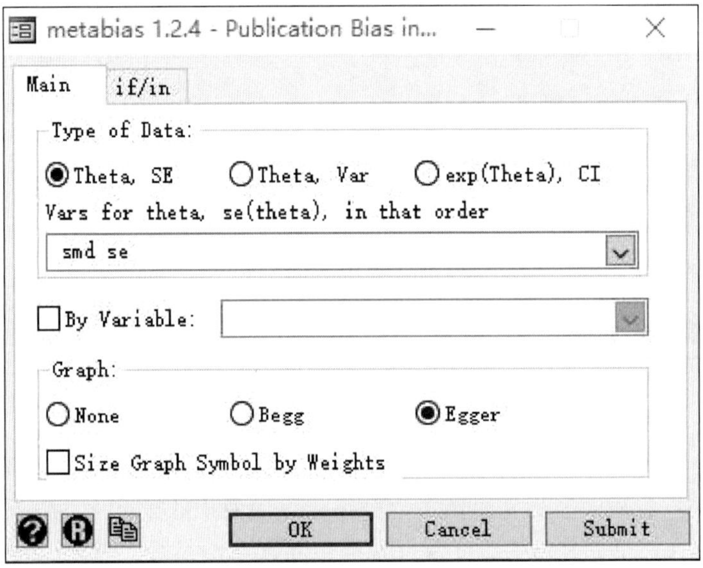

图 3-3-8　Egger 检验菜单操作界面

```
. metabias smd se, egger

Note: data input format theta se_theta assumed

Egger's test for small-study effects:
Regress standard normal deviate of intervention
  effect estimate against its standard error

.
Number of studies =  14                         Root MSE    =    1.61

    Std_Eff       Coef.     Std. Err.       t     P>|t|    [95% Conf. Interval]

      slope    -.1761479    1.228166     -0.14    0.888    -2.852093    2.499797
       bias    -1.234213    2.160822     -0.57    0.578    -5.94224     3.473813

Test of H0: no small-study effects              P = 0.578
```

图 3-3-9　Egger 检验结果

Egger 检验对发表偏倚的检测统计量为截距 a 对应的 t 值及 p 值,并通过其 95% 置信区间是否包含 0 来判断是否有发表偏倚。若截距 a 对应的 $p<0.05$ 或 95% 置信区间不包含 0,则提示存在发表偏倚;反之,则不存在发表偏倚。上述结果显示 $p=0.578$,95% 置信区间为(−5.942 24, 3.473 813),提示纳入的研究不存在发表偏倚。

## 三、秩相关法

代表性方法为 Begg 秩相关法（简称 Begg 法），由 Begg 和 Mazumdar 提出，又称 Begg 检验，用于检验效应量估计值与其方差（或标准误）的相关关系，并以此判定发表偏倚是否存在。Stata 软件中 Begg 检验命令为 metabias smd se, begg，也可以按照图 3-3-8 勾选 Begg 选项进行菜单操作。图 3-3-10 展示了发表偏倚评估中 Begg 检验的结果。

```
Begg's Test

adj. Kendall's Score (P-Q) =        -7
        Std. Dev. of Score =      18.27
         Number of Studies =         14
                         z =      -0.38
                   Pr > |z| =      0.702
                         z =       0.33  (continuity corrected)
                   Pr > |z| =      0.743 (continuity corrected)
```

**图 3-3-10　Begg 检验结果**

上述结果显示，Kendall 评分为 –7，评分的标准差为 18.27。$z=0.33$，$p=0.743>0.05$，提示不存在发表偏倚。Begg 检验结果与漏斗图法及 Egger 检验结果一致。

## 参考文献

1. 李幼平. 实用循证医学［M］. 北京：人民卫生出版社，2018.
2. 曾宪涛，任学群. 应用 STATA 做 Meta 分析［M］. 2 版. 北京：中国协和医科大学出版社，2017.
3. 张超，高峥岩，黄静宇，等. 剂量 - 反应 Meta 分析之两种不同随机效应模型的应用［J］. 中国循证医学杂志，2017，17（5）：616-620.
4. 黄育北，李卫芹，席波，等. 剂量反应关系 Meta 分析的模型选择及分析流程［J］. 中国循证医学杂志，2016，16（2）：223-228.
5. LIN K, CHEN H, CHEN X, et al. Efficacy of curcumin on aortic atherosclerosis: A systematic review and meta-analysis in mouse studies and insights into possible mechanisms［J］. Oxid Med Cell Longev, 2020, 2020: 1520747.
6. LIU Q, COOK N R, BERGSTRÖM A, et al. A two-stage hierarchical regression model for Meta-analysis of epidemiologic nonlinear dose-response data［J］. Comput Stat Data An, 2009, 53（12）：4157-4167.
7. HAMILTON L C. 应用 STATA 做统计分析：更新至 STATA 12（原书第 8 版）［M］. 巫锡炜，焦开山，李丁，等译. 北京：清华大学出版社，2017.

# 第四章　网状 meta 分析在 Stata 软件中的实现

在本章主要是在前面章节基础上,对临床前动物实验网状 meta 分析的实施过程进行详细介绍。

## 第一节　网状 Meta 分析概述

### 一、网状 meta 分析的概念

传统 meta 分析是通过定量合并的方法得出两种处理因素 A 与 B 效果孰优孰劣的结论,但政策制定者或医师和患者在做实际决策时,往往更希望得到同一研究问题涉及的所有干预的比较结果,从而回答同一证据体中哪种干预措施最佳的问题。近年来新发展的方法——网状 meta 分析(network meta-analysis,NMA)可以解决同一临床问题的多种处理因素之间相互比较这一难题,对尚未开展直接比较的两种处理方法,可通过间接比较来估计两者间的效应关系,突破了两两比较的局限,可同时比较多种处理并进行排序,从而为决策者制定临床指南和医保赔偿政策提供重要参考证据。NMA 被认为是传统 meta 分析的扩展,也称为混合治疗比较 meta 分析(mixed treatments comparison meta-analysis)或多处理比较 meta 分析(multiple treatments comparison meta-analysis)。

### 二、网状 meta 分析的基本思路

NMA 是在间接比较的基础上建立起来的,NMA 中的网状主要来自对证据图的解释,证据图的形状是网状结构,因此,NMA 就是基于形成证据图的研究对不同的干预措施进行分析。NMA 有三个基本假设,分别为同质性假设、相似性假设和一致性假设。在符合以上基本假设的情况下,NMA 可以对没有直接比较的 A 和 B 两种措施,通过一个共同的对照进行间接比较,如果 A 和 B 存在直接比较,则 NMA 可以根据直接比较与间接比较得到混合比较的结果。在进行 NMA 证据合并时,只有同时满足这些假设,才能保证合并结果的准确性。

## 第二节　Stata 相关程序包的安装

NMA 在 Stata 软件中主要有两种实现方法:可以使用英国赖斯特大学 John Thompson 教授编写的 Win BUGS-fromstata 加载包,通过调用 WinBUGS 程序编码实现贝叶斯模型;可

以使用 Stata 软件中独有的 mvmeta 或 network 等相关程序包,实现基于频率学派的 NMA。其中 mvmeta 在数据预处理和结果图示化等方面仍较为烦琐,network 程序包则更为简单、便捷,可一步实现 NMA 的数据准备。

在 Stata 软件的官网按照自身需求和电脑操作系统情况完成 Stata 软件的购买和下载后,按照安装向导进行安装,目前 Windows 版本已更新到 16.0。完成 Stata 软件的安装后,还需安装与 NMA 相关的系列程序包,具体的程序包及安装命令如下:

**1. metan**　在电脑联网的状态下,可在命令窗口直接输入 ssc install Metan 或 net install sbe24_3, from（http://www.stata-journal.com/software/sj9-2）,即可自动完成 metan 命令的安装;也可在命令窗口输入 search metan,在弹出窗口中找到 sbe24_3 相关链接并完成手动安装。

**2. mvmeta**　在电脑联网的状态下,可在命令窗口直接输入 ssc install mvmeta 或 net install st0410, from（http://www.stata-journal.com/software/sj15-4）,即可自动完成 mvmeta 命令的安装;也可在命令窗口输入 search mvmeta,在弹出窗口中找到 SJ-15-4 相关链接并完成手动安装。

**3. metareg**　在电脑联网的状态下,可在命令窗口直接输入 ssc install metareg 或 net install sbe23_1, from（http://www.stata-journal.com/software/sj8-4）,即可自动完成 metareg 命令的安装;也可在命令窗口输入 search metareg,在弹出窗口中找到 sbe23_1 相关链接并完成手动安装。

**4. network**　在电脑联网的状态下,可在命令窗口直接输入 ssc install network 或 net install st0410, from（http://www.stata-journal.com/software/sj15-4）,即可自动完成 network 命令的安装;也可在命令窗口输入 search network,在弹出窗口中找到 st0410 相关链接并完成手动安装。

上述与 NMA 相关的程序包可以在 Stata 8.0 及以上的版本中实现,为保证功能的完整性,建议研究者使用上述命令的最新版。研究者还可在命令窗口输入 help+ 命令名来获取关于该命令的详细使用方法及案例,例如可输入 help metan 获取关于 metan 命令的帮助文件。

# 第三节　数据录入与读取

本节以 "SHANG Z, JIANG Y, GUAN X, et al. Therapeutic effects of stem cells from different source on renal ischemia-reperfusion injury: A systematic review and network meta-analysis of animal studies. Front Pharmacol, 2021, 12: 713059." 这篇文献为例,该研究共纳入 72 个动物研究,采用 NMA 评价不同来源的干细胞对肾缺血再灌注损伤的治疗作用,以文中主要结局中术后 1 天血清肌酐（mg/dl）水平作为本节 Stata 软件的实际操作案例,展示 NMA 在 Stata 软件中的具体实现方法。

首先进行该结局的数据录入,该结局为连续型变量,具体记录为每个研究中各比较组结局值的均数与标准差,以及各组样本量。在 Stata 中进行 NMA 最常见的数据录入格式,如表 3-4-1 所示,记录每个研究的 ID 及编号,以每个研究的一个臂为一行,获得如下基于臂的长数据格式数据框。

表 3-4-1　数据录入格式

| 编号 | 原始研究（studyID） | 干预措施（treatment） | 均数 | 标准差 | 样本量 |
|---|---|---|---|---|---|
| 1 | Ping-kuen Lam 2017 | ADMSCs | 3.56 | 0.36 | 17 |
| 1 | Ping-kuen Lam 2017 | Placebo | 3.72 | 0.36 | 20 |
| 2 | Pauline Erpicum 2017 | MDMSCs | 4.85 | 0.70 | 9 |
| 2 | Pauline Erpicum 2017 | Placebo | 3.27 | 0.97 | 6 |
| 3 | Bulent Altun 2012 | MDMSCs | 3.10 | 0.33 | 7 |
| 3 | Bulent Altun 2012 | Placebo | 2.80 | 0.54 | 7 |
| 4 | Yen-Ta Chen 2011 | ADMSCs | 1.14 | 0.26 | 8 |
| 4 | Yen-Ta Chen 2011 | Placebo | 3.20 | 0.26 | 8 |
| 5 | Gongxian Wang 2005 | MDMSCs | 0.88 | 0.05 | 4 |
| 5 | Gongxian Wang 2005 | Placebo | 1.16 | 0.04 | 4 |
| 6 | B. Chen 2013 | EPCs | 0.84 | 0.20 | 6 |
| 6 | B. Chen 2013 | Placebo | 1.66 | 0.16 | 6 |
| 7 | Nanmei Liu 2011 | MDMSCs | 0.52 | 0.04 | 3 |
| 7 | Nanmei Liu 2011 | Placebo | 0.51 | 0.08 | 3 |
| … | … | … | … | … | … |

数据录入过程可以直接在 Stata 的数据编辑器中进行,也可以在 Excel、SPSS、SAS 等统计分析软件中进行录入后,再导入 Stata 中进行分析,例如可以通过键入命令 import excel "E:\ tabel1.xlsx", sheet（"Sheet1"）firstrow 来导入位于 E 盘目录下名为"table1"的 xlsx 数据框。

## 第四节　数据预处理与网状结构图的绘制

完成数据读取后,首先需要通过 network 程序包进行数据的预处理,具体键入命令为 network setup mean sd n, studyvar（studyID）trtvar（treatment）,该命令可将基于臂的数据格式转换为 augment 格式,以便后续的 NMA。需要注意的是,本例选择的效应指标为均数差（mean difference, *MD*）。若选择标准化均数差（standardized mean difference, *SMD*）作为效应指标,则需在上述命令最后加 smd,本例仍旧以 *MD* 作为效应指标进行后续分析。

在运行数据预处理的命令后,可见输出结果如图 3-4-1 所示,软件根据上述命令中指定的变量识别出本案例涉及包含安慰剂在内的共 13 种干预措施,效应指标为 *MD*,共纳入 49 个研究,默认以干预措施名称的数字或字母排序第一位的 ADMSCs 为共同参照,并默认对共同参照的总人数采用较小的数值进行填补（如本例中采用 0.001 进行填补）。完成该步骤的数据预处理后，数据转换成的 augment 格式可通过命令 network convert pairs 转换为比较对格式，在该数据格式下每个两臂研究只占一行，分别为实验组和对照组的干预措施、结局指标的均数及标准差、样本量、效应值 *MD* 及效应值的标准误 *SE*（*MD*）。需要注意的是，证据网络中若有三臂研究，该三臂研究会转换为三个两臂研究，以三行数据的形式在数据库中呈现。

```
Treatments used
  A (reference):                        ADMSCs
  B:                                    EPCs
  C:                                    FMhMSCs
  D:                                    Fetal Kidney Cells
  E:                                    HAEC
  F:                                    MDMSCs
  G:                                    NPCs
  H:                                    Placebo
  I:                                    RPCs
  J:                                    SHED
  K:                                    UC-MSCs
  L:                                    USCs
  M:                                    hAFSCs

Measure                                 Mean difference
  Standard deviation pooling:           off

Studies
  ID variable:                          study
  Number used:                          49
  IDs with augmented reference arm:     2 3 4 5 6 7 8 10 11 12 13 14 15 17 19 20 21 22 23 24 25 26 27 28 30 31 32 33 35 36 37 38 39 40 41 45 48
  - observations added:                 0.00001
  - mean in augmented observations:     study-specific mean
  - SD in augmented observations:       study-specific within-arms SD

Network information
  Components:                           1 (connected)
  D.f. for inconsistency:               0
  D.f. for heterogeneity:               37

Current data
  Data format:                          augmented
  Design variable:                      _design
  Estimate variables:                   _y*
  Variance variables:                   _S*
  Command to list the data:             list study _y* _S*, noo sepby(_design)
```

图 3-4-1　数据预处理

　　网状证据图的绘制可通过键入简洁的命令 network map 实现，本案例的具体网络证据图见图 3-4-2。由图可见，网络证据图中点的大小与样本量成正比，样本量越大，点的面积越大，包含 Placebo 干预措施的样本量最大；线的粗细与研究数目成正比，比较两种干预措施的研究数目越多，相应两个点之间的连线越粗，对 MDMSCs 和 Placebo 两种干预措施进行比较的研究数目最多。另外，网状结构图中干预措施的位置是默认根据干预措施名称的数

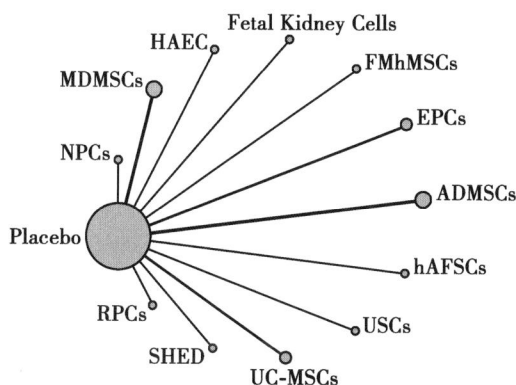

图 3-4-2　网状结构图

字或字母排序所排列的,若研究所包含的网状证据结构较为复杂,存在较多的线段重叠,则可通过命令 network map, improve 来绘制出最优的网状结构图。

该网状证据图的绘制也可通过窗口操作实现,在命令窗口中输入 db networkplot,即可出现网状证据图绘制的窗口界面(图 3-4-3),研究者可在窗口界面中对 Variables specifying the treatment、Treatment Labels、Weight for Edge、Weight for Nodes 等菜单栏中进行设置,从而绘制网状证据图。

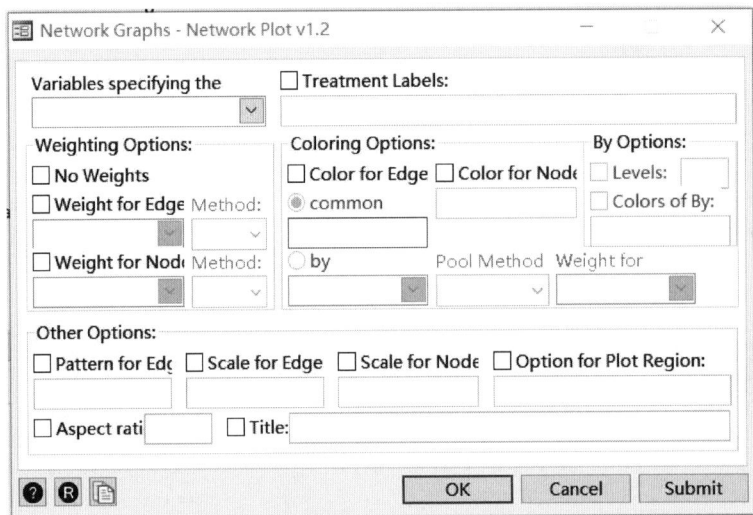

图 3-4-3 网状证据图绘制的窗口界面

# 第五节 不一致性检验与异质性检验

## 一、整体不一致性检验

在 Stata 软件的命令窗口中输入 network meta inconsistency 或简化命令 network meta i,即可得到整个 NMA 整体不一致性检验的结果。若 $p<0.05$,提示不能拒绝原假设,即可认为该 NMA 中不存在设计间的不一致性,整个 NMA 符合一致性假设,后续 NMA 可采用一致性模型,即可使用命令 network meta consistency 或简化命令 network meta c。

## 二、局部不一致性检验

采用节点拆分法(node split method)进行局部一致性的评价,在 Stata 软件的命令窗口输入命令 network sidesplit all,输出检验结果如表 3-4-2 所示,表中分别呈现了 12 个直接比较结果、间接比较结果及直接比较与间接比较结果的差值和 $p$ 值。以 A 和 H 比较为例:A 和 H 直接比较的 $MD$ 值为 0.63,$MD$ 的标准误为 0.20;间接比较的 $MD$ 值为 0.26,标准误为 0.51;直接比较与间接比较的 $MD$ 差值为 0.63–0.26=0.37,相应标准误为 0.55,统计学检验结果显示直接比较与间接比较的差值无统计学意义,$p=0.507$,即 A 和 H 比较结果满足一致性假设。同样的,其他比较对的结果 $p$ 值均大于 0.05,也均满足一致性假设。

表 3-4-2　局部不一致性检验：节点拆分法

| 干预措施比较 | 直接比较 | | 间接比较 | | 差值 | | |
|---|---|---|---|---|---|---|---|
| | 回归系数 | 标准误 | 回归系数 | 标准误 | 回归系数 | 标准误 | $p$ 值 |
| A H* | 0.628 532 9 | 0.204 130 8 | 0.262 348 7 | 0.512 547 4 | 0.366 184 2 | 0.551 703 4 | 0.507 |
| B H* | 1.103 679 | 0.346 344 2 | 1.156 599 | 4.973 461 | −0.052 919 9 | 4.985 632 | 0.992 |
| C H* | 0.935 658 2 | 0.530 210 3 | 1.010 065 | 7.013 624 | −0.074 406 5 | 7.034 337 | 0.992 |
| D H* | −0.02 | 0.687 215 9 | 1.159 907 | 7.690 954 | −1.179 907 | 7.721 699 | 0.879 |
| E H* | 0.42 | 0.689 496 4 | 1.122 756 | 12.290 82 | −0.702 756 1 | 12.310 63 | 0.954 |
| F H* | 0.557 071 9 | 0.158 808 2 | 1.216 509 | 1.322 33 | −0.659 437 2 | 1.331 861 | 0.621 |
| G H* | 2.15 | 0.779 702 4 | 1.157 027 | 41.446 36 | 0.992 973 5 | 41.450 38 | 0.981 |
| H I* | −0.33 | 0.684 703 8 | −1.161 896 | 4.904 003 | 0.831 896 4 | 4.951 661 | 0.867 |
| H J* | −0.21 | 0.693 273 4 | −1.157 247 | 31.015 79 | 0.947 247 3 | 31.023 66 | 0.976 |
| H K* | −0.363 095 | 0.396 044 5 | −1.177 254 | 2.391 64 | 0.814 159 2 | 2.424 2 | 0.737 |
| H L* | −0.17 | 0.686 324 7 | −1.161 177 | 5.826 708 | 0.991 177 4 | 5.867 112 | 0.866 |
| H M* | −1.16 | 0.718 475 1 | −1.157 103 | 22.172 06 | −0.002 897 2 | 22.183 95 | 1 |

* 这些比较结果都来自干预措施之间的直接比较；A~M 分别表示 ADMSCs、EPCs、FMhMSCs、Fetal Kidney Cells、HAEC、MDMSCs、NPCs、Placebo、RPCs、SHED、UC_MSCs、USCs、hAFSCs

## 三、基于环的不一致性检验

在 pair 数据格式下，通过命令 ifplot _y _stderr _t1 _t2 studyID, tau2（loop）可对闭合环的不一致性进行检验，检验结果中，若闭合环的不一致性因子（inconsistency factor, IF）的置信区间均包含 0，则闭合环满足一致性假设。本案例因不包含闭合环，故不能进行该检验。该不一致性检验的图形绘制也可通过窗口操作实现，在命令窗口中输入 db ifplot，即可出现网络贡献图绘制的窗口界面（图 3-4-4），研究者可在窗口界面中对 Variables specifying effect、Variables specifying the treatment 等菜单栏中进行设置，从而绘制不一致性图。

## 四、基于比较对的异质性检验

每个比较对的异质性大小可通过绘制预测区间图来衡量，在 Stata 软件的命令窗口中键入命令 intervalplot, pred null（0），输出的预测区间图见图 3-4-5，图中生成的内容包含两条核心信息：①代表点估计值及其 95% 置信区间（$CI$）的内侧线段；②代表 95% 预测区间（$PrI$）的外侧长线段（该区间已考虑研究间方差 tau²）。若某比较对的 $PrI$（外侧）完全跨越无效线 0，而其 $CI$（内侧）未跨越 0（点估计显著），则提示异质性较大，结果不确定性高；若 $PrI$ 与 $CI$ 关于是否跨越 0 线的结论一致，则提示异质性较小，结果相对稳健。

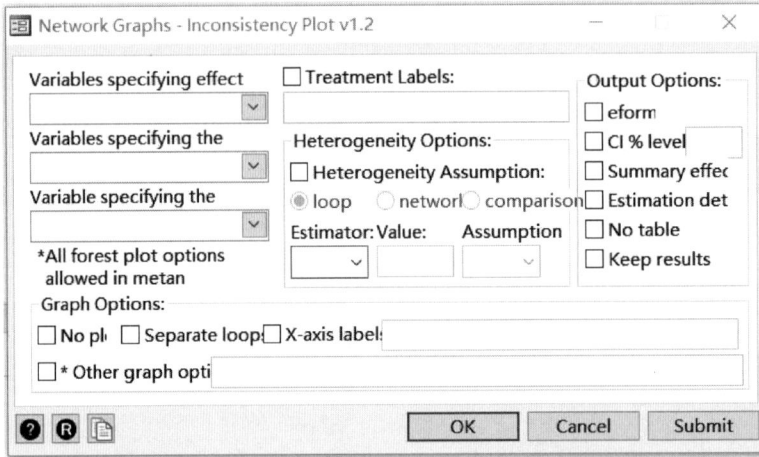

图 3-4-4　基于环的不一致性检验窗口界面

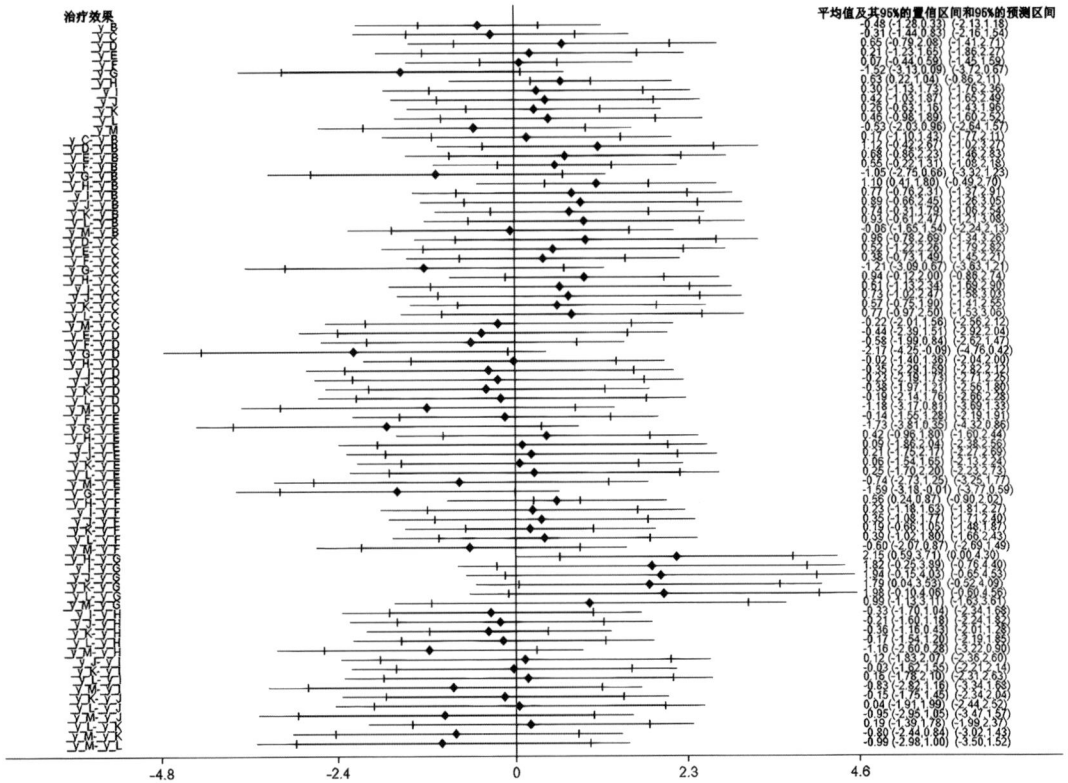

图 3-4-5　预测区间图

B~M 分别表示 EPCs、FMhMSCs、Fetal Kidney Cells、HAEC、MDMSCs、NPCs、Placebo、RPCs、SHED、UC_MSCs、USCs、hAFSCs

## 五、整体异质性检验

上文中进行不一致性检验后显示该 NMA 符合一致性假设,故采用一致性模型进行 NMA,即使用命令 network meta consistency 或简化命令 network meta c。在输出结果中列出了不同比较研究间方差及相关矩阵结果(图 3-4-6),可见整个 NMA 中不同比较的研究间异质性因子 $tau$=0.69,在以药物为干预的随机对照试验研究中认为该异质性相对较小,可认为该 NMA 满足同质性假设。

```
Estimated between-studies SDs and correlation matrix:
          SD       _y_B     _y_C     _y_D     _y_E     _y_F     _y_G     _y_H     _y_I     _y_J     _y_K     _y_L     _y_M
_y_B   .6990508      1        .        .        .        .        .        .        .        .        .        .        .
_y_C   .6990508     .5        1        .        .        .        .        .        .        .        .        .        .
_y_D   .6990508     .5       .5        1        .        .        .        .        .        .        .        .        .
_y_E   .6990508     .5       .5       .5        1        .        .        .        .        .        .        .        .
_y_F   .6990508     .5       .5       .5       .5        1        .        .        .        .        .        .        .
_y_G   .6990508     .5       .5       .5       .5       .5        1        .        .        .        .        .        .
_y_H   .6990508     .5       .5       .5       .5       .5       .5        1        .        .        .        .        .
_y_I   .6990508     .5       .5       .5       .5       .5       .5       .5        1        .        .        .        .
_y_J   .6990508     .5       .5       .5       .5       .5       .5       .5       .5        1        .        .        .
_y_K   .6990508     .5       .5       .5       .5       .5       .5       .5       .5       .5        1        .        .
_y_L   .6990508     .5       .5       .5       .5       .5       .5       .5       .5       .5       .5        1        .
_y_M   .6990508     .5       .5       .5       .5       .5       .5       .5       .5       .5       .5       .5        1
mvmeta command stored as F9
```

图 3-4-6　一致性模型下研究间方差及相关矩阵

B~M 分别表示 EPCs、FMhMSCs、Fetal Kidney Cells、HAEC、MDMSCs、NPCs、Placebo、RPCs、SHED、UC_MSCs、USCs、hAFSCs

# 第六节　合并效应量的计算及疗效排序

基于以上一致性检验和异质性检验的结果,采用一致性模型进行 NMA 分析。在 Stata 软件的命令窗口中输入 network meta consistency,即可得到结构化方差模型下所有干预措施分别与共同参照混合比较的效应值 $MD$ 及其 95%$CI$。为获得更加可视化的 NMA 比较结果,可继续在命令窗口中键入 netleague, lab(ADMSCs EPCs FMhMSCs Fetal_Kidney_Cells HAEC MDMSCs NPCs Placebo RPCs SHED UC_MSCs USCs hAFSCs)获得 NMA 比较结果阶梯图(图 3-4-7),图中列出了 NMA 中任意两种干预措施混合比较的结果,每个格子均为对应的列干预措施与行干预措施进行比较的结果,$MD$ 的 95%$CI$ 未跨 0 则表示差异有统计学意义,例如 ADMSCs 与 Placebo 相比,疗效差异有统计学意义,$MD$ 及 95%$CI$ 为 -0.58(-0.95,-0.21)。研究者还可在上述命令中使用 sort()来对阶梯图中干预措施的显示顺序进行限定,使用 nokeep 来使软件直接输出阶梯图结果,使用 export("")来将阶梯图结果直接导出为指定目录下的 Excel 表格文件。

除阶梯图外,NMA 的另一重要结果为干预措施疗效排序的结果。本研究的结局为术后 1 天血清肌酐(mg/dl),认为该指标越低,则干预措施排序越靠前,可在命令窗口键入 network rank min, all zero reps(5 000)gen(prob),表示基于以上 NMA 结果重复模拟 5 000 次后产生排序概率情况(表 3-4-3),并通过命令 sucra prob*, rankog lab(ADMSCs EPCs FMhMSCs Fetal_Kidney_Cells HAEC MDMSCs NPCs Placebo RPCs SHED UC_MSCs USCs hAFSCs)绘制概率排序图或通过命令 sucra prob*, lab(ADMSCs EPCs FMhMSCs Fetal_Kidney_Cells HAEC MDMSCs NPCs Placebo RPCs SHED UC_MSCs USCs hAFSCs)绘制累积概率排序图(图 3-4-8)。表 3-4-3 列出了每个干预措施累积概率排序曲线下面积(surface under the cumulative ranking area，SUCRA）、排第一名的概率和平均排名。可见 NPCs 的曲线下面积最大（94.9），排第一名的概率最高（73%），平均排名最靠前（1.6）；而 Placebo 曲线下面积最小（17.6），排第一名的概率最低（0%），平均排名最靠后（10.9）。在图 3-4-8 中，干预措施的曲线下面积越大，对应的排序结果可能越靠前。

| ADMSCs | -0.53 (-1.30, 0.24) | 0.59 (-0.80, 1.98) | -0.36 (-1.46, 0.74) | 0.16 (-1.24, 1.55) | 0.01 (-0.46, 0.49) | -1.57 (-3.14, 0.00) | 0.58 (0.21, 0.95) | 0.23 (-1.14, 1.61) | 0.37 (-1.04, 1.78) | 0.19 (-0.65, 1.03) | 0.39 (-0.99, 1.78) | -0.58 (-2.04, 0.87) |
|---|---|---|---|---|---|---|---|---|---|---|---|---|
| 0.53 (-0.24, 1.30) | EPCs | 1.11 (-0.39, 2.62) | 0.17 (-1.07, 1.41) | 0.68 (-0.83, 2.19) | 0.54 (-0.21, 1.28) | -1.05 (-2.72, 0.63) | 1.10 (0.43, 1.78) | 0.76 (-0.73, 2.25) | 0.89 (-0.62, 2.41) | 0.72 (-0.30, 1.74) | 0.92 (-0.58, 2.42) | -0.06 (-1.62, 1.51) |
| -0.59 (-1.98, 0.80) | -1.11 (-2.62, 0.39) | Fetal_Kidney_Cells | -0.95 (-2.64, 0.75) | -0.43 (-2.33, 1.47) | -0.58 (-1.95, 0.80) | -2.16 (-4.19, -0.13) | -0.01 (-1.35, 1.33) | -0.22 (-2.24, 1.53) | -0.40 (-2.13, 1.69) | -0.19 (-1.94, 1.15) | -0.19 (-2.09, 1.70) | -1.17 (-3.11, 0.77) |
| 0.36 (-0.74, 1.46) | -0.17 (-1.41, 1.07) | 0.95 (-0.75, 2.64) | FMhMSCs | 0.51 (-1.19, 2.21) | 0.37 (-0.71, 1.45) | -1.21 (-3.06, 0.63) | 0.94 (-0.10, 1.97) | 0.59 (-1.09, 2.27) | 0.73 (-0.98, 2.43) | 0.55 (-0.74, 1.84) | 0.75 (-0.94, 2.44) | -0.22 (-1.97, 1.52) |
| -0.16 (-1.55, 1.24) | -0.68 (-2.19, 0.83) | 0.43 (-1.47, 2.33) | -0.51 (-2.21, 1.19) | HAEC | -0.14 (-1.53, 1.24) | -1.73 (-3.77, 0.31) | 0.42 (-0.93, 1.77) | 0.08 (-1.82, 1.97) | 0.21 (-1.70, 2.13) | 0.04 (-1.51, 1.59) | 0.24 (-1.66, 2.14) | -0.74 (-2.69, 1.21) |
| -0.01 (-0.49, 0.46) | -0.54 (-1.28, 0.21) | 0.58 (-0.80, 1.95) | -0.37 (-1.45, 0.71) | 0.14 (-1.24, 1.53) | MDMSCs | -1.58 (-3.14, -0.02) | 0.57 (0.26, 0.87) | 0.22 (-1.14, 1.58) | 0.36 (-1.04, 1.75) | 0.18 (-0.64, 1.01) | 0.38 (-0.99, 1.75) | -0.59 (-2.03, 0.85) |
| 1.57 (-0.00, 3.14) | 1.05 (-0.63, 2.72) | 2.16 (0.13, 4.19) | 1.21 (-0.63, 3.06) | 1.73 (-0.31, 3.77) | 1.58 (0.02, 3.14) | NPCs | 2.15 (0.62, 3.68) | 1.80 (-0.22, 3.83) | 1.94 (-0.11, 3.98) | 1.94 (0.06, 3.47) | 1.97 (-0.06, 4.00) | 0.99 (-1.09, 3.07) |
| -0.58 (-0.95, -0.21) | -1.10 (-1.78, -0.43) | 0.01 (-1.33, 1.35) | -0.94 (-1.97, 0.10) | -0.42 (-1.77, 0.93) | -0.57 (-0.87, -0.26) | -2.15 (-3.68, -0.62) | Placebo | -0.35 (-1.67, 0.98) | -0.21 (-1.57, 1.15) | -0.38 (-1.52, 0.38) | -0.18 (-1.52, 1.15) | -1.16 (-2.57, 0.25) |
| -0.23 (-1.61, 1.14) | -0.76 (-2.25, 0.73) | 0.36 (-1.53, 2.24) | -0.59 (-2.27, 1.09) | -0.08 (-1.97, 1.82) | -0.22 (-1.58, 1.14) | -1.80 (-3.83, 0.22) | 0.35 (-0.98, 1.67) | RPCs | 0.14 (-1.76, 2.03) | -0.04 (-1.57, 1.49) | 0.16 (-1.72, 2.04) | -0.81 (-2.75, 1.12) |
| -0.37 (-1.78, 1.04) | -0.89 (-2.41, 0.62) | 0.22 (-1.69, 2.13) | -0.73 (-2.43, 0.98) | -0.21 (-2.13, 1.70) | -0.36 (-1.75, 1.04) | -1.94 (-3.98, 0.11) | 0.21 (-1.15, 1.57) | -0.14 (-2.03, 1.76) | SHED | -0.17 (-1.73, 1.38) | 0.03 (-1.88, 1.93) | -0.95 (-2.91, 1.01) |
| -0.19 (-1.03, 0.65) | -0.72 (-1.74, 0.30) | 0.40 (-1.15, 1.94) | -0.55 (-1.84, 0.74) | -0.04 (-1.59, 1.51) | -0.18 (-1.01, 0.64) | -1.76 (-3.47, -0.06) | 0.38 (-0.38, 1.15) | 0.04 (-1.49, 1.57) | 0.17 (-1.38, 1.73) | UC_MSCs | 0.20 (-1.34, 1.74) | -0.78 (-2.38, 0.83) |
| -0.39 (-1.78, 0.99) | -0.92 (-2.42, 0.58) | 0.19 (-1.70, 2.09) | -0.75 (-2.44, 0.94) | -0.24 (-2.14, 1.66) | -0.38 (-1.75, 0.99) | -1.97 (-4.00, 0.04) | 0.18 (-1.15, 1.52) | -0.16 (-2.04, 1.72) | -0.03 (-1.74, 1.34) | -0.20 (-1.93, 1.88) | USCs | -0.98 (-2.92, 0.96) |
| 0.58 (-0.87, 2.04) | 0.06 (-1.51, 1.62) | 1.17 (-0.77, 3.11) | 0.22 (-1.52, 1.97) | 0.74 (-1.21, 2.69) | 0.59 (-0.85, 2.03) | -0.99 (-3.07, 1.09) | 1.16 (-0.25, 2.57) | 0.81 (-1.12, 2.75) | 0.95 (-1.01, 2.91) | 0.78 (-0.83, 2.38) | 0.98 (-0.96, 2.92) | hAFSCs |

图 3-4-7　NMA 阶梯图

表 3-4-3　干预措施排序情况

| 干预措施 | 累积概率排序曲线下面积 | 最佳概率 | 平均排名 |
|---|---|---|---|
| NPCs | 94.9 | 73 | 1.6 |
| EPCs | 77.3 | 4.2 | 3.7 |
| hAFSCs | 72.3 | 13.4 | 4.3 |
| FMhMSCs | 67.7 | 4 | 4.9 |
| ADMSCs | 51.6 | 0 | 6.8 |
| MDMSCs | 51.3 | 0 | 6.8 |
| HAEC | 43.3 | 2 | 7.8 |
| UC_MSCs | 40.6 | 0.1 | 8.1 |
| RPCs | 39.7 | 1.3 | 8.2 |
| SHED | 34.3 | 0.9 | 8.9 |
| USCs | 33.8 | 0.7 | 8.9 |
| Fetal_Kidney_Cells | 25.5 | 0.5 | 9.9 |
| Placebo | 17.6 | 0 | 10.9 |

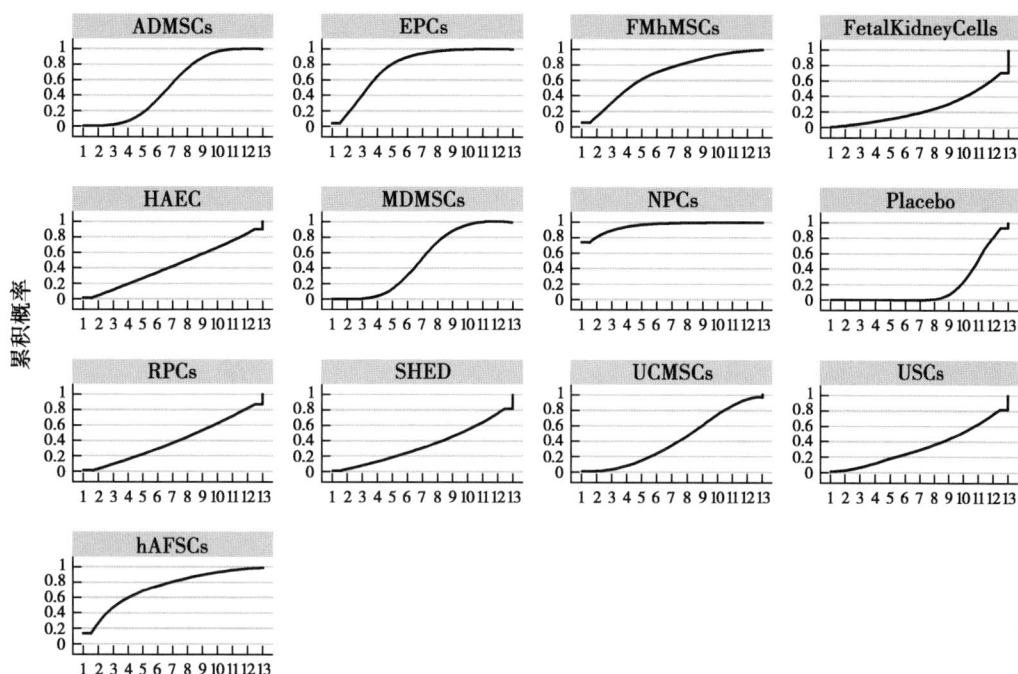

图 3-4-8 累积概率排序图

# 第七节 贡献图的绘制

绘制贡献图需先将数据格式转化为 pair 格式,命令为 network convert pairs,在 pair 数据格式下,在 Stata 命令窗口输入命令 netweight _y _stderr _t1 _t2,可生成该 NMA 的贡献图(图 3-4-9),该矩阵展示了各直接比较在 NMA 证据中所占的比例,direct comparisons in the network 显示直接比较的各对照措施,network meta-analysis estimates 显示 NMA 的结果,包括 mixed estimates 即混合比较的结果和 indirect estimates 间接比较的结果。由于本案例所构成的网状证据体不存在闭合环,在图 3-4-9 中可见,在图片上方 12 种干预措施与安慰剂的比较结果中,均为 100% 来自其各自与安慰剂的直接比较结果,而下方这 12 种干预措施之间的比较结果则均来自以安慰剂为桥梁的间接比较,例如 A *vs.* B 的结果中,50% 来源于 A *vs.* 安慰剂,另外 50% 来源于 B *vs.* 安慰剂。

该贡献图的绘制也可通过窗口操作实现,在命令窗口中输入 db netweight,即可出现贡献图绘制的窗口界面(图 3-4-10),研究者可在窗口界面中对 Variables specifying effect、Variables specifying the treatment 等菜单栏中进行设置,从而绘制贡献图。

通过以上步骤,即可在 Stata 软件中实现 NMA 的数据准备、统计分析、结果图表的绘制等全部过程,所输出的数据结果可直接复制或导出为 Excel 表格并进行美化,所绘制出的图可在 Stata 自带的图片编辑器中修改图中文字大小、位置、图案颜色等,并可保存为常用的 jpg、png、tif 等格式的清晰图片,在后续撰写报告或文章时使用较为方便,整体 NMA 分析过程的命令代码还可保存为 .do 格式的代码文件,方便结果重复和后续使用。

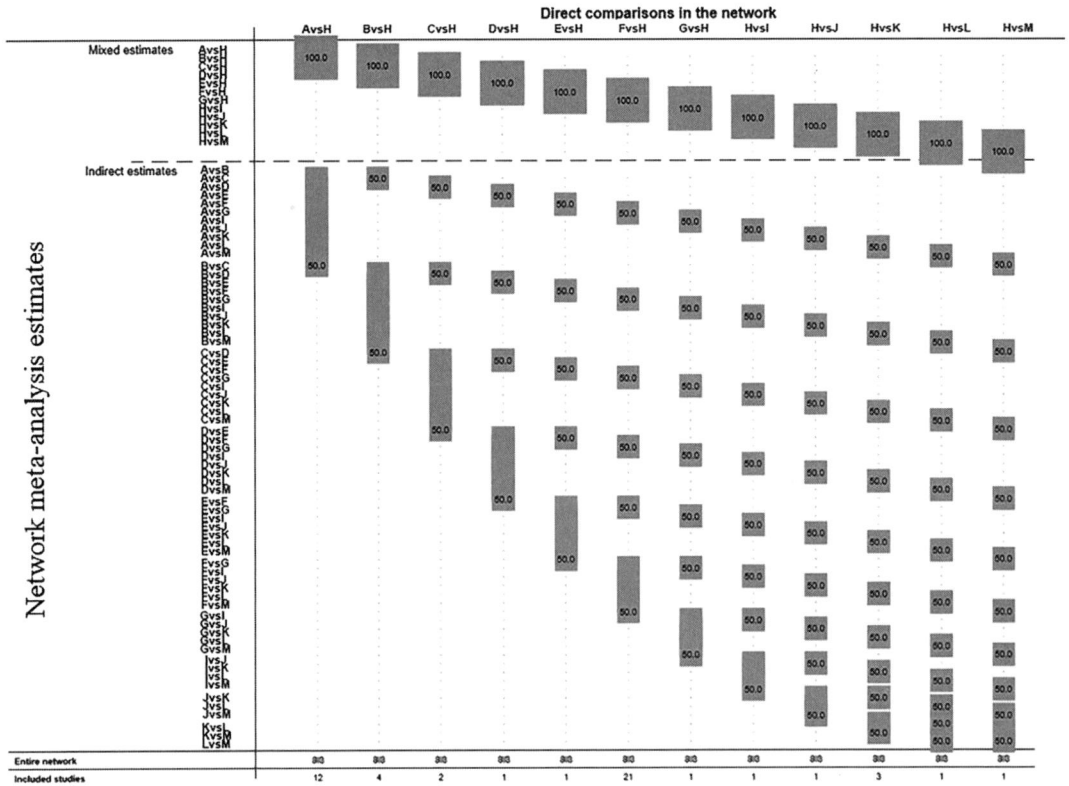

图 3-4-9　贡献图

A~M 分别表示 ADMSCs、EPCs、FMhMSCs、Fetal Kidney Cells、HAEC、MDMSCs、NPCs、Placebo、RPCs、SHED、UC_MSCs、USCs、hAFSCs

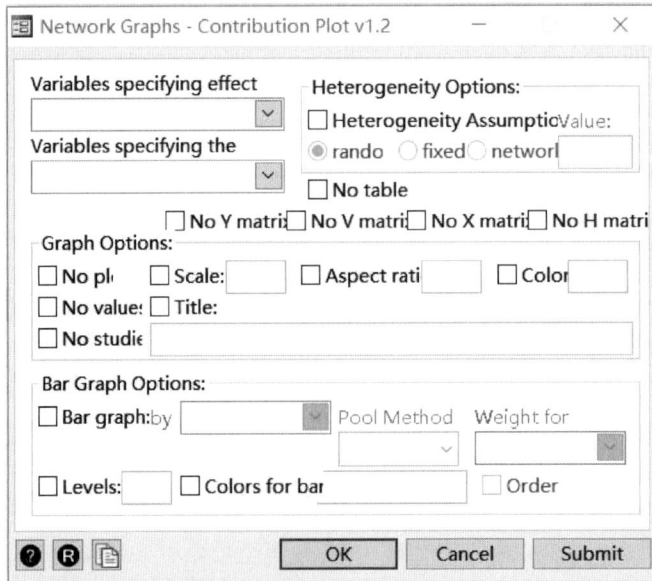

图 3-4-10　贡献图绘制窗口界面

# 第八节　发表偏倚的评估

network 程序包可通过 netfunnel 命令绘制校正比较漏斗图来评估研究是否存在发表偏倚,同样在 pair 数据格式下,键入命令 netfunnel _y _stderr _t1 _t2,或键入命令 netfunnel _y _stderr _t1 _t2 , random bycomp add(lfit _stderr _ES _CEN)noalpha,绘制区分比较对且包含回归线的校正比较漏斗图(图 3-4-11,彩图见文末彩插),可见本案例中不同比较对分别以不同颜色的点显示在校正比较漏斗图中,不同比较对基本对称,可认为该 NMA 存在发表偏倚的可能性较小。

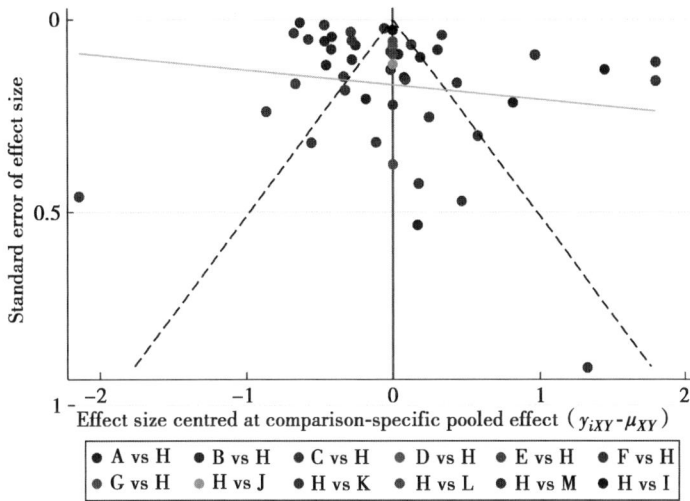

图 3-4-11　校正比较漏斗图

A~M 分别表示 ADMSCs、EPCs、FMhMSCs、Fetal Kidney Cells、HAEC、MDMSCs、NPCs、Placebo、RPCs、SHED、UC_MSCs、USCs、hAFSCs;Effect size centred at comparison-specific pooled effect:以比较特定的合并效应为中心的效应大小;Standard error of effect size:效应量的标准误

参考文献

1. SHANG Z, JIANG Y, GUAN X, et al. Therapeutic effects of stem cells from different source on renal ischemia-reperfusion injury:A systematic review and network meta-analysis of animal studies[J]. Front Pharmacol, 2021, 12:713059.

2. 张天嵩,钟文昭,李博.实用循证医学方法学[M].3 版.武汉:中南大学出版社,2021.

3. 田金徽,李伦.网状 Meta 分析方法与实践[M].北京:中国医药科技出版社,2017.

4. HIGGINS J P, JACKSON D, BARRETT J K, et al. Consistency and inconsistency in network Meta-analysis:concepts and models for multi-arm studies[J]. Res Synth Methods, 2012, 3(2):98-110.

5. BUCHER H C, GUYATT G H, GRIFFITH L E, et al. The results of direct and indirect treatment comparisons in Meta-analysis of randomized controlled trials[J]. J Clin Epidemiol, 1997, 50(6):683-691.

6. CHAIMANI A, SALANT G. Using network Meta-analysis to evaluate the existence of small-study effects in a network of interventions[J]. Res Synth Methods, 2012, 3(2):161-176.

7. KRAHN U, BINDER H, KÖNIG J. A graphical tool for locating inconsistency in network Meta-analyses[J]. BMC Med Res Methodol, 2013, 9(13):35.

# 第五章　meta 分析在 R 软件中的实现

## 第一节　简介与安装

R 作为一种免费开放性平台,主要用于统计分析、绘图及数据挖掘,是制作 meta 分析的常用软件之一。目前该软件是由 R 核心小组负责开发,除其自身携带的基础程序包外,其他功能性程序包均由自由研发者开发与更新,且均可免费下载与安装使用。

R 综合典藏网(comprehensive R archive network,CRAN)于 1997 年 4 月 23 日正式上线。CRAN 除了收藏了 R 的可执行文件下载版、源代码和帮助文档外,也收录了各种用户撰写的程序包。CRAN 最早有 3 个镜像及 12 个程序包。截至 2024 年 11 月 11 日,CRAN 已有 107 个镜像站及 19 607 个程序包。

### 一、R 软件的下载

R 软件的最新信息可从其官方网站中获取。图 3-5-1 为官方网站的界面。按图中①②的顺序,通过界面中 download R 或左侧菜单栏 Download——CRAN,进入选择镜像界面。

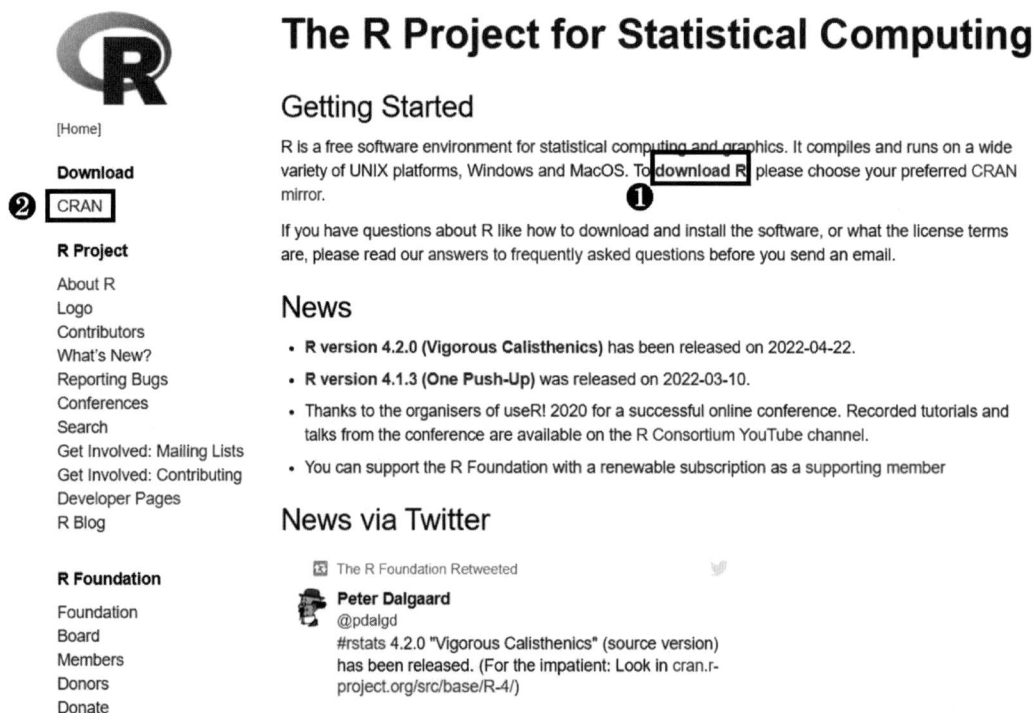

图 3-5-1　R 软件官网界面

清华大学、北京大学、中国科学技术大学等国内多所大学已建立了镜像服务。为保证下载速度,可选择中国的镜像地址,进入到 R 软件下载界面。

## 二、R 软件的安装

R 软件官方网站中提供了不同的安装包,以适用于不同的计算机系统。当前可在 Linux(Debian, Fedora/Redhat, Ubuntu)系统、MacOS 系统和 Windows 系统上运行。当前最新版本为 2024 年 10 月 31 日发布的 4.4.2 版本。本章演示内容均在 Windows 10 的 64 位操作系统中进行。从官方网站下载 R 软件安装包之后,使用鼠标双击安装包即可安装该程序。注意在安装 R 软件时,尽量避免安装路径中出现中文字符,以免出现代码报错或绘图异常的问题。

安装成功后,打开 R 软件的应用程序 Rgui.exe,即可出现 R 软件的运行界面(图 3-5-2)。该界面所显示的控件比较简洁,主要包括菜单栏、工具栏和代码运行界面。

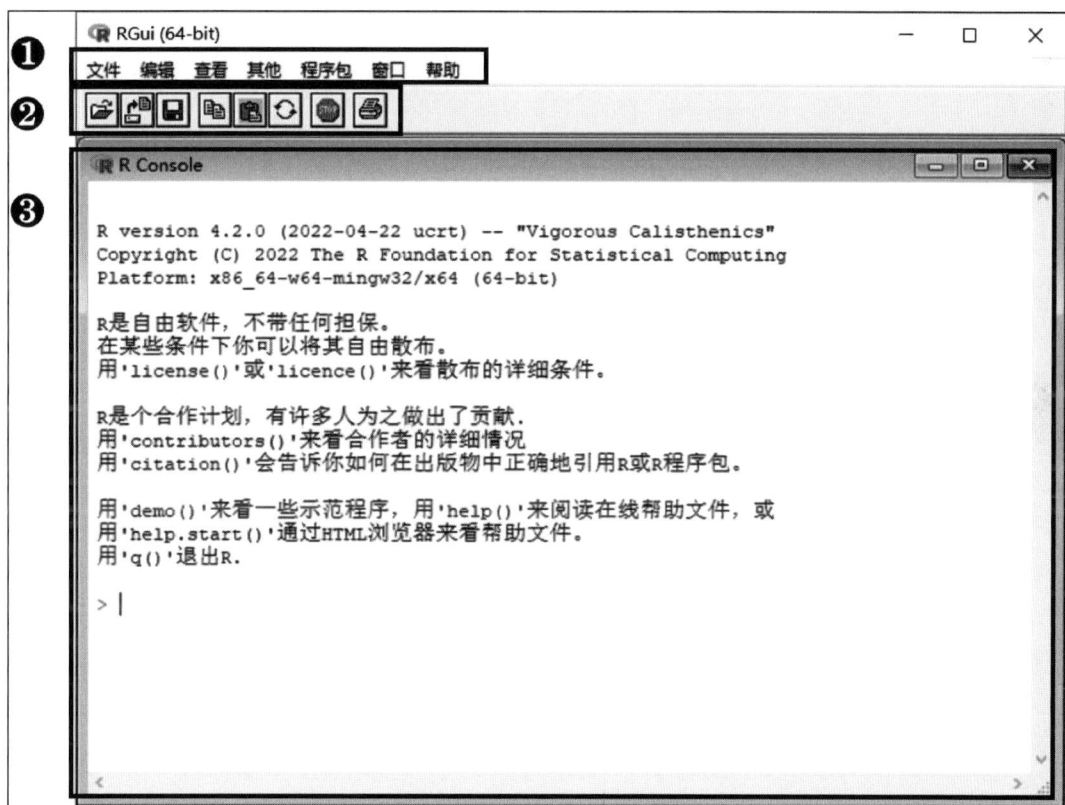

**图 3-5-2　R 软件运行主界面**
①菜单栏;②工具栏;③代码运行界面

## 三、程序包的安装

首次使用 R 软件除基础程序包不需要下载安装外,其他功能性程序包均需要安装。R 的程序包安装形式多样化且各具特色,主要分为在线安装与离线安装,分别作下述简介。

**1. 在线命令式安装**　此种安装方法操作简单、便捷,可同时安装多个程序包。需要注意的是,R 软件在输入命令时,所有字符和标点符号必须为英文字符。以 meta 程序包为例,具体安装代码为 install.packages（"meta"）。若需要同时安装多个程序包时,可使用下述命令来实现：install.packages（c（"pkg1","pkg2","pkg3"，…））。其中 pkg1、pkg2、pkg3······分别为依次排列的不同程序包的名称。

**2. 在线菜单式安装**　按图 3-5-3 中①②③的顺序,打开 R 软件界面,单击菜单栏程序包,在出现的下拉菜单中可以看到安装程序包,点击后即弹出图 3-5-4 中镜像选择对话框（Secure CRAN mirrors）,每个镜像均存放着相应的程序包,本例选取 China（Beijing 2）[https]作为选用的镜像库。选择后即弹出选择程序包（Packages）的对话框（图 3-5-5）,库中程序包均可下载使用,且可执行单个或同时执行多个程序包安装。本例选择 meta 程序包作为安装示例,选中后点击确定即可完成该程序包的安装。

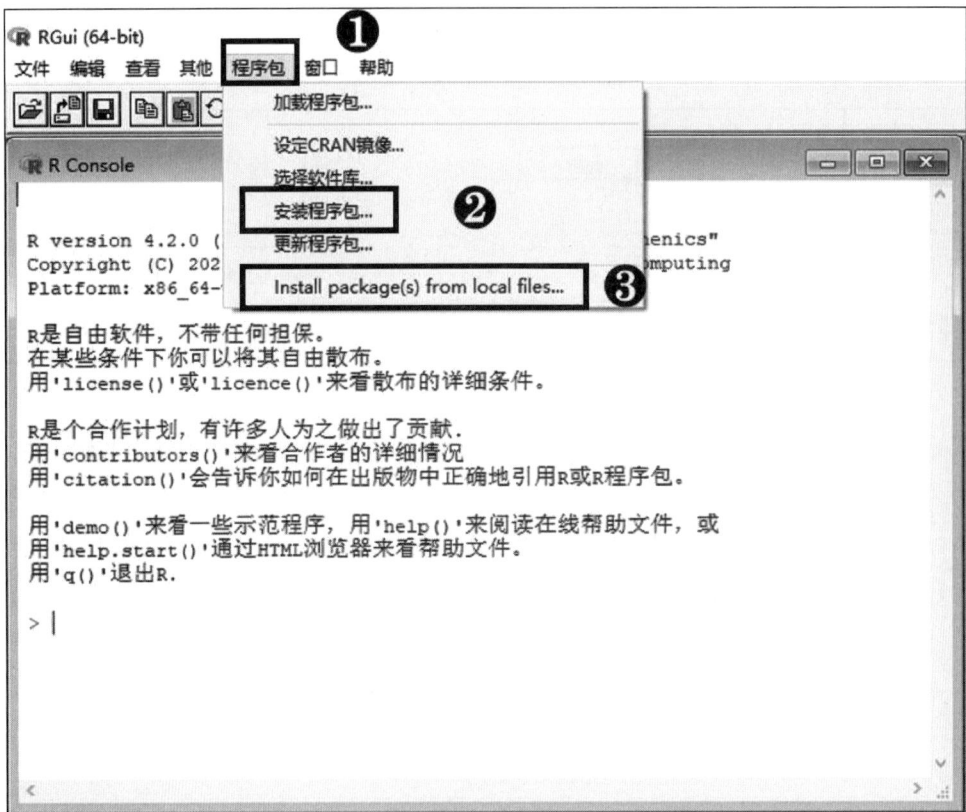

图 3-5-3　R 软件程序包在线菜单式安装界面

**3. 离线安装**　此种安装方式需要首先下载相应的程序包,程序包的格式为 ".zip",安装包程序库地址为 https://cloud.r-project.org/,在页面左侧菜单栏选择 Packages,即可跳转至可用的程序包页面,根据程序包的更新日期或者名称,选择进入具体程序包列表,在此列表中点击需要下载的程序包,进入程序包详情页面,下载相应程序包安装文件。本例所使用的 meta 程序包的版本格式为 "meta_5.2-0.zip"。具体操作方法为：单击图 3-5-3 中 Install package（s）from local files... 按钮,即可选择已下载完成的程序包来实现离线安装。若想查看 R 平台已安装的程序包,可通过执行以下命令来实现：.packages（all.available= TRUE）。

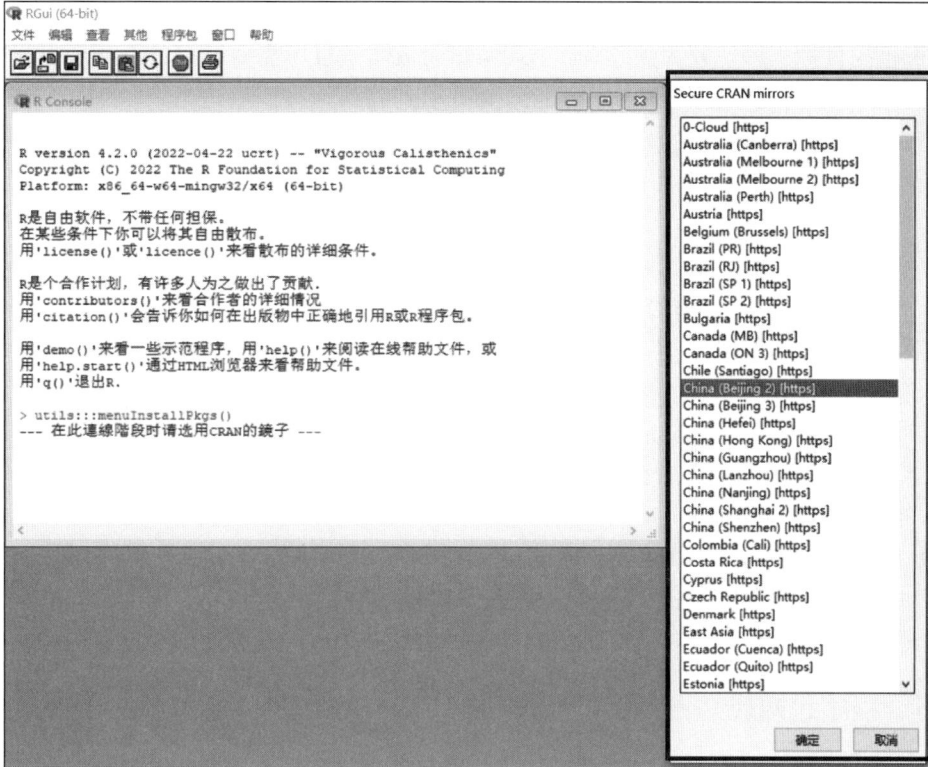

图 3-5-4　选择镜像界面

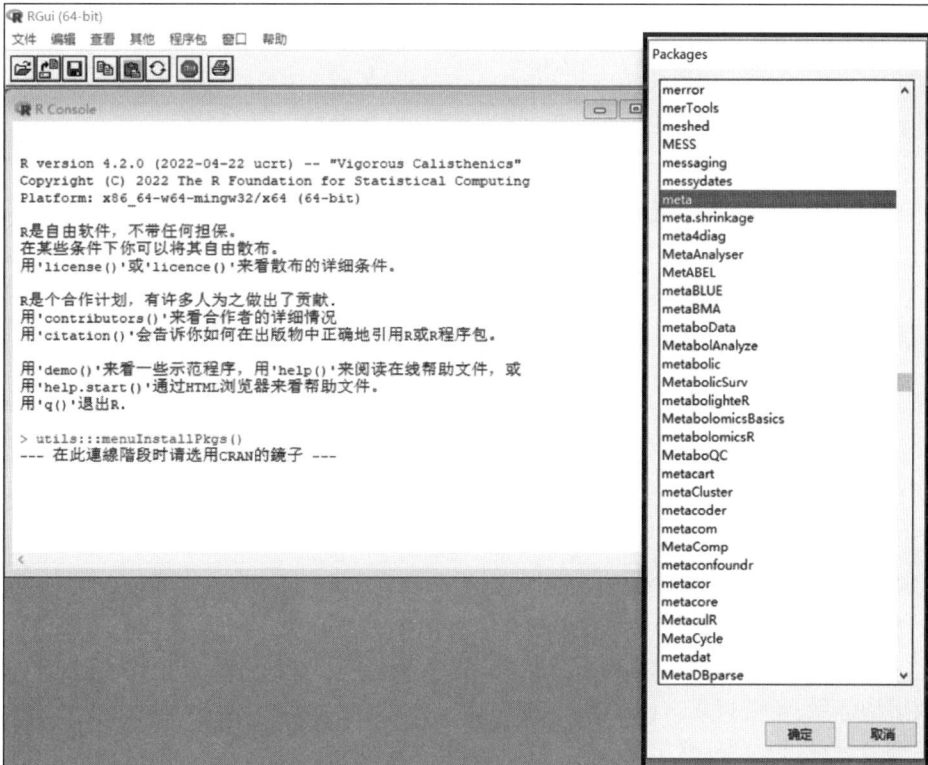

图 3-5-5　选择安装程序包界面

总的来说,上述三种程序包下载安装方式形式各具优缺点。菜单式操作简单,但镜像众多,使得查找目标程序包较为烦琐;命令式操作简洁明了且不需要过多的人为触控操作;这两种安装方式还可对目标程序包中可能需要借用到的其他程序包进行自动识别与安装,且所有程序包均为镜像库所收录;离线安装需自行下载程序包文件,安装时仅执行目标程序包的安装。当前,大多采用命令式操作和菜单式操作安装程序包。

### 四、程序包的加载

R 语言平台通常所使用的程序包大多为自由编译汇编而成,因此这些程序包与 R 语言平台本身相对"独立",故操作者可依据需要和个人习惯选择加载,但操作者需在每次启动 R 后和使用程序包前执行加载步骤。加载方式主要分为菜单式与命令式。

**1. 菜单式加载** 菜单式加载形式与菜单式安装形式类似,其操作可参考菜单式安装执行。主要方法为在图 3-5-3 中点击"安装程序包…"即可实现,同时弹出的可选窗口中所储存的程序包状态为已安装。

**2. 命令式加载** 相对菜单式加载而言,命令式加载形式较为简洁方便,仍以 meta 程序包为例,加载单个程序包的命令为 library(meta)。

上述两种加载方式基本一致,可依操作者习惯和需求进行选择。

### 五、程序包卸载

R 语言平台不仅可以即时安装与加载程序包,还可对相应程序包进行卸载,以便于优化储存。

卸载主要执行方式为命令式,具体命令如下:remove.packages("meta", lib=file.path("C:\Program Files\R\R-4.2.0\library"))。其中的"C:\Program Files"表明本例将 R 安装在 C 盘的"Program Files"文件夹下方,这也为默认的安装方式;当然,有些系统盘为 D 盘。对于 R 软件安装的磁盘及文件夹,使用者可在安装时自行选择。

## 第二节 数据录入与读取

R 语言是面对对象的编程处理软件,数据就为其重要的对象之一。R 语言拥有的数据的基本类型众多,常见的有标量、向量、矩阵、数组及列表等,为了更好地体现常见的数据变量特征及数据赋值,在本节将以实例作为展示。基于本书旨在介绍动物实验 meta 分析,在本节也将以相应的实例展示各种储存数据类型的读取。

### 一、数据的录入

数据录入是进行数据分析必不可少的步骤之一,数据集可依据操作者的需求而划分为不同类型,且其赋值也有所差异。

**1. 标量** 通常指只含有一个元素的对象。可依据元素类型将其分为不同类型,依次为数值型、字符型或逻辑性。具体如下:

数字型标量:a<- 1;
字符型标量:b<- "one";
逻辑型标量:c<- "TRUE"。

值得注意的是,R 语言是严格区分大小写的。因此,尽管字符型元素设定大小写均可,但逻辑型元素只能为大写,且字符型元素不能与逻辑型元素相冲突,否则 R 软件将视为逻辑型元素处理,其原则是基于逻辑型元素级别优于字符型元素的设计。

**2. 向量** 通常指一串具有相同数据类型的数据集组合。向量同样分为数字型、字符型和逻辑型,其赋值方式与标量基本一致,但需使用"c( )"标示符。具体如下:

数字型变量:a<- c( 1, 2, 3, 4 );

字符型变量:b<- c( "one", "two", "three", "four" );

逻辑型变量:c<- c( "TRUE", "TRUE", "FALSE", "TRUE" )。

**3. 矩阵** 通常是指一组具有相同数据类型的二维数据集。其同样分为数字型、字符型或逻辑型。矩阵创建通常需要使用函数"matrix( )"来予以实现,可通过不同参数设定来生成不同类型或数字的矩阵。具体如下:

矩阵 1:创建 3×3 矩阵,数值由 1~9 按列填充。

```
A<-matrix(1:9,nrow=3,ncol=3)
> A
     [,1]      [,2]      [,3]
[1,]  1         4         7
[2,]  2         5         8
[3,]  3         6         9
```

矩阵 2:创建 4×3 矩阵,数值由 1~12 按行填充。

```
B<-matrix(1:12,nrow=4,ncol=3,byrow=TRUE)
> B
     [,1]      [,2]      [,3]
[1,]  1         2         3
[2,]  4         5         6
[3,]  7         8         9
[4,]  10        11        12
```

矩阵 3:创建 4×5 矩阵,数值由 1~20 按行填充,同时分别对行与列进行标注。

```
C<-matrix(1:20,nrow=4,ncol=5,byrow=TRUE,dimnames=list(c("row1",
"row2","row3","row4"),c("col1","col2","col3","col4","col5")))
> C
      col1      col2      col3      col4      col5
row1   1         2         3         4         5
row2   6         7         8         9         10
row3   11        12        13        14        15
row4   16        17        18        19        20
```

**4. 数组** 通常指具有相同数据类型的多维数据集(维数≥2)。其与矩阵类似,但需使用函数"array( )"予以创建。具体如下:

创建三维数组（2×3×4）且分别对三个维度进行命名：

```
dim1<-c("row1","row2")
dim2<-c("col1","col2","col3")
dim3<-c("D1","D2","D3","D4")
A<-array(1:24,c(2,3,4),dimnames=list(dim1,dim2,dim3))
> A
        ,,D1
        col1        col2        col3
row1    1           3           5
row2    2           4           6


        ,,D2
        col1        col2        col3
row1    7           9           11
row2    8           10          12


        ,,D3
        col1        col2        col3
row1    13          15          17
row2    14          16          18


        ,,D4
        col1        col2        col3
row1    19          21          23
row2    20          22          24
```

**5. 列表** 通常是指将多个相同或不同数据类型的数据集进行集合。列表与矩阵和数据不同的是,其可以合并不同的数据类型。列表需使用函数"list( )"来进行创建,具体如下:

```
a<-1
b<-c("one","two","three","four")
c<-matrix(1:9,nrow=3,ncol=3)
A<-list(a,b,c)
> A
[[1]]
[1]     1


[[2]]
[1]     "one" "two" "three"   "four"
```

```
[[3]]
        [,1]        [,2]        [,3]
[1,]    1           4           7
[2,]    2           5           8
[3,]    3           6           9
```

**6. 数据集手工键入**　基于 R 语言平台自身的数据创建,不仅可通过上述命令式,还可使用其自身数据编辑框来手动实现。手工键入的方式较为直观,但操作相对烦琐,对于大型数据录入不建议使用。

在打开数据编辑器之前,操作者需要事先使用"data.frame( )"命令来建立数据集,具体如下:

```
data<-data.frame(authors=character(0),year=character(0),
SMD=numeric(0),LCI=numeric(0),UCI=numeric(0),Subgroup=numeric
(0))
    data<-edit(data)
```

上述代码中,"character( )"与"numeric( )"分别为字符型与数值型。值得注意的是,字符型变量列除了可键入数值,还可键入字符,而数值型变量列仅能键入数值。

命令执行后的界面如图 3-5-6 所示。

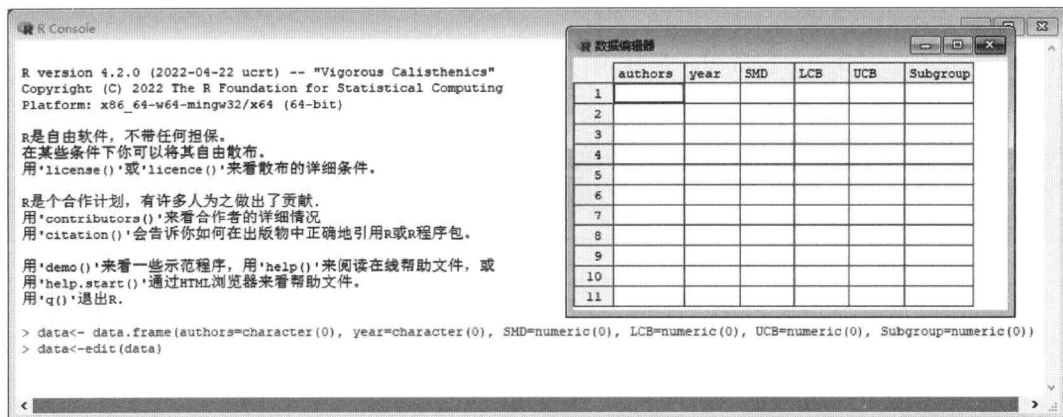

**图 3-5-6　数据编辑器界面**

## 二、数据的读取

除手动录入数据外,也可使用命令读取储存在文件中的数据。当前,由于各种软件层出不穷且各自之间的兼容性不佳,致使数据间储存形式各异,这给软件的交叉使用带来了不便。为解决这一问题,R 语言对于不同数据读写采用不同的命令形式。下面将以常见数据储存格式为例来进行实例操作,给出读取 Microsoft Excel 软件、文本数据、SPSS 软件、Stata 软件和 SAS 软件的数据的方法,具体见表 3-5-1。在读取数据文件时,根据自己文件所在位置修改命令中文件的存储路径,注意将文件路径中的斜线"\"改为反斜线"/"。本示例的数据存储路径为电脑桌面的"Rwork"文件夹中。

表 3-5-1　不同数据类型的读取

| 读取文件格式 | 数据储存格式 | 读取命令 | 使用函数 | 辅助程序包 |
|---|---|---|---|---|
| 文本数据 | .txt | data<-read.table（"C:/Users/Administrator/Desktop/Rwork/data.txt", header=TRUE, sep="", na.strings="NA", dec=".", strip.white=TRUE） | read.table（） | base |
| SPSS 数据 | .sav | data<-spss.get（"C:/Users/Administrator/Desktop/Rwork/data.sav", use.value.labels=TRUE） | spss.get（） | Hmisc, foreign |
| Stata 数据 | .dta | data<-read.dta（"C:/Users/Administrator/Desktop/Rwork/data.dta"） | read.dta（） | foreign |
| SAS 数据 | .csv | data<-read.table（"C:/Users/Administrator/Desktop/Rwork/data.csv", header=TRUE, sep="", na.strings="NA", dec=".", strip.white=TRUE） | read.table（） | base |
| Excel 数据 | .xlsx/.xls | data<-read.xlsx（"C:/Users/Administrator/Desktop/Rwork/data.xlsx", 1, header=TRUE） | read.xlsx（） | xlsx |

参数 header 与 use.value.labels 均为指代数据题头是否为数据变量标签，参数 na.strings 为缺失值

# 第三节　异质性检验与合并效应量的计算

在本节以 R 软件 meta 程序包为例进行动物实验 meta 分析的演示。以"ANTONIUK S, BIJATA M, PONIMASKIN E, et al. Chronic unpredictable mild stress for modeling depression in rodents: Meta-analysis of model reliability. Neurosci Biobehav Rev, 2019, 99: 101-116."文献中的数据为例（表 3-5-2）。该研究的目的是，对采用慢性不可预知温和应激（CUMS）范式评估啮齿动物抑郁行为的动物实验进行 meta 分析，并根据该模型的主要终点之一"快感缺失"（基于蔗糖偏好测试评估）来识别不同动物品系对压力的敏感性和特异性。

表 3-5-2　示例数据

| 作者（Author） | 年份（Year） | Mean1 | SD1 | n1 | Mean2 | SD2 | n2 | Weeks |
|---|---|---|---|---|---|---|---|---|
| Allaman | 2008 | 6.17 | 3.31 | 8 | 13.37 | 4.36 | 8 | 7 |
| Calabrese | 2016 | 6.00 | 2.85 | 10 | 11.00 | 2.53 | 10 | 7 |
| Calabrese | 2017 | 5.02 | 2.64 | 6 | 12.54 | 3.15 | 6 | 7 |
| Dallmann | 2011 | 6.81 | 1.19 | 8 | 12.47 | 3.76 | 8 | 7 |
| Duda | 2016 | 5.48 | 1.69 | 7 | 12.37 | 3.70 | 7 | 7 |
| Faron-Górecka | 2018 | 6.79 | 3.00 | 10 | 9.89 | 0.35 | 10 | 7 |
| Nowak | 2006 | 6.44 | 2.55 | 8 | 13.31 | 3.05 | 8 | 7 |
| Papp | 2003 | 8.30 | 1.30 | 8 | 12.90 | 3.39 | 8 | 7 |
| Papp | 2017a | 5.35 | 1.22 | 6 | 13.25 | 1.69 | 6 | 7 |
| Papp | 2017b | 5.17 | 1.98 | 8 | 9.70 | 1.95 | 8 | 7 |

| 作者 ( Author ) | 年份 ( Year ) | Mean1 | SD1 | n1 | Mean2 | SD2 | n2 | Weeks |
|---|---|---|---|---|---|---|---|---|
| Pochwat | 2014 | 5.87 | 4.02 | 8 | 11.46 | 3.31 | 8 | 7 |
| Rossetti | 2016 | 6.83 | 3.83 | 10 | 12.12 | 6.17 | 10 | 7 |
| Brocco | 2006 | 8.59 | 4.30 | 8 | 14.46 | 6.17 | 8 | 8 |
| Dekeyne | 2008 | 7.51 | 1.75 | 8 | 16.15 | 5.32 | 8 | 8 |
| Dekeyne | 2012 | 8.82 | 2.40 | 8 | 15.12 | 5.37 | 8 | 8 |
| Millan | 2004 | 6.39 | 2.55 | 8 | 12.53 | 2.04 | 8 | 8 |
| Możdżeń | 2014 | 6.28 | 2.45 | 6 | 13.25 | 3.40 | 6 | 8 |
| Papp | 2000 | 7.88 | 1.75 | 8 | 11.91 | 4.55 | 8 | 8 |
| Sowa-Kuszma | 2008 | 5.76 | 4.78 | 8 | 16.61 | 3.11 | 8 | 8 |
| Sánchez and Papp | 2000 | 7.33 | 1.33 | 8 | 13.11 | 3.59 | 8 | 8 |
| Csabai | 2018 | 4.29 | 1.74 | 4 | 18.58 | 3.38 | 4 | 9 |
| Gittos and Papp | 2001 | 8.78 | 3.71 | 8 | 12.71 | 3.90 | 8 | 9 |
| Muñoz and Papp | 1999 | 9.54 | 2.80 | 8 | 15.60 | 1.10 | 8 | 9 |
| Papp and Wieronska | 2000 | 7.73 | 1.53 | 8 | 14.59 | 3.03 | 8 | 9 |

Mean1、SD1、n1 分别代表干预组蔗糖摄取的均值数、标准差和样本量；Mean2、SD2、n2 分别代表对照组蔗糖摄取的均值数、标准差和样本量；Weeks 代表干预的时间（周数）

## 一、软件的准备

首先按照前述方法下载安装 R 软件，安装 meta 程序包和 excel 程序包。程序包安装、加载命令如下：

```
install.packages(c("meta","xlsx"))
library(meta)
library(xlsx)
```

## 二、数据的准备与加载

首先，将表 3-5-2 中的数据存储在 D 盘 Rwork 文件夹中的 "example.xlsx" 文件中（文件路径为 D:\Rwork\example.xlsx），随后通过命令读取并加载。命令如下：

```
example<-"D:/Rwork/example.xlsx"
data1<-read.xlsx(example,1)
data1
```

命令运行后界面如图 3-5-7 所示。

## 三、数据分析

数据加载完毕后，即可进行数据分析。R 软件 meta 程序包通过 "metacont( )" 命令实现连续型数据的 meta 分析。"metacont( )" 命令的内容如下：

**图 3-5-7　程序包加载及数据读取**

```
metacont(n.e,mean.e,sd.e,n.c,mean.c,sd.c,studlab,data=NULL,
subset=NULL,exclude=NULL,id=NULL,median.e,q1.e,q3.e,min.e,max.
e,median.c,q1.c,q3.c,min.c,max.c,method.mean="Luo",method.
sd="Shi",approx.mean.e,approx.mean.c=approx.mean.e,approx.
sd.e,approx.sd.c=approx.sd.e,sm=gs("smcont"),pooledvar=gs
("pooledvar"),method.smd=gs("method.smd"),sd.glass=gs("sd.
glass"),exact.smd=gs("exact.smd"),method.ci=gs("method.ci.cont"),
level=gs("level"),level.ma=gs("level.ma"),fixed=gs("fixed"),
random=gs("random")||!is.null(tau.preset),overall=fixed|random,
overall.hetstat=fixed|random,hakn=gs("hakn"),adhoc.hakn=gs
("adhoc.hakn"),method.tau=gs("method.tau"),method.tau.ci=gs
("method.tau.ci"),tau.preset=NULL,TE.tau=NULL,tau.common=gs
("tau.common"),prediction=gs("prediction"),level.predict=gs
("level.predict"),method.bias=gs("method.bias"),backtransf=gs
("backtransf"),text.fixed=gs("text.fixed"),text.random=gs
("text.random"),text.predict=gs("text.predict"),text.w.fixed=gs
("text.w.fixed"),text.w.random=gs("text.w.random"),title=gs
("title"),complab=gs("complab"),outclab="",label.e=gs("label.e"),
```

```
label.c=gs("label.c"),label.left=gs("label.left"),label.right=gs
("label.right"),subgroup,subgroup.name=NULL,print.subgroup.name=gs
("print.subgroup.name"),sep.subgroup=gs("sep.subgroup"),test.
subgroup=gs("test.subgroup"),prediction.subgroup=gs("prediction.
subgroup"),byvar,keepdata=gs("keepdata"),warn=gs("warn"),warn.
deprecated=gs("warn.deprecated"),control=NULL,...)
```

该命令内容较为复杂,但在日常使用时仅涉及其中几个主要参数,命令中:n.e、mean.e、sd.e 分别为干预组的样本量、均数和标准差;n.c、mean.c、sd.c 分别为对照组的样本量、均数和标准差;data 为指定的数据集;sm 为合并效应量的类型,如 $MD$、$SMD$ 或 $RoM$。

本例中采用 $SMD$ 作为合并效应量,具体函数命令如下:

```
meta<-metacont(n.e=data1$n1,mean.e=data1$Mean1,sd.e=data1$SD1,
n.c=data1$n2,mean.c=data1$Mean2,sd.c=data1$SD2,data=data1,sm="SMD")
meta
```

此段命令中,n.e=data1$n1 指干预组的样本量是 data1 数据集中 n1 的数据,类似地,data1$Mean1、data1$SD1、data1$n2、data1$Mean2、data1$SD2 分别指 data1 数据集中 Mean1、SD1、n2、Mean2 和 SD2 的数据。将最终计算结果赋值给"meta",便于后续绘制森林图及其他分析。

命令运行后,结果见图 3-5-8。

从图 3-5-8 中可见,共计纳入 24 项研究,总样本量为 374 只。固定效应模型和随机效应模型结果均为:$SMD=-1.782\ 3$,$95\%CI(-2.039\ 1,-1.525\ 5)$,$p<0.000\ 1$。研究间异质性小($I^2=10.5\%$,$p=0.315\ 3$)。

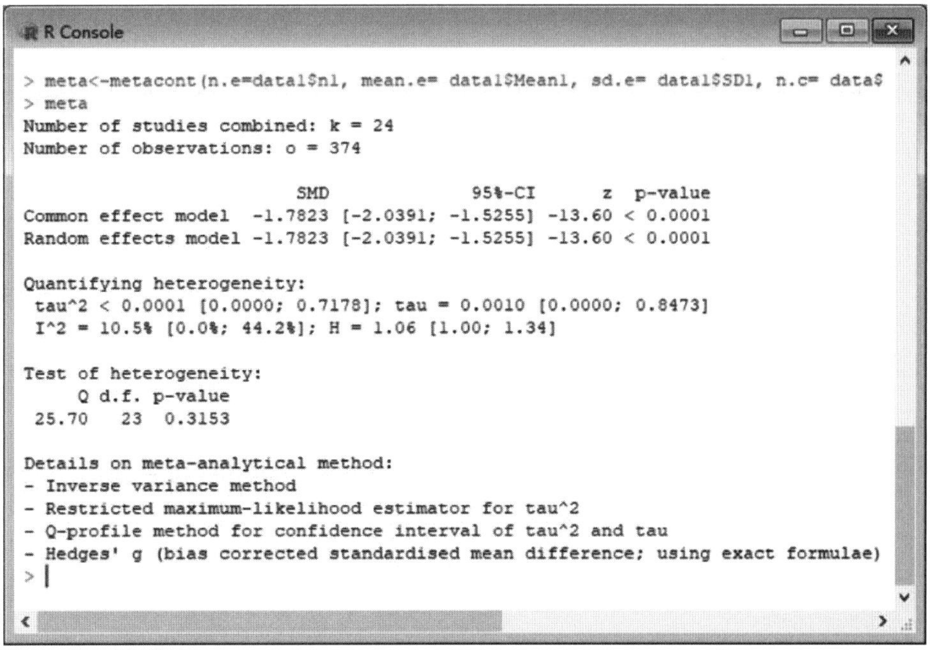

图 3-5-8　metacont 命令执行后结果

### 四、亚组分析

在进行亚组分析时,只需对"metacont( )"命令中的参数 subgroup 进行定义即可。示例数据中,根据干预时间的不同分为三个亚组,分别为 7 周、8 周和 9 周。命令如下:

```
metasubgroup<-metacont(n.e=data1$n1,mean.e=data1$Mean1,sd.e=
data1$SD1,n.c=data1$n2,mean.c=data1$Mean2,sd.c=data1$SD2,data=
data1,sm="SMD",subgroup=data1$Weeks)
    metasubgroup
```

运行结果不再进行展示。

## 第四节　森林图的绘制

根据上述命令计算的结果即可绘制森林图。R 软件 meta 程序包绘制森林图的命令非常简单,且森林图内容包含信息比较全面。绘制森林图的命令为 forest( meta )。其中 meta 为上节统计分析的合并效应量。

由于不同 meta 分析纳入的研究数目不同,绘制出的森林图大小也不同,因此,在输入绘制森林图命令后,弹出的森林图对话框可能需要使用鼠标拖动边框来使森林图显示完全。绘制的森林图见图 3-5-9。

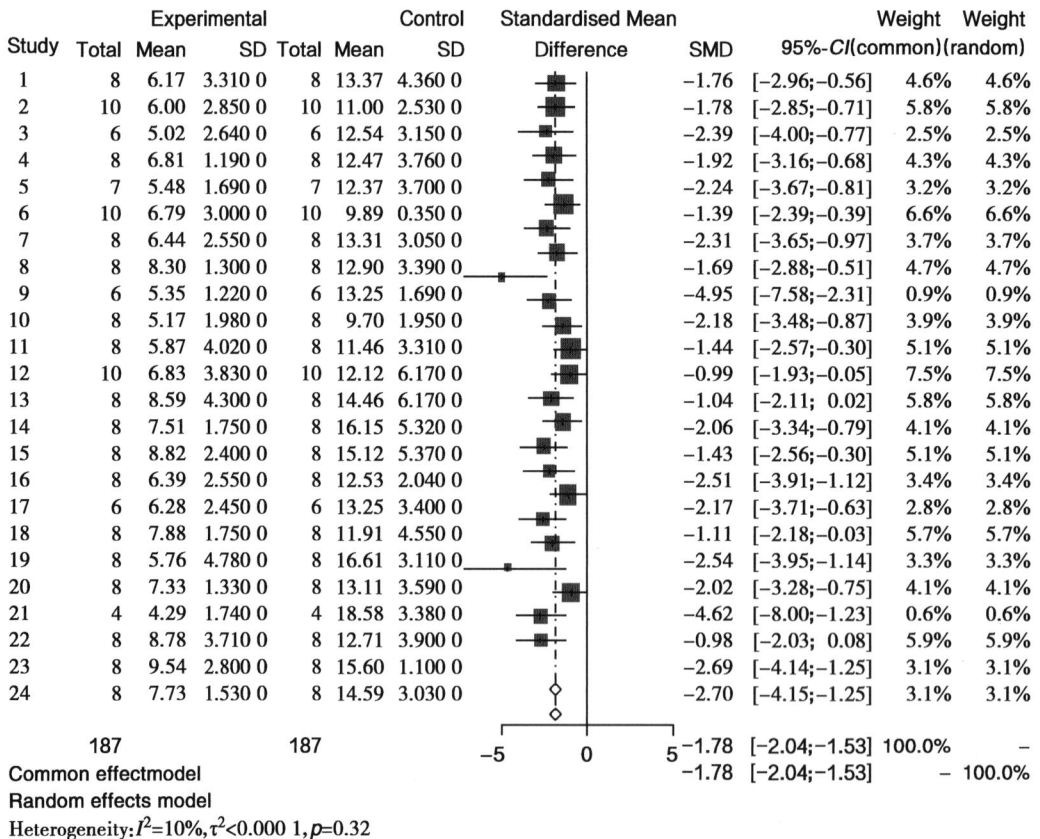

| Study | Experimental | | | Control | | | Standardised Mean Difference | SMD | 95%-CI | Weight (common) | Weight (random) |
|---|---|---|---|---|---|---|---|---|---|---|---|
| | Total | Mean | SD | Total | Mean | SD | | | | | |
| 1 | 8 | 6.17 | 3.310 0 | 8 | 13.37 | 4.360 0 | | −1.76 | [−2.96;−0.56] | 4.6% | 4.6% |
| 2 | 10 | 6.00 | 2.850 0 | 10 | 11.00 | 2.530 0 | | −1.78 | [−2.85;−0.71] | 5.8% | 5.8% |
| 3 | 6 | 5.02 | 2.640 0 | 6 | 12.54 | 3.150 0 | | −2.39 | [−4.00;−0.77] | 2.5% | 2.5% |
| 4 | 8 | 6.81 | 1.190 0 | 8 | 12.47 | 3.760 0 | | −1.92 | [−3.16;−0.68] | 4.3% | 4.3% |
| 5 | 7 | 5.48 | 1.690 0 | 7 | 12.37 | 3.700 0 | | −2.24 | [−3.67;−0.81] | 3.2% | 3.2% |
| 6 | 10 | 6.79 | 3.000 0 | 10 | 9.89 | 0.350 0 | | −1.39 | [−2.39;−0.39] | 6.6% | 6.6% |
| 7 | 8 | 6.44 | 2.550 0 | 8 | 13.31 | 3.050 0 | | −2.31 | [−3.65;−0.97] | 3.7% | 3.7% |
| 8 | 8 | 8.30 | 1.300 0 | 8 | 12.90 | 3.390 0 | | −1.69 | [−2.88;−0.51] | 4.7% | 4.7% |
| 9 | 6 | 5.35 | 1.220 0 | 6 | 13.25 | 1.690 0 | | −4.95 | [−7.58;−2.31] | 0.9% | 0.9% |
| 10 | 8 | 5.17 | 1.980 0 | 8 | 9.70 | 1.950 0 | | −2.18 | [−3.48;−0.87] | 3.9% | 3.9% |
| 11 | 8 | 5.87 | 4.020 0 | 8 | 11.46 | 3.310 0 | | −1.44 | [−2.57;−0.30] | 5.1% | 5.1% |
| 12 | 10 | 6.83 | 3.830 0 | 10 | 12.12 | 6.170 0 | | −0.99 | [−1.93;−0.05] | 7.5% | 7.5% |
| 13 | 8 | 8.59 | 4.300 0 | 8 | 14.46 | 6.170 0 | | −1.04 | [−2.11; 0.02] | 5.8% | 5.8% |
| 14 | 8 | 7.51 | 1.750 0 | 8 | 16.15 | 5.320 0 | | −2.06 | [−3.34;−0.79] | 4.1% | 4.1% |
| 15 | 8 | 8.82 | 2.400 0 | 8 | 15.12 | 5.370 0 | | −1.43 | [−2.56;−0.30] | 5.1% | 5.1% |
| 16 | 8 | 6.39 | 2.550 0 | 8 | 12.53 | 2.040 0 | | −2.51 | [−3.91;−1.12] | 3.4% | 3.4% |
| 17 | 6 | 6.28 | 2.450 0 | 6 | 13.25 | 3.400 0 | | −2.17 | [−3.71;−0.63] | 2.8% | 2.8% |
| 18 | 8 | 7.88 | 1.750 0 | 8 | 11.91 | 4.550 0 | | −1.11 | [−2.18;−0.03] | 5.7% | 5.7% |
| 19 | 8 | 5.76 | 4.780 0 | 8 | 16.61 | 3.110 0 | | −2.54 | [−3.95;−1.14] | 3.3% | 3.3% |
| 20 | 8 | 7.33 | 1.330 0 | 8 | 13.11 | 3.590 0 | | −2.02 | [−3.28;−0.75] | 4.1% | 4.1% |
| 21 | 4 | 4.29 | 1.740 0 | 4 | 18.58 | 3.380 0 | | −4.62 | [−8.00;−1.23] | 0.6% | 0.6% |
| 22 | 8 | 8.78 | 3.710 0 | 8 | 12.71 | 3.900 0 | | −0.98 | [−2.03; 0.08] | 5.9% | 5.9% |
| 23 | 8 | 9.54 | 2.800 0 | 8 | 15.60 | 1.100 0 | | −2.69 | [−4.14;−1.25] | 3.1% | 3.1% |
| 24 | 8 | 7.73 | 1.530 0 | 8 | 14.59 | 3.030 0 | | −2.70 | [−4.15;−1.25] | 3.1% | 3.1% |
| | 187 | | | 187 | | | | −1.78 | [−2.04;−1.53] | 100.0% | − |
| Common effect model | | | | | | | | −1.78 | [−2.04;−1.53] | − | 100.0% |
| Random effects model | | | | | | | | | | | |

Heterogeneity: $I^2=10\%$, $\tau^2<0.000\ 1$, $p=0.32$

图 3-5-9　meta 程序包绘制的森林图

## 第五节　发表偏倚的评估

R 软件 meta 程序包可通过多种方法进行发表偏倚的评估。该程序包可通过绘制漏斗图并通过视觉观察,定性判断是否存在发表偏倚。此外,也可通过"metabias( )"命令进行漏斗图不对称性检验,定性检测发表偏倚。

### 一、绘制漏斗图

R 软件 meta 程序包绘制漏斗图的命令非常简单。具体命令为 funnel( meta )。绘制的漏斗图见图 3-5-10 所示。

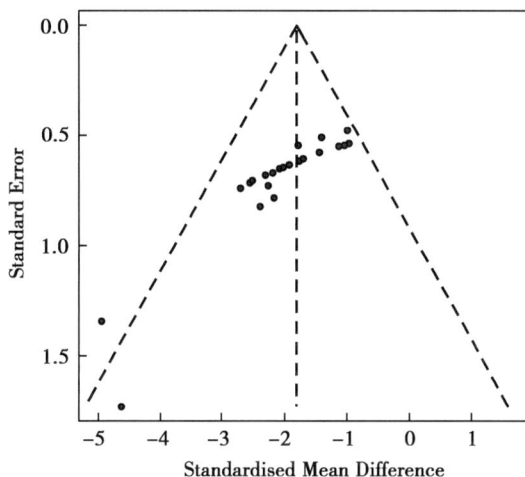

图 3-5-10　meta 程序包绘制的漏斗图

### 二、漏斗图不对称性检验

R 软件 meta 程序包通过"metabias( )"命令进行漏斗图不对称性检验,其命令如下:metabias( x, method.bias=x$method.bias, plotit=FALSE, correct=FALSE, k.min=10, ... )。

上述命令中,x 为检测对象;method.bias 为采用何种方法进行对称性检验,目前该参数提供了 9 种方法,有"Begg"法、"Egger"法、"Thompson"法、"Harbord"法、"Macaskill"法、"Peters"法、"Schwarzer"法、"Deeks"法和"Pustejovsky"法。其中"Begg"法、"Egger"法和"Thompson"法为通用方法;"Harbord"法、"Macaskill"法、"Peters"法和"Schwarzer"法可用于二分类变量数据的 meta 分析;"Deeks"法可用于诊断准确性试验的 meta 分析;"Pustejovsky"法可用于标准化均数差的 meta 分析。

如果缺少参数 method.bias,对于效应量为比值比的二分类数据 meta 分析采用 Harbord 检验( method.bias="Harbord" ),对于其他类型数据的 meta 分析,则采用 Egger 检验( method.bias="Egger" )。

默认情况下,仅当纳入分析的研究数量不小于 10 的时候才进行漏斗图不对称检验(参数 k.min=10 )。可以通过为参数 k.min 设置较小的值来修改,但最小研究数为 3。

在此选用 Egger 检验发表偏倚,命令如下:

```
metabias (meta,method.bias="Egger")
```

运行命令后,计算结果如下:

```
Linear regression test of funnel plot asymmetry
Test result:t=-9.25,df=22,p-value < 0.0001
Sample estimates:
     bias     se.bias    intercept      se.intercept
  -4.2040     0.4542      0.8505          0.2916
Details:
-multiplicative residual heterogeneity variance (tau^2=0.2387)
-predictor:standard error
-weight:inverse variance
-reference:Egger et al.(1997),BMJ
```

结果中,$p<0.0001$ 提示纳入的研究存在发表偏倚。

在本章以 R 软件 meta 程序包为例,演示了该软件实现连续型数据的 meta 分析的过程。R 软件 meta 程序包是一款功能强大的程序包,对于其他类型数据的 meta 分析过程不在此处逐一介绍,有兴趣的操作者可参考 R 软件官网中 meta 程序包的说明文件进行完成。

## 参考文献

1. 曾宪涛,张超 . R 与 Meta 分析[M].北京:军事医学科学出版社,2015.
2. 罗杰,冷卫东 . 系统评价 /Meta 分析理论与实践[M].北京:军事医学科学出版社,2013.
3. ANTONIUK S, BIJATA M, PONIMASKIN E, et al. Chronic unpredictable mild stress for modeling depression in rodents:Meta-analysis of model reliability[J]. Neurosci Biobehav Rev, 2019, 99:101-116.
4. 曾宪涛,何明武 . 诊断准确性试验 Meta 分析软件一本通[M].北京:军事医学科学出版社,2014.
5. 曾宪涛,KWONG J S,田国祥,等 . Meta 分析系列之二:Meta 分析的软件[J].中国循证心血管医学杂志,2012,4(2):89-91.
6. 李柄辉,王朝阳,翁鸿,等 .应用 R 软件 Meta 程序包实现遗传关联性研究的 Meta 分析[J].中国循证医学杂志,2017,17(12):1471-1477.
7. EGGER M,SMITH G D,SCHNEIDER M,et al. Bias in Meta-analysis detected by a simple,graphical test[J]. BMJ, 1997, 315(7109):629-634.
8. BEGG C B, MAZUMDAR M. Operating characteristics of a rank correlation test for publication bias[J]. Biometrics, 1994, 50(4):1088-1101.

# 第四篇

# 实 践 篇

# 第一章 动物实验系统评价在基础医学领域的应用

## 第一节 动物实验在基础医学领域的价值

### 一、动物实验中的 3R 原则

动物实验中的 3R 原则(Replacement, Reduction, Refinement)对于开展高质量基础研究、保护动物福利、获得可重复且可靠的科学研究结果具有极其重要的意义。Replacement(替代)即倡导应用无知觉材料方式替代有知觉动物的方法,例如利用细胞学、组织学、胚胎学或计算机方法取代整体动物实验,或者以低级动物代替高级动物等。解决替代问题通常是一个长期的过程,可能需要伦理等监管机构的参与。而 Reduction(减少)和 Refinement(优化)往往可以立即在某个实验中实施。此外,替代的过程是复杂和苛刻的,可能与研究利益相关者、投入成本、研究者意愿等因素有关。因此,目前 3R 原则可能很难做到同时针对三方面的解决方案,而开展高质量的动物实验系统评价被认为是发挥替代作用的方法之一。系统综合评价每个特定领域下动物实验研究的结果,可以在很大程度上降低临床前动物实验结果向临床转化时的生物学风险,有效地促进其成果的转化和利用。

### 二、动物实验的转化价值

临床研究前开展动物实验,可以获得有关干预措施的安全性和初步有效性的信息,从而保护受试者在缺乏证据的前提下暴露于风险之中。因此,动物实验对干预措施的临床转化提供了证据支持。在规划新的动物实验时,需要明确其研究的目的、意义和转化的价值。理论上高质量的动物实验证据对转化具有更好的价值,但当研究者面对诸多结论存在差异,甚至相悖的同类动物实验研究结果时,却常常显得束手无策。动物实验转化价值的体现一方面需要考虑动物实验本身保护受试者的作用,另一方面还要遵循 3R 原则。动物实验系统评价的出现正是为提高动物实验研究质量和提高其转化价值的透明化程度提供了帮助。

### 三、临床前研究与临床研究的距离

有时临床前研究的目的与临床研究存在差异,主要体现在以下几个方面:

**1. 症状评估方面** 经常有研究关注和报告疼痛指标的变化,然而,探讨疼痛行为的相关研究结果却存在较大差异。疼痛是研究干预措施临床有效性和药物开发的重要结果指标或治疗目标。从动物福利的角度来看,测量自发性的行为变化是最理想的,这是因为疼痛引起的自发性的行为变化与诱发疼痛行为相比,其不适程度较低。因此,这也意味着研究者需要在开展动物实验前进行必要的伦理评估,以权衡实现研究目标与获得研究结果之间产生的严重性伤害。

**2. 动物模型的选择**　动物实验经常选择啮齿动物和家兔,然而,这些动物模型的某些病理生理过程并不能完全模拟人类。例如,人类的软骨缺损通常局限于软骨,由于没有血管长入,愈合困难。但由于解剖特征,实验过程中建立的啮齿动物和家兔软骨缺损模型常累及骨软骨全层,这意味着软骨缺损模型延伸到了软骨下骨,因此导致血管长入,进而实现了完全愈合。所以,在软骨缺损模型中使用啮齿动物和家兔几乎会"自动"产生阳性结果。然而,就实验动物模型选择而言,当前大部分研究者又往往倾向于参考部分已发表的高质量出版物或基于传统思维习惯来确定,从而可能导致其选择的动物模型并非当前实验的最佳选择。因此,需改变传统观念,有必要采用科学方法,通过全面收集该领域下动物模型的所有相关证据,系统比较和评价不同动物模型的优劣和适用范围,为特定疾病的最佳动物模型的选择提供科学依据。

### 四、动物实验系统评价的意义

英国 Peter Sandercock 教授于 2002 年在 *Lancet* 发表述评文章指出,需要将基于相关动物实验的系统评价研究结果,作为决定是否开展任何一个新的临床试验的先决条件。通过开展动物实验系统评价,可以更加透明地展示当前所有可用的证据。进一步,通过对研究质量的评价或偏倚风险的评估,可以明确当前证据的可靠性和科学性。通过开展动物实验系统评价,还有助于发现基础研究与临床转化之间的距离。例如,有时动物实验会高估干预措施的疗效,而在临床研究中却很难证实该干预措施的有效性。相反,有时动物实验系统评价有助于防止受试者不必要地暴露于无效药物。临床试验有关安全性的问题也常遇到类似问题。例如,某干预措施在临床试验阶段出现了严重不良反应,虽然该不良反应在单个动物实验中未被发现,但当对该领域动物实验进行系统评价后就很可能会提示这个潜在的安全性问题。

## 第二节　动物实验证据在基础医学领域的转化

通过制作动物实验系统评价,可以创建科学透明的证据概要表,通过对纳入研究偏倚风险的评估展示现有证据的可靠程度。制作动物实验系统评价一方面有助于认识知识转化差距、明确转化的透明度,另一方面有助于防止受试者不必要地暴露于无效药物。此外,为避免研究人员可能选择性地利用动物研究的结果去获取临床研究资金资助或通过伦理评审。因此,在医学研究实践中,采用科学系统的方法评估和使用动物实验研究结果就显得尤为重要。

在开展动物实验之前,全面收集和系统评价该领域下动物实验具有十分重要的意义,是提升动物实验对临床研究指导价值的有效途径。动物实验系统评价可在后续开展的临床试验计算效能时增加估计疗效的精度,降低假阴性结果的风险,可用于决定动物实验结果何时可被临床接受,以终止不必要的临床试验,通过有效降低将动物实验所获结果引入临床的风险,更好地促进动物实验向临床研究转化。

## 第三节　基础医学领域动物实验系统评价案例解读

目前,系统评价方法已经逐渐在基础医学领域得到一定的应用和发展。本节案例解读主要侧重对该方法在干预措施效果评估、疗效机制探讨和诊断效果方面的应用进行深入剖析和解读。

## 案例一　关节腔注射间充质干细胞治疗膝骨关节炎疗效研究： 基于动物实验的系统评价

> 引用文献：XING D, KWONG J, YANG Z, et al. Intra-articular injection of mesenchymal stem cells in treating knee osteoarthritis: A systematic review of animal studies. Osteoarthritis Cartilage, 2018, 26 (4): 445-461.
> 系统评价的目的：评价在动物实验中关节腔注射间充质干细胞治疗膝骨关节炎的有效性和安全性。

### 案例解读：

**（一）选题意义**

近年来，随着转化医学的发展，基础研究成果逐渐向临床应用转化。在膝骨关节炎（knee osteoarthritis, KOA）的治疗中，关节腔注射间充质干细胞（mesenchymal stem cell, MSC）作为一种新兴的治疗手段，已显示出一定的临床潜力。然而，关于该疗法的动物实验研究结果存在较大异质性，且研究质量良莠不齐。因此，该系统评价通过整合不同动物实验数据，系统化地评估该疗法的有效性、安全性以及其潜在的生物学机制，为未来的临床研究提供重要的理论基础和数据支持。

**（二）优势与不足**

该系统评价的优势主要包括：

1. 该研究聚焦于关节腔注射 MSC 治疗 KOA 的疗效研究，并在方法中清晰阐明了研究问题的 PICO 要素，其中 P 为通过手术或非手术方法诱导的 KOA 的实验动物，I 为离体扩增的 MSC，C 为包括盐水、培养基、透明质酸或其他载体，O 包括大体形态学、组织学评估、免疫组化分析和放射学评估或行为分析，有利于读者理解该系统评价的核心问题和研究框架，进而对该系统评价所涉及的研究领域形成更深入、全面的认识。

2. 研究纳入的动物实验涵盖了多种物种和不同的建模方法，考虑了 MSC 的来源、治疗时机、注射频率等多种变量，为后续进一步的研究提供了多维度的证据支持。

3. 采用国际公认的 SYRCLE 工具，对纳入研究的偏倚风险进行了评估，详细阐明了纳入研究的偏倚风险现状及其存在的问题，为后续动物实验方法设计的科学性及其结果内部真实性的提高提供了有效参考依据。

与此同时，该系统评价也存在一些不足之处：

1. 仅检索了 PubMed、Embase 和 Web of Science 数据库，未检索其他数据库和灰色文献，可能遗漏相关研究，无法获取全面的研究证据，使研究存在潜在的发表偏倚。

2. 虽然研究总结了多个结局指标（如形态学变化、组织学分析等），但未明确区分主要和次要结局指标，这可能会导致混淆研究焦点，影响结果的优先级和解释。

## 案例二　针灸治疗创伤后应激障碍的疗效评估和机制探讨： 基于动物实验的系统评价

> 引用文献：KWON C Y, LEE B, KIM S H. Efficacy and underlying mechanism of acupuncture in the treatment of posttraumatic stress disorder: A systematic review of animal studies. J Clin Med, 2021, 10 (8): 1575.
> 系统评价的目的：评价针灸对创伤后应激障碍动物模型的效果及可能的生物学机制。

**案例解读：**

**（一）选题意义**

创伤后应激障碍（post-traumatic stress disorder, PTSD）是一种严重的精神疾病，其发病机制涉及神经内分泌失调、炎症反应、神经可塑性改变等多个生物学过程。针灸作为传统医学中的非药物疗法，在治疗 PTSD 方面展现出一定的潜力，但其具体疗效和机制尚未完全明确。由于 PTSD 的病理机制复杂，直接在人身上进行机制研究存在伦理和技术上的限制，因此采用动物模型进行研究具有显著优势。动物实验可以通过标准化的程序模拟 PTSD 的病理生理过程，控制实验条件，减少混杂因素的影响，从而为探索针灸治疗 PTSD 的疗效和机制提供可靠的实验依据。该系统评价通过对现有动物实验研究的汇总和分析，全面总结了针灸治疗 PTSD 的潜在机制，为未来开展更深入的基础研究和临床转化提供了重要的证据支持。

**（二）优势与不足**

该系统评价的主要优势涵盖以下几个方面：

1. 该系统评价清晰地阐述了针灸在治疗 PTSD 动物模型中的疗效及其潜在机制，包括神经内分泌系统中应激反应的调节，促进大脑中的神经保护、神经发生和突触可塑性等，为进一步的研究提供了研究基础。

2. 采用了 PRISMA 报告规范，保证了评价过程的透明度，确保了研究结果的可重复性。

3. 数据来源较为广泛，除对 Medline、EMBASE 等常用数据库进行检索外，还补充检索了 Oriental Medicine Advanced Searching Integrated System（OASIS）, Koreanstudies Information Service System（KISS）, Korean Medical Database（KMbase）等数据库。同时，不仅纳入英语和中文数据资源，还包括了韩语和日语，确保检索覆盖范围广泛。

然而，该系统评价也存在一些不足之处：该系统评价未能探讨比较不同针灸技术（手法针灸和电针灸）在治疗 PTSD 中的具体机制和效果，读者可能难以准确判断哪种针灸技术在治疗 PTSD 时更为有效，也无法明确了解它们各自的优缺点。

## 案例三　寄生虫感染的小动物活体成像：一项系统评价

引用文献：NOVOBILSKÝ A, HÖGLUND J. Small animal in vivo imaging of parasitic infections: A systematic review. Exp Parasitol, 2020, 214: 107905.
系统评价的目的：评估在小动物模型中使用单细胞和多细胞寄生虫活体成像的进展和趋势。

**案例解读：**

**（一）选题意义**

寄生虫感染是全球范围内的重大公共卫生问题，尤其是在发展中国家。传统的寄生虫诊断方法通常依赖于显微镜检查、血清学检测或分子生物学技术，这些方法虽然有效，但在实时监测寄生虫感染动态、评估治疗效果等方面存在局限性。动物模型可以通过标准化的实验条件，模拟寄生虫感染的病理过程，降低研究中的偏倚风险。小动物活体成像技术作为一种新兴的无创诊断工具，能够实时、动态地观察寄生虫在宿主体内的分布、迁移和繁殖情况，为寄生虫感染的研究提供全新的视角。该系统评价通过对近年来相关动物实验研究的汇总分析,为寄生虫感染的诊断和治疗提供了新的证据支持,同时也为未来研究方向的确定提供了重要参考。

### (二)优势与不足

总体而言,该系统评价在方法学上具有一定的严谨性,报告内容较为全面,其优势主要包括:

1. 该研究聚焦于小动物活体成像技术在寄生虫感染中的应用,系统总结该领域的研究趋势,为后续寄生虫学相关研究提供了明确方向。

2. 通过图表系统可视化地呈现了纳入研究的动物种类(如小鼠、大鼠)、寄生虫类型(如疟原虫、锥虫)、成像技术(如生物发光成像、荧光成像)及关键结局指标(如成像技术的应用、寄生虫相关情况)等研究特征,便于读者快速把握研究全貌。

3. 考量了动物福利,强调了小动物活体成像技术对减少实验动物使用量的潜在贡献,体现了对"3R 原则"的实践意识,为同类研究提供了伦理参考。

然而,该系统评价也存在一些不足之处:

1. 检索策略存在一定的局限性,检索式未结合主题词与自由词进行优化,且未检索灰色文献,存在潜在发表偏倚风险。

2. 未明确区分主要结局指标(如成像技术灵敏度、特异性)与次要结局指标(如操作耗时、成本效益),导致证据优先级不明确,影响临床转化价值的评估。

## 参考文献

1. VAN LUIJK J, CUIJPERS Y, VAN DER VAART L, et al. Assessing the search for information on Three Rs methods, and their subsequent implementation: A national survey among scientists in the Netherlands[J]. Altern Lab Anim, 2011, 39(5): 429-447.

2. RITSKES-HOITINGA M, VAN LUIJK J. How can systematic reviews teach us more about the implementation of the 3Rs and animal welfare?[J]. Animals(Basel), 2019, 9(12): 1163.

3. POUND P, EBRAHIM S, SANDERCOCK P, et al. Where is the evidence that animal research benefits humans?[J]. BMJ, 2004, 328(7438): 514-517.

4. MUELLER K F, BRIEL M, STRECH D, et al. Dissemination bias in systematic reviews of animal research: A systematic review[J]. PLoS One, 2014, 9(12): e116016.

5. XING D, KWONG J, YANG Z, et al. Intra-articular injection of mesenchymal stem cells in treating knee osteoarthritis: A systematic review of animal studies[J]. Osteo Carti, 2018, 26(4): 445-461.

6. KWON C Y, LEE B, KIM S H. Efficacy and underlying mechanism of acupuncture in the treatment of posttraumatic stress disorder: A systematic review of animal studies[J]. J Clin Med, 2021, 10(8): 1575.

7. NOVOBILSKÝ A, HÖGLUND J. Small animal in vivo imaging of parasitic infections: A systematic review[J]. Exp Parasitol, 2020, 4(214): 107905.

8. VISSERS G, SOAR J, MONSIEURS K G. Ventilation rate in adults with a tracheal tube during cardiopulmonary resuscitation: A systematic review[J]. Resuscitation, 2017, 10(119): 5-12.

# 第二章　动物实验系统评价在口腔医学领域的应用

## 第一节　动物实验在口腔医学领域的价值

动物实验对于人类疾病新型诊疗方法的研发至关重要,是医学研究的重要组成部分,在口腔医学领域的研究中起着重要作用。一方面,动物实验可以提供有关干预安全性及有效性的重要信息,为进一步开展临床研究提供科学证据;另一方面,动物实验可以提供有关病因机制的信息,揭示各类口腔疾病的发病机制,为其临床防治提供新的治疗靶点。

在新药研发或新材料用于人体临床试验之前,需要经过严格的体外和体内测试,确定其是否符合安全性、生物相容性等要求,从而保障Ⅰ期临床试验受试者的安全。然而,体外研究(如基因、功能蛋白表达,细胞实验等)所得出的结果存在片面性和间接性,难以体现干预措施在体内产生的效果。因此,在口腔新药或新材料应用于临床受试者前,采用动物模型对其进行测试,是不可或缺的重要工作。例如,研究牙体修复材料对牙髓细胞的毒性及对牙髓的修复效果,验证某种生物材料或生长因子用于牙周再生的安全性和有效性等。此外,由于口腔医学的学科特点,许多干预措施涉及外科操作,难以在体外实验中进行模拟验证,因此,均需通过动物实验予以验证。

动物实验系统评价在口腔医疗保健实践中发挥着重要作用,其主要目的是在评估相关研究之间异质性的基础上,对已有动物实验证据进行汇总与合并。动物实验系统评价可以促进动物实验研究证据的临床转化,并指导后续相关临床试验的设计和实施;对同质动物实验干预措施效果的汇总与合并,有利于提高其疗效估计的精度,降低出现假阴性结果的风险,同时避免不必要的临床试验。此外,在缺乏临床试验证据的情况下,动物实验系统评价可以为临床决策和卫生政策制定提供一定的参考。

### (一)提高动物实验的方法和报告质量

动物实验主要用于在临床前评价干预措施的有效性和安全性,因此,其结果真实性对医学创新转化及诊疗技术的进步而言十分重要。如果动物实验的结果不精确、存在假阳性或假阴性等问题,有可能导致无效甚至是有害的干预应用于临床,将受试者暴露于不必要的风险中。与临床研究相似,为了保证研究结果的内部真实性,动物实验需要进行严格的科研设计,尽可能控制、减少偏倚和机遇对研究结果的不利影响。

完整、透明的研究报告是正确评估一个实验内部真实性的前提,然而有研究显示,口腔医学领域动物实验的报告质量欠佳。在21项关于骨移植材料治疗颅颌面骨缺损再生的研究中,仅24%(5/21)的研究完整准确地报告了实验过程,33%(7/21)的研究报告了动物安置和饲养条件,14%(3/21)的研究报告了样本量计算过程,不足5%(1/21)的研究完整报告了动物的基线数据。在口腔种植领域,2010—2015年发表的161项动物实验中,虽然绝大多数研究(152/161)都提供了研究结果的p值,但仅8%(13/161)的研究报告了研究结果的精确度(置信区间),仅3%(5/161)的研究报告了样本量计算。以上关键数据的缺失使读者难以对动物实验结果的有效性进行判断,不利于动物实验结果向临床应用转化。

口腔医学领域动物实验的方法质量同样存在一些问题。Faggion等采用SYRCLE动物实验偏倚风险评估工具对161项口腔种植领域动物实验的偏倚风险进行评估,发现其中仅19.3%(31/161)的研究进行了恰当的随机分组,1.9%(3/161)的研究进行了隐蔽分组,4.3%(7/161)的研究对研究者实施了盲法。在所有评价条目中,仅34%(486/1 449)被认定为"低偏倚风险"。在方法设计、研究实施、结果测量等环节存在偏倚的动物实验,大大增加了产生错误结论的概率,在很大程度上误导后续临床试验的开展与实施,造成不必要的受试者风险和研究资源浪费。

动物实验系统评价可以汇总现有相关证据,并在对证据体进行评价的过程中识别当前动物实验在方法质量和报告透明度方面存在的问题,提升研究人员、审稿人、期刊编辑等利益相关者对实验设计、实施与报告相关规范的认识,提高相关领域动物实验研究的科学性和报告完整性,减少不必要的动物实验重复,防止不必要甚至有较大风险的人体临床试验被开展。

**(二)促进基于证据的动物模型选择**

动物模型的选择是动物实验设计的重要组成部分。"动物模型"一词不仅指实验动物的种类或品系,也包含诱导产生动物疾病或缺陷的方式。即使动物实验的设计和实施合理,且消除了可能存在的偏倚,具备了良好的内部真实性,其结果向临床转化也可能会失败。这是因为,动物模型及其验证的干预措施与临床环境之间存在较多差异,即动物研究的外部真实性有限。动物实验外推性的常见限制因素包括:①动物和人类疾病在病理生理学方面存在差异;②动物模型诱导疾病产生的过程可能与人类实际患病过程不同;③动物实验通常在同质性高的健康动物上诱导产生疾病,而临床中的患者异质性大且伴有其他疾病;④治疗的剂量与时机、结果评估的指标方法与临床存在较大差异。

临床医学研究领域下,保证研究内部真实性的方法(如随机分配、盲法等)可以适用于大多数动物实验,而动物模型的外部真实性在很大程度上取决于疾病特异性因素。因此,对于不同的疾病所对应的适宜动物模型也有所不同。然而有研究表明,研究者对实验动物模型的选择并不总是基于科学证据。一方面,人力、物力等现实原因可能限制了动物模型的选择,如购买和饲养动物的成本、实验室的条件、动物伦理问题等。另一方面,研究人员往往倾向于使用自己熟悉的动物模型,而对其他动物模型的了解较为有限。

动物实验系统评价可以对相关领域文献中使用过的动物模型进行全面的概述,比较各自的优缺点,为后续研究中动物模型的选择及新模型的构建提供科学证据。口腔种植领域的一项系统评价发现,在评估局部骨缺损种植体骨整合的研究中,采用口内模型者占绝大多数,且狗为最常用的实验动物;在评估系统性疾病对骨整合的影响时,采用口外模型(即利用身体其他部位的骨进行实验)的研究占多数,鼠类为最常用的实验动物。因此,针对不同的目标疾病和研究目的,不同动物模型的临床相关性不同。在大多数情况下,小动物模型(如大鼠、仓鼠等)足以在组织学水平上评估细菌、饮食或其他因素在牙周炎中的作用。对于可能有伦理问题的大型动物(如猴、狗等),应保留用于新疗法在临床应用前的最后阶段验证。

**（三）促进循证证据向临床应用转化**

动物实验系统评价是连接基础医学研究和临床研究的重要桥梁。在临床研究系统评价中,如果来自不同研究的结果和结论是一致的,且干预组的疗效均优于对照组,那么我们更有信心认为该干预是有效的。同样,如果动物实验系统评价中来自不同物种的结果方向是一致的,那么这项证据很有可能也适用于人类。

只有当动物实验的结果真实可靠且能够外推至人类,其结果才能为人类的医疗保健提供有效证据。然而,有时动物实验结论还未得到严格评估,就作为开展临床研究的支持证据,导致临床验证无效甚至产品上市后撤出,造成资金及临床试验资源的严重浪费。限制动物实验结果转化的主要因素包括:①动物实验的方法质量不佳;②动物实验与临床试验在方法学上(如干预施加的方式、测量的结局指标等)的差异;③发表偏倚。许多小样本动物实验无法对干预措施的效果进行精确估计,仅依靠个别实验的证据可能会以偏概全。通过开展动物实验系统评价,研究人员可以对现有动物实验数据进行汇总合并,从而扩大样本量、提高结果的精确度,降低出现假阳性、假阴性问题的风险。此外,动物实验系统评价还可以比较来自不同物种、不同模型的研究结果,探索可能的异质性来源,评估结果的外推性和可能存在的发表偏倚。在医疗创新研发的过程中,临床验证需要在高质量临床前研究的基础上展开。因此,有必要对动物实验进行系统评价,在系统性检索、筛选、汇总的基础上,对相关证据体进行严格评估,为后期临床试验的开展提供指导依据。

## 第二节　动物实验证据在口腔医学领域的应用

### 一、口腔医学领域动物实验系统评价的发表情况

笔者采用"系统评价、动物、临床前研究"等关键词构建检索式,检索发表于口腔领域（Dentistry, Oral Surgery and Medicine,即牙科学、口腔外科和医学）92 本 SCI 期刊上的动物实验系统评价,共计 1 337 条记录,基于以下标准对系统评价进行筛选:①有具体、明确的研究问题;②有明确的纳入和排除标准,纳入研究类型为动物实验;③至少检索一个数据库并对检索策略进行报告;④对纳入研究进行了质量评价或偏倚风险评估;⑤对所纳入研究的结果进行了系统性的汇总与展示。最终的筛选结果显示,截至 2021 年 11 月,口腔医学领域共发表动物实验系统评价 154 篇。

从筛选出来的这些文献来看,口腔医学领域第一篇动物实验系统评价发表于 2009 年,此后发表文章数量呈不断增长的趋势（图 4-2-1）。从国家 / 地区来看,发表动物实验系统评价最多的国家前 5 位分别是美国（27/154, 17.5%）、巴西（26/154, 16.9%）、西班牙（12/154, 7.8%）、中国（11/154, 7.1%）及阿联酋（8/154, 5.2%）（图 4-2-2）。从发表期刊来看,发表动物实验系统评价最多的 3 本期刊分别是《口腔生物学档案》（*Archives of Oral Biology*）（22/154, 14.3%）、《临床口腔种植研究》（*Clinical Oral Implants Research*）（11/154, 7.1%）和《临床口腔调查》（*Clinical Oral Investigations*）（8/154, 5.2%）（表 4-2-1）。从学科分布来看,发表动物实验系统评价最多的领域是口腔种植（58/154, 37.7%）,其次为口腔外科（31/154, 20.1%）、口腔正畸（29/154, 18.8%）、牙周病学（21/154, 13.6%）和牙体牙髓（10/154, 6.5%）（图 4-2-3）。

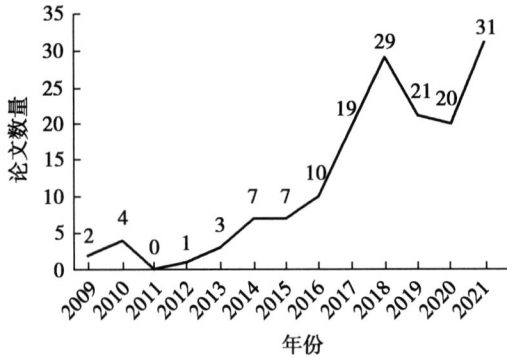

图 4-2-1 口腔医学领域动物实验系统评价论文的发表数量

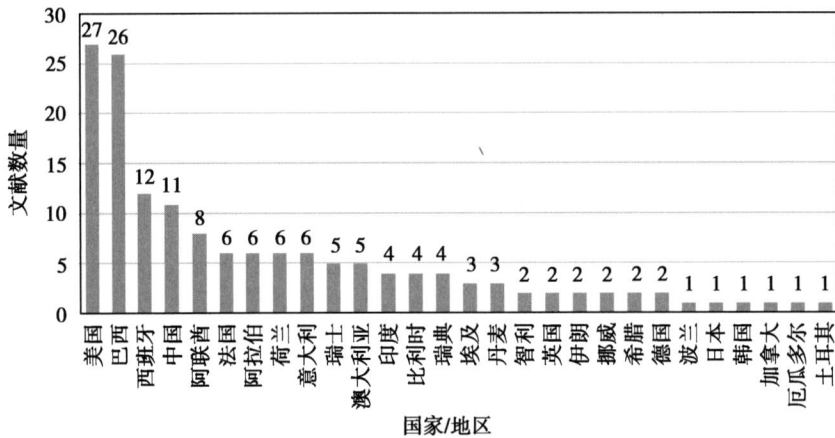

图 4-2-2 口腔医学领域发表动物实验系统评价论文的国家／地区分类

表 4-2-1 口腔医学领域发表动物实验系统评价的 SCI 期刊排名（前十位）

| 期刊名 | 数量 |
| --- | --- |
| *Archives of Oral Biology* | 22 |
| *Clinical Oral Implants Research* | 11 |
| *Clinical Oral Investigations* | 8 |
| *Implant Dentistry* | 7 |
| *Journal of Periodontal Research* | 7 |
| *Journal of Prosthetic Dentistry* | 7 |
| *BMC Oral Health* | 6 |
| *European Journal of Orthodontics* | 6 |
| *International Journal of Oral and Maxillofacial Surgery* | 6 |
| *Orthodontics & Craniofacial Research* | 6 |

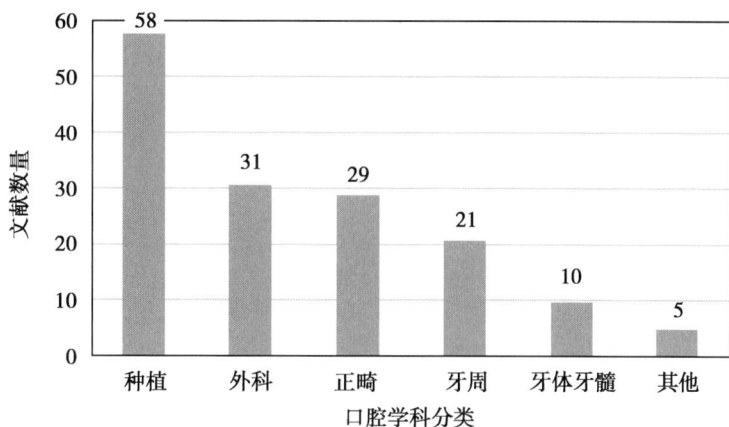

图 4-2-3　口腔医学领域发表动物实验系统评价论文的学科分类

## 二、口腔医学领域动物实验系统评价中纳入研究的基本信息

纳入的 154 项动物实验的系统评价中,仅纳入动物实验的有 93 项(60.4%),同时纳入动物实验和临床试验的有 41 项(26.6%),同时纳入动物实验和其他基础研究的有 10 项(6.5%),同时纳入动物实验、其他基础研究及临床试验的有 8 项(5.2%)。另有 2 项(1.3%)尽管其方法学被计划纳入动物实验,但在实际检索过程中,并未发现符合纳入标准的动物实验研究。

纳入的 154 项动物实验系统评价中,纳入原始研究数量的中位数为 15(四分位间距 6~23),纳入动物实验数量的中位数为 10(四分位间距 6.5~18.5),纳入动物数量的中位数为 253(四分位间距 121.5~532)。在纳入的动物种属方面,排前 5 位分别为大鼠(103/154,66.9%)、犬(82/154,53.2%)、兔(63/154,40.9%)、小鼠(42/154,27.3%)和猪(40/154,26.0%)(图 4-2-4)。

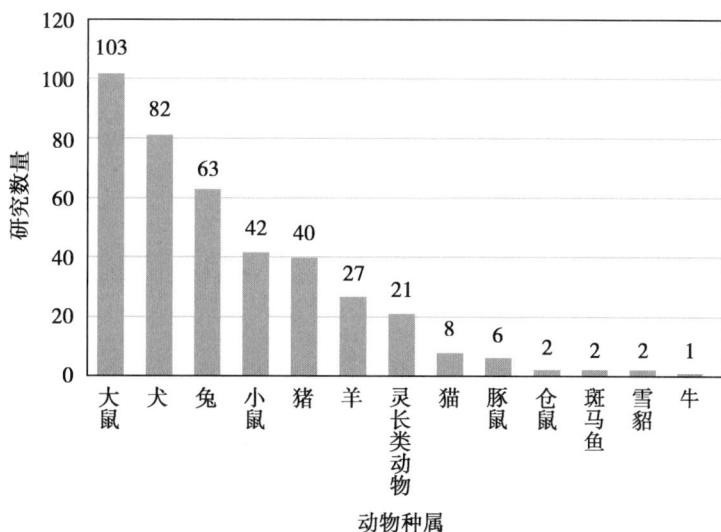

图 4-2-4　口腔医学领域动物实验系统评价论文涉及的动物种属

### 三、口腔医学领域动物实验系统评价的方法特征

近 1/3 的口腔医学领域动物实验系统评价预先进行了研究方案注册（49/154，31.8%），其中绝大多数在 PROSPERO 上进行了注册（43/49，87.8%），在 SYRCLE 与 CAMARADES 上注册的分别有 2 项和 1 项研究。

在检索策略方面，检索数据库数量的中位数为 4（四分位间距 3~5），有 5 项（3.2%）系统评价仅检索 1 个数据库，检索数据库最多者共检索了 8 个数据库。最常检索的数据库包括 PubMed/MEDLINE（153/154，99.4%）、Embase（88/154，57.1%）、Web of Science（84/154，54.5%）、Scopus（76/154，49.4%）和 Cochrane 图书馆（71/154，46.1%）。半数动物实验系统评价（77/154，50.0%）对纳入研究的语言进行了限制，其中 66 项（42.9%）仅纳入英文文献。此外，14 项（9.1%）系统评价对检索日期进行了限制，14 项（9.1%）对纳入研究的最低动物数量进行了限制，15 项（9.7%）对纳入研究的动物种属进行了限制。大多数系统评价都进行了补充检索（126/154，81.8%），具体的检索途径包括纳入研究及相关研究的参考文献列表（98/154，63.6%）、手工检索重要期刊（41/154，26.6%）、OpenGrey（21/154，13.6%）、ClinicalTrails.gov（18/154，11.7%）及 ProQuest（15/154，9.7%）等。

关于纳入研究的偏倚风险评估，绝大多数口腔医学领域动物实验系统评价对纳入的动物实验进行了偏倚风险评估（149/154，96.8%）。其中，采用 SYRCLE 动物实验偏倚风险评估工具和 CAMARADES 清单的比例分别为 42.9%（66/154）和 2.6%（4/154）。其他系统评价采用了 Cochrane 偏倚风险评估工具 1.0（12/154，7.8%）、英国牛津循证医学中心文献严格评价项目（Critical Appraisal Skill Program, CASP）清单（8/154，5.2%）、诊断试验准确性研究偏倚评估工具（Quality Assessment of Diagnostic Accuracy Studies, QUADAS）（5/154，3.2%）、非随机对照试验方法学评价指标（Methodological Index for Non-Randomized Studies, MINORS）清单（4/154，2.6%）等作为其偏倚风险评估工具。此外，有 6 项（3.9%）系统评价采用了作者团队自行设计的偏倚风险评估清单。

关于纳入研究结果的汇总与合并，仅 1/4 的系统评价（39/154，25.3%）进行了 meta 分析。在 meta 分析模型的选择方面，2 项（1.3%）系统评价使用了固定效应模型，22 项（14.3%）系统评价使用了随机效应模型，另外 12 项（7.8%）研究根据异质性程度选择模型。此外，有 17 项（11.0%）研究采用 GRADE 分级标准对纳入研究证据体的质量进行了分级。

### 四、口腔医学领域动物实验系统评价的报告特征

绝大多数口腔医学领域动物实验系统评价论文（146/154，94.8%）在标题中写明该论文为系统评价，但其中大部分（82/154，53.2%）未在标题中报告该论文为动物实验的系统评价。大部分系统评价（119/154，77.3%）遵照 PRISMA 报告规范进行撰写报告，仅 2 项系统评价参考了 2006 年 Peters 等人发表的动物实验系统评价与 meta 分析报告规范。此外，超过半数的系统评价（101/154，65.6%）提供了至少一个数据库的详细检索策略，但仅 1/3 的系统评价（49/154，31.8%）提供了检索关键词。绝大部分系统评价有明确清晰的纳入和排除标准（142/154，92.2%）、文献筛选的方法（144/154，93.5%）和筛选流程图（147/154，95.5%），但仅 52.6%（81/154）和 68.8%（106/154）的系统评价报告了数据提取方法及其内容，51.3%（79/154）报告了数据合成方法。

### 五、口腔医学领域动物实验系统评价存在的问题

动物实验系统评价在评估用于人类的潜在疗法的安全性和有效性方面具有重要作用。然而,系统评价的方法学质量往往参差不齐。2012 年 Faggion 等人采用系统评价方法学质量评价工具( Assessing the Methodological Quality of Systematic Reviews, AMSTAR )对口腔领域动物实验系统评价的方法学质量进行了评价,研究发现,在 54 项动物实验系统评价中,仅 2 项( 4% )被评为"高方法学质量",其余 17 项( 31% )和 35 项( 65% )分别被评为"中等方法学质量"和"低方法学质量"。其中,仅 9%( 5/54 )的系统评价对纳入研究的质量进行了评估,仅 1 项( 2% )对可能存在的发表偏倚进行了评估,且大多数( 39/54,72% )未报告潜在的利益冲突来源。方法学质量较低的系统评价很可能存在显著偏倚,得出有误导性的研究结论,影响对未来研究方向的正确判断。

口腔领域动物实验系统评价的方法学质量有待进一步提升。研究人员在设计、开展及报告动物实验系统评价时,应当参考 AMSTAR、PRISMA 等相关方法学工具及报告规范,注重系统评价各个关键环节的质量控制。需要注意的是,AMSTAR 和 PRISMA 最初并非特定为动物实验系统评价而设计,因此缺乏对动物实验特有的一些重要问题的评估,例如动物的安置和饲养条件等。因此,未来还需要更多专门针对动物实验系统评价,特别是口腔医学领域动物实验系统评价的报告规范及方法学工具,辅助相关研究质量的进一步提升。

## 第三节　口腔医学领域动物实验系统评价案例解读

在本节将通过具体案例,重点介绍系统评价研究方法在口腔医学领域下的应用,并进行深入剖析和解读。

### 案例　关于无机三氧化聚合物( MTA )修复根分叉穿孔效果的评估

引用文献: PINHEIRO L S, KOPPER P M, QUINTANA R M, et al. Does MTA provide a more favourable histological response than other materials in the repair of furcal perforations? A systematic review. Int Endod J, 2021, 54( 12 ): 2195-2218.

系统评价的目的: 评估 MTA 在动物模型中用于修复根分叉穿孔时是否能够比其他材料产生更有利的组织学反应。

**案例解读:**

**(一)选题意义**

根分叉穿孔是临床上根管治疗常见的并发症之一,由于伦理原因,临床上很难对根分叉穿孔进行干预性研究,另外,根分叉意外穿孔时的患牙情况、操作过程、临床环境等往往有较大差异,导致研究结果之间难以进行比较,因此,对于此类研究问题,采用动物模型进行研究有一定优势。动物研究可以使用标准化的程序和方法模拟疾病条件,降低偏倚风险,方便不同干预之间的比较。该系统评价对多年来大量相关动物实验研究进行了汇总评价,为未来

根分叉穿孔修复材料的选择提供了证据。

**（二）优势与不足**

总体而言,该项系统评价的方法和步骤基本正确,在摘要、方法、结果等部分报告较为充分,其优势主要包括:

1. 研究问题清晰、明确,清晰阐明了开展动物实验系统评价的目的。

2. 按照最新版本的 PRISMA 报告规范进行报告,且研究方案预先在 PROSPERO 平台进行了注册。

3. 文献检索策略报告详细,对多个数据库进行了检索,提供了所检索的数据库和检索时间,以及各个数据库详细的检索策略。此外,作者还进行了手工检索以寻找其他潜在相关文章。

4. 文献筛选和数据提取的过程描述清楚,由两名系统评价员独立完成,通过讨论解决分歧,并有其他研究人员协助判断。

5. 对各项纳入研究的基本特征进行了详细描述,包括动物种类、样本量、干预措施、时间等,通过图表展示了纳入研究的偏倚风险评估结果。

与此同时,该系统评价也存在一些不足之处:

1. 未在标题中明确说明该系统评价为动物实验的系统评价。

2. 对纳入和排除标准的说明过于简单,未按照 PICO 原则分别对每个要素进行纳入和排除标准的设定,给读者学习和重复文献筛选的过程带来一定的困难。

3. 制定的检索策略过于简单,检索式设置不够全面,未能结合使用主题词与自由词。此外,作者并未给出排除的动物实验及其排除理由。

4. 未明确指出该系统评价的主要结局指标和次要结局指标。与临床研究系统评价相似,动物实验系统评价也需要将所有结局指标按照主要结局指标、次要结局指标进行区分,主要指标应包含重要的毒副作用指标。

5. 作者用 ARRIVE 2.0 报告规范对纳入研究进行方法学质量评价,混淆了"报告质量"与"方法学质量"的概念。"报告质量（reporting quality）"指纳入文献的报告是否清晰、完整、符合规范,而"方法学质量（methodological quality）"指研究的过程是否存在偏倚、对研究结果产生影响。在开展系统评价时,应采用方法学质量或偏倚风险评估工具对纳入研究进行评估。

6. 未报告拟采用的研究结果定量合并方法,未对纳入研究的发表偏倚进行评估。对纳入研究主要结果的展示仅提供研究结果的统计学显著性,而未呈现相关结果的具体数据,不利于读者评估效应量的具体大小及其临床意义。在动物实验系统评价中,建议作者在可能的情况下尽量进行 meta 分析,同时采用亚组分析、meta 回归分析等探索异质性的来源。

**参考文献**

1. DELGADO-RUIZ R A, CALVO GUIRADO J L, ROMANOS G E. Bone grafting materials in critical defects in rabbit calvariae. A systematic review and quality evaluation using ARRIVE guidelines[J]. Clin Oral Implants Res, 2018, 29(6): 620-634.

2. FAGGION C M, Jr, ARANDA L, DIAZ K T, et al. The quality of reporting of measures of precision in

animal experiments in implant dentistry：a methodological study［J］. Int J Oral Maxillofac Implants，2016，31（6）：1312-1319.

3. VAN DER WORP H B，HOWELLS D W，SENA E S，et al. Can animal models of disease reliably inform human studies？［J］. PLoS Med，2010，7（3）：e1000245.

4. NAGENDRABABU V，KISHEN A，MURRAY P E，et al. PRIASE 2021 guidelines for reporting animal studies in Endodontology：a consensus-based development［J］. Int Endod J，2021，54（6）：848-857.

5. NAGENDRABABU V，KISHEN A，MURRAY P E，et al. PRIASE 2021 guidelines for reporting animal studies in Endodontology：explanation and elaboration［J］. Int Endod J，2021，54（6）：858-886.

# 第三章　动物实验系统评价在兽医学领域的应用

## 第一节　动物实验在兽医学领域的价值

### 一、兽医学领域研究中动物实验的应用

　　兽医学是以生物学为基础,研究动物(家禽、家庭宠物、野生动物等)疾病的发生发展规律,并在此基础上对疾病进行诊断和防治,保障动物健康的综合性学科。兽医学研究领域与人类医学研究领域类似,包括临床兽医学、预防兽医学、基础兽医学、兽医生物医学、兽医公共卫生学等学科。现在越来越多的高校倾向于应用"动物医学"的专业名称,可涵盖传统兽医学全部学科内容。随着社会经济和科学技术的发展,我国的动物医学研究已经从过去的以畜牧业发展服务为中心内容,扩展到了公共卫生事业、社会预防医学、人类疾病动物模型、伴侣动物和观赏动物医疗保健,以及食品卫生、医药工业、环境保护等诸多领域,在生命科学的各领域中发挥着越来越重要的作用。

　　兽医学与人类医学最大的区别在于其研究对象几乎全为动物(人兽共患病也会研究人类),包括牛、羊、马、猪等,比人类医学实验动物中常用的鼠、犬等,涵盖面更广。可以说,兽医学研究基本上全是动物实验。鉴于此,兽医学领域中动物实验研究的意义更加深刻而广泛。其一,动物实验的结果可直接影响到干预措施在临床实践中的转化和应用。与人类医学中的临床实践不同,兽医学的临床应用没有严格意义上的Ⅰ期、Ⅱ期临床试验,动物实验中提供的干预措施的安全性及有效性信息,是进一步开展临床研究的直接证据。其二,动物实验对疾病的发生、发展机制可进行深入的探讨,为临床防治提供新靶点和新思路。

### 二、动物实验系统评价在兽医学领域的作用

　　动物实验系统评价在兽医学研究实践中具有非常重要的作用,其目的在于通过对已有动物实验证据的汇总与合并,评估相关研究间的异质性,揭示研究结果的真实性与一致性,指导后续相关研究的设计与实施,促进实验研究结果证据的转化,同时为兽医临床决策和预防卫生政策的制定提供一定的参考。但是,由于兽医学动物实验系统评价起步晚、发展慢,目前尚未形成大规模的研究趋势,具有较大的发展潜力。

## 第二节　动物实验证据在兽医学领域的应用

　　国际首次提出"循证兽医学"的概念是在21世纪初期,通常为借鉴循证医学的方法和技术开展兽医学研究,并未形成完整的理论体系。随后越来越多的兽医学研究者尝试将循

证医学的理念引入到兽医学研究证据的收集、生产和应用中,不断地促进了循证兽医学的发展。

　　为系统了解国内外兽医学领域动物实验系统评价的研究现状,笔者所在团队检索了 Web of Science 核心合集数据库和中国知网中有关兽医学领域动物实验系统评价的文献,并应用文献计量学软件进行分析,以期掌握该领域研究的热点与发展趋势,为科研工作者提供直观的可视化分析和一定的参考借鉴。

　　截至 2022 年 10 月,检索到已发表兽医学领域动物实验系统评价仅为 272 篇,但年发表数量一直呈上升趋势(图 4-3-1)。在检索到的文献中,第一篇相关文献在 1993 年发表,最高发文量在 2021 年,但也仅为 69 篇,远远少于其他领域的系统评价发文数量,提示此领域下系统评价还有很大的发展潜力和空间。

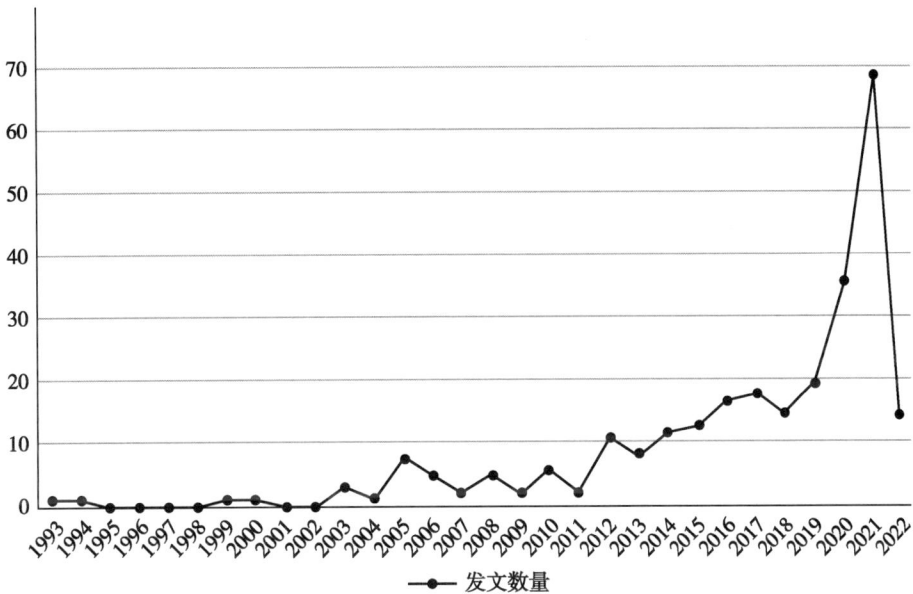

图 4-3-1　兽医学领域动物实验系统评价研究发表数量

　　从发文时间上看,美国、英国、澳大利亚、德国和伊朗是较早开始在此领域进行研究的国家。中国在此领域的研究起步比较晚,首次发文为 2010 年以后,发文数量也未进入前五位。因此,我国在此领域的研究还相对落后,需要加强对此领域研究的重视,提高发文数量及质量,加强与其他国家之间的联系与合作。

　　对纳入的动物实验偏倚风险进行严格评价,是制作动物实验系统评价的重要步骤,但目前已经发表的兽医学领域动物实验系统评价中,很多并未对纳入的动物实验偏倚风险进行严格评价,且评估了纳入动物实验偏倚风险的系统评价发现,该领域下实验对随机分组和隐蔽分组方法、盲法的实施、动物随机安置、饲养生存条件和随机性结果评估报告等影响实验内部真实性的重要因素报告缺失或实施缺失,导致该领域下动物实验内部真实性存在巨大挑战。此外,虽然 PRISMA 声明是国际公认的动物实验系统评价报告规范,但已发表的兽医学领域动物实验系统评价对很多细节信息并未进行详细描述,其报告透明度较低。

　　总之,兽医学领域动物实验系统评价质量普遍不高,大多数风险偏倚评估结果为不确定,较难反映动物实验数据的真实性。而且,对于兽医学动物实验而言,目前尚缺乏类似临床试验的注册制度,多数动物实验纳入样本的数量差距较大,在实验动物的品种、种属和来源等方面也没有统一标准,这些均为兽医学领域动物实验系统评价研究带来巨大挑战。因此,今后研究人员在设计、开展及报告动物实验系统评价时,应当参考 AMSTAR、PRISMA 等相关方法工具和报告规范,注重系统评价各个关键环节的质量控制,以最终促进其质量的进一步提升。

# 第三节　兽医学领域动物实验系统评价案例解读

在本节将通过具体案例,重点介绍系统评价研究方法在兽医学领域下的应用,并进行深入剖析和解读。

## 案例　关于抑制素免疫提高牛繁殖能力有效性的研究

引用文献: MA L, LI Z, MA Z, et al. Immunization against inhibin promotes fertility in cattle: A meta-analysis and quality assessment. Front Vet Sci, 2021, 8: 687923.
系统评价的目的: 评估抑制素免疫在改善牛的生殖功能方面的有效性和安全性。

### 案例解读:

**(一) 选题意义**

牛饲养是全球畜牧业中重要的一部分,而母牛生育能力是一个重要的影响因素。抑制素是合成的二聚体蛋白激素,高浓度抑制素可能通过影响卵泡发育,从而降低母牛的卵母细胞质量和胚胎发育。因而探讨抑制素对母牛生育能力的影响具有较大的临床应用价值和广泛的应用前景。该项系统评价评估了抑制素免疫对改善牛生殖功能的有效性和安全性。此外,meta 分析提供了有关抑制素疫苗成分(包括抑制素融合蛋白和氨基酸序列)的生育力改善的宝贵信息。同时,系统评价中不仅详细描述了纳入研究的动物实验特征,还应用 SYRCLE 动物实验偏倚风险评估工具对纳入研究的偏倚风险进行评估,对未来相关研究的实验设计、实施检测过程和报告规范都提出了建议,为相关领域内研究质量的提高提供了参考。

**(二) 优势与不足**

该项系统评价的优势主要包括:

1. 研究问题清晰、明确,详细说明了开展动物实验系统评价的目的。

2. 严格按照 PRISMA 报告规范进行报告,但研究方案并未进行预注册。

3. 文献检索策略报告详细,提供了所检索的数据库和检索时间,以及各个数据库详细的检索策略。此外,作者还进行了 Google Scholar 检索和文献追踪检索,以寻找其他潜在相关文章。

4. 文献筛选和数据提取的过程描述清楚。

5. 对各项纳入研究的基本特征进行了详细描述,包括动物种类、样本量、干预措施、时间等,通过图表展示了纳入研究的偏倚风险评估结果。

与此同时,该系统评价也存在一些不足之处:

1. 目前缺乏专门用于检索临床兽医学研究的数据库,只能检索三个英文数据库（PubMed、Embase、Web of Science）。

2. 目前缺乏专门的兽医学临床研究注册平台,无法对原始研究的实验方案进行评判,影响对其质量的评估。

**参考文献**

1. MA L, LI Z, MA Z, et al. Immunization against inhibin promotes fertility in cattle: A meta-analysis and quality assessment [ J ]. Front Vet Sci, 2021, 9 ( 8 ): 687923.

2. SOARES R A, VARGAS G, MUNIZ M M, et al. Differential gene expression in dairy cows under negative energy balance and ketosis: A systematic review and meta-analysis [ J ]. J Dairy Sci, 2021, 104 ( 1 ): 602-615.

3. TAHIR M S, PORTO-NETO L R, GONDRO C, et al. Meta-analysis of heifer traits identified reproductive pathways in Bos indicus cattle [ J ]. Genes ( Basel ), 2021, 12 ( 5 ): 768.

4. OLIVEIRA M, HOSTE H, CUSTóDIO L. A systematic review on the ethnoveterinary uses of mediterranean salt-tolerant plants: Exploring its potential use as fodder, nutraceuticals or phytotherapeutics in ruminant production [ J ]. J Ethnopharmacol, 2021, 5 ( 267 ): 113464.

5. MISCIOSCIA E, REPAC J. Evidence-based complementary and alternative canine orthopedic medicine [ J ]. Vet Clin North Am Small Anim Pract, 2022, 52 ( 4 ): 925-938.

6. ANDERSON K L, ZULCH H, O'NEILL D G, et al. Risk factors for canine osteoarthritis and its predisposing arthropathies: A systematic review [ J ]. Front Vet Sci, 2020, 28 ( 7 ): 220.

7. DONG B, ZHANG X, WANG J, et al. A meta-analysis of cross-sectional studies on the frequency and risk factors associated with canine morbillivirus infection in China [ J ]. Microb Pathog, 2021, 161 ( Pt A ): 105258.

# 第四章 动物实验系统评价在生物材料研究领域的应用

## 第一节 动物实验在生物材料研究领域的价值

生物材料在人体内的应用短则数月、长则终生,因此生物材料的安全性、有效性至关重要,任何一种生物材料在临床应用前都必须经过一系列严格的生物学评价与检验。生物材料的临床前动物实验研究是对材料进行安全性和有效性评价的重要环节。在生物材料相关的研究中,动物实验已经成为不可缺少的一项评价手段,通过研究材料植入动物体内后模型动物的生理状态、临床表现和病理组织学的变化,评价生物材料的生物相容性、安全性及有效性。随着近年来新材料及新技术的快速发展,生物材料的研究逐渐向临床应用转化,植入类和介入类医疗器械产品也日益增加,对其安全性、有效性的评价提出了新的要求,因此动物实验也成为生物材料新产品注册评审的关注重点。通过动物实验研究预测其在人群中使用时可能出现的不良反应,降低临床试验受试者和临床使用者承担的风险,并为临床试验方案的制定提供依据。生物材料动物实验研究的主要内容包括体内降解实验、局部炎症反应实验、毒性试验、原位缺损修复实验。

### 一、体内降解实验

可降解生物材料的降解性能非常重要,将直接影响其植入体内后组织长入的速度。虽然可采用将材料浸泡于模拟体液中等方法进行体外降解实验,但体外降解数据仅具有部分参考意义,生物体内环境更加复杂,动物体内降解实验能够更真实地反映材料植入体内后的降解情况。在动物体内降解实验中,一般采用皮下移植、肌肉移植等动物模型观察材料的体内降解情况,绘制降解曲线,同时应特别关注降解产物是否引起植入部位局部不良反应。

### 二、局部炎症反应实验

生物材料植入体内会引起宿主反应,其中最常见的就是炎症反应。当异物刺激细胞后,细胞会释放细胞因子作用于血管壁,改变其通透性,使炎症细胞越过血管壁向炎症部位集中,从而引发炎症反应。炎症反应与组织再生过程具有密切的联系。生物材料的化学性质、表面微结构等都直接影响炎症细胞对材料的反应。对生物材料引发机体炎症反应的动物实验研究,有助于优化材料设计,从而通过生物材料调控免疫细胞炎症反应,进而调控组织再生。

### 三、毒性试验

毒性试验包括急性全身毒性试验、亚急性全身毒性试验、亚慢性全身毒性试验、慢性全身毒性试验等。生物材料植入动物体内后，进行密切观察，记录动物存活情况及临床反应。采用血液学和临床生化技术分析研究组织、器官和其他系统的毒性反应。

### 四、原位缺损修复实验

原位缺损修复实验是评价生物材料有效性的直接手段。以骨修复生物材料为例，材料能否引导骨组织形成，且新生骨组织是否具有和天然骨类似的结构和性质，是研究者关注的重点。根据材料性质和研究目的的不同，采用不同的动物模型，如颅骨缺损、股骨踝缺损及全段股骨缺损等模型，评价材料修复骨缺损的能力，是骨材料研究的常用手段。

生物材料因其组成、结构、植入部位及使用目的的不同，在动物体内评价的方法也具有较大的差异。随着生物材料研究的不断深入，动物体内评价的内容和方法也不断更新，对于不同组成、结构、使用目的的生物材料，研究者应结合材料的特点与应用场景，综合制定有效可行的动物实验方案，在对实验结果进行综合分析的基础上，对材料的安全性及有效性进行全面、准确地评估。

## 第二节　动物实验证据在生物材料领域的转化

动物实验在生物材料有效性和安全性评价方面发挥着重要价值，生物材料的基础、应用和转化研究都离不开动物实验，动物实验在生物材料研究中占比很大，同时也产生了大量的数据，但如何评价和更加有效地利用这些大量数据，特别是当同类动物实验研究的结果出现差异，甚至结论相悖的时候。一个典型的生物材料基础研究的例子为：许多学者开展三维（3D）打印支架用于颅骨缺损模型骨再生的动物实验，但如何得到关于 3D 打印支架设计的综合科学证据，如材料类型、孔隙度、孔隙大小和孔隙形状？对于生物材料技术和医疗产品之间的转化研究，迫切需要科学证据来证明这类技术在针对目标人群的预期用途方面的安全性和有效性。科学证据在转化过程中起着至关重要的作用，是基础/应用研究和产品开发之间的纽带。通过特定的、系统的、科学的方法，对越来越多的生物材料研究相关的动物实验研究中的数据进行收集、筛选、评价和整合，并据此生成科学证据，将有助于客观、准确评价生物材料医疗产品的安全性和有效性。

此外，生物材料研究的科学本质决定了开发独一无二的新型生物材料是该领域研究重要的一部分，新型生物材料的性能也需要经过精心设计的实验来验证。因此，组织、选择、评估和整合具有相同预期功能（例如，对同一疾病的治疗）的已开发材料的相关研究数据（例如，动物模型或结果测量）生成证据，然后进一步评估证据的质量，将非常有助于论证相关研究设计的可行性和有效性。

生物材料动物实验研究的本质和初衷是去解答科学问题和解决尚未满足的医疗和临床需求。随着出版物数量的显著增加，如何利用各种生物材料文献中的动物实验研究数据，并将其转化为有助于解决具体科学问题的科学证据？如何将收集到的动物实验研究数据更有效地用于支持基于创新生物材料技术的特定器械或疗法的临床转化？目前亟需新的研究方法来解决上述问题。

系统评价通过全面总结针对具体研究问题的当前研究数据产生科学证据，进而指导生物材料的研发和转化，近年来已逐渐在这一领域得到广泛的应用。以系统评价为代表的循证研究方法被认为是生物材料领域动物实验研究数据向科学证据转化中必要的中间环节。

一方面,它对不断扩大的各种生物材料文献中的研究数据进行整理、筛选、评价和整合,讲述已知和未知,为进一步研究提供指导;另一方面,它可以用更可靠的材料功能评估来代替猜测,帮助判断基于生物材料的器械或疗法的安全性和有效性。

# 第三节　生物材料领域动物实验系统评价案例解读

在本节将通过具体案例,重点介绍系统评价研究方法在生物材料研究领域内的应用,并进行深入剖析和解读。

## 案例　生物可降解金属对骨缺损修复的效果和安全性研究

引用文献:ZHANG J, JIANG Y, SHANG Z, et al. Biodegradable metals for bone defect repair: A systematic review and meta-analysis based on animal studies. Bioact Mater, 2021, 6(11): 4027-4052.
系统评价的目的:本研究系统梳理相关材料的知识,评价可降解金属对骨缺损修复的安全性和有效性。

### 案例解读:

#### (一)选题意义

以镁及其合金为代表的生物可降解金属具有良好的综合力学性能、生物降解性和成骨作用,因此具有开发为理想骨修复生物材料的应用前景。对生物可降解金属材料的探索,一直是骨科生物材料研究领域的热点工作。目前,动物实验对可降解金属植入物在动物模型中的有效性和安全性进行了不同程度的研究,本系统评价全面梳理了相关动物实验。研究结果表明,生物可降解金属骨缺损修复效果的循证证据质量还比较低,现有研究间仍存在不一致的结论,如部分生物可降解金属植入物在动物模型中并未显示出较好的骨修复性能。且目前纳入研究在骨缺损动物模型、解剖部位选取及骨缺损临界尺寸的建立上仍存在差异、局限性和不规范性。为实现进一步的临床转化,动物实验研究在实验设计、结果测量和证据质量等方面都需要进一步提高,以减少偏倚出现,从而进一步确定生物可降解金属材料在骨缺损修复中的作用。今后有必要针对临床预期用途,优化动物实验研究设计,加大该类材料的动物实验标准化模型构建,实现评价手段的标准化,以便于比较不同动物实验研究机构的研究数据,为更好地评价不同可降解金属材料对骨缺损修复的效果奠定基础,同时应更多地对已有证据进行循证研究,提升可降解金属的临床转化效能,减少重复的实验和实验动物的浪费。

#### (二)优势与不足

该系统评价的优势主要包括:

1. 研究问题清晰、明确,详细说明了制作动物实验系统评价的目的。

2. 按照 PRISMA 报告规范进行了较为完善的报告。

3. 基于 CERQual 工具及 GRADE 分级系统分别评估定性结局指标及定量结局指标的证据质量,更加科学地评估动物实验研究向临床试验转化的风险。

4. 基于国际公认的 SYRCLE 动物实验偏倚风险评估工具评估动物实验的偏倚风险。

5. 详细讨论证据的内在真实性和外部真实性,以客观评估动物实验结果向临床转化的风险和可行性。

与此同时,该系统评价也存在一些不足之处:

1. 研究方案未预先进行注册或发表。

2. 仅检索一些主要中英文数据库,可能会导致一定的语言偏倚。

3. 未对灰色文献和会议摘要进行补充检索,可能会导致发表偏倚的产生。

## 参考文献

1. ZHANG J, JIANG Y, SHANG Z, et al. Biodegradable metals for bone defect repair: A systematic review and meta-analysis based on animal studies[J]. Bioact Mater, 2021, 6(11): 4027-4052.

2. ZHANG K, MA B, HU K, et al. Evidence-based biomaterials research[J]. Bioact Mater, 2022, 15: 495-503.

3. 崔福斋,刘斌,谭荣伟,等. 生物材料的医疗器械转化[M]. 北京:科学出版社, 2019.

4. 马彬,杨克虎. 系统评价/Meta分析在基础医学领域的应用[M]. 兰州:兰州大学出版社, 2018.

# 第五章 动物实验系统评价在大气污染与健康领域中的应用

## 第一节 动物实验在大气污染与健康领域的价值

城市工业化和现代化给人类带来巨大财富的同时,也对人类赖以生存的环境造成了破坏,其中大气污染是人类面临的最为重要的环境威胁之一,是全球共同面临的重大挑战。

据世界卫生组织(WHO)报告,大气污染导致全球每年有 700 万人过早死亡。《柳叶刀污染与健康重大报告》数据显示,2019 年污染造成约 900 万人过早死亡,其中空气污染导致的死亡占到了近 75%。$PM_{2.5}$(细颗粒物)暴露还与心肺疾病、脑血管疾病和肺癌等疾病发病率的增加有关。历史上出现多次大气污染导致的污染公害事件,对人民健康和生活造成重大影响。例如轰动世界的"伦敦烟雾事件",1952 年 12 月英国伦敦爆发了特大烟雾事件,恶劣的天气状况导致大气污染浓度急剧上升,整个城市烟雾弥漫,能见度极低,短短几天内,死亡人数达 4 000 余人,多为患有呼吸系统疾病的人群。此外,大气污染导致的特大公害事件还包括 1930 年 12 月的比利时马斯河谷烟雾事件、1948 年 10 月的美国宾夕法尼亚州多诺拉烟雾事件及 1961 年日本四日市哮喘事件等。

为了解常见大气污染健康效应的研究现况,探究该领域的研究热点和研究空白,笔者团队系统检索了 PubMed、Embase、Cochrane 图书馆、Web of Science、护理学及医学相关文献累积索引(the Cumulative Index to Nursing and Allied Health Literature, CINAHL)5 个英文数据库,检索时间截至 2022 年 7 月 7 日。两人背对背筛选和提取数据,最终共纳入 312 篇系统评价和 meta 分析,其中包括 220 篇污染物健康效应的系统评价和 meta 分析,85 篇是高温、高温热浪、低温和寒潮对健康影响的系统评价和 meta 分析,7 篇为大气污染和气温变化交互作用的系统评价和 meta 分析。大气污染健康效应的系统评价和 meta 分析证据地图(图 4-5-1,彩图见文末彩插)结果显示:①大气污染物健康效应的研究仍是当前该领域的研究热点,主要关注的大气污染物为 $PM_{2.5}$ 和 $PM_{10}$(可吸入颗粒物),其次为 $NO_2$(二氧化氮)和 $O_3$(臭氧);聚焦于大气污染物对全因、呼吸系统疾病与循环系统疾病的影响。②受全球变暖的影响,极端气温研究主要关注的暴露类型为高温与热浪,对低温尤其寒潮的关注较少。③人体暴露的真实环境受到气温和污染双重影响,未来需进一步加强极端气温与大气污染协同作用对健康影响的研究。

现代医学研究主要包括临床研究和动物实验两大重要领域,动物模型应用于大气污染健康效应领域,有助于识别环境风险因素和探索环境诱发疾病的机制。目前,大气污染对循环系统疾病和呼吸系统疾病的影响已得到确认,在探究其发病机制和致病原理时,除常见的流行病学研究之外,动物实验也有广泛应用。研究人员通过选取合适的动物

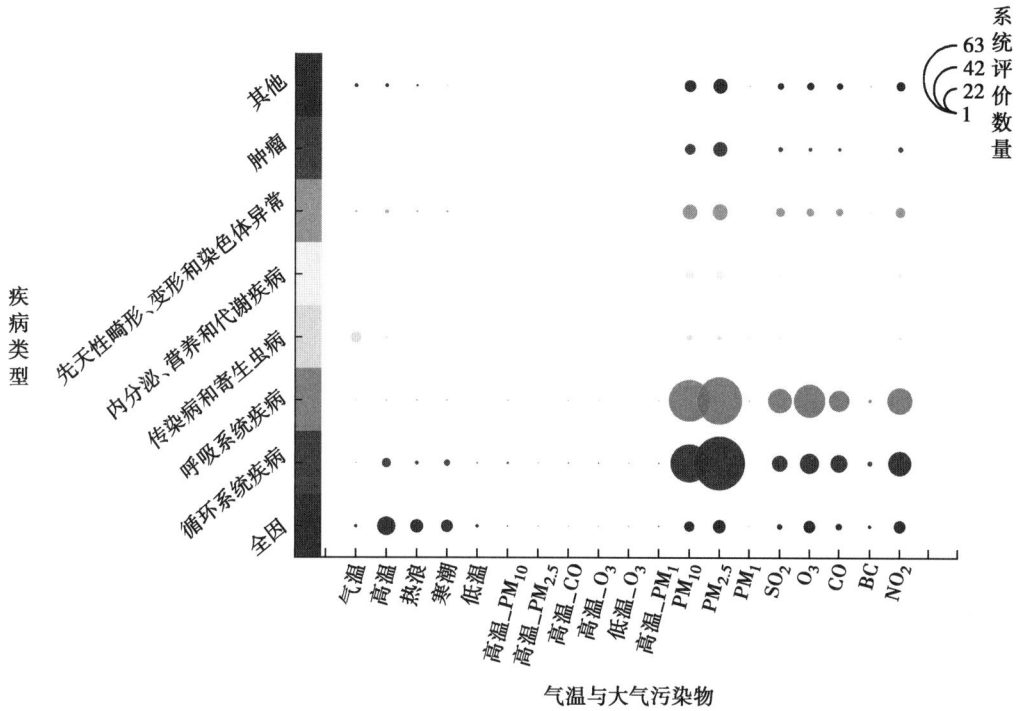

**图 4-5-1 极端气温与大气污染物健康效应系统评价证据气泡图**
CO：一氧化碳；O₃：臭氧；SO₂：二氧化硫；BC：黑碳；NO₂：二氧化氮；PM：可入肺颗粒物

模型来模拟人体暴露环境,以此来测量和评价相应指标或结局的变化情况,其结果对未来研究方向和临床试验研究具有提示和指导意义。

## 第二节　动物实验证据在大气污染与健康领域的转化

### 一、大气污染与健康指南现况

大气污染指南是推动各国政府和社会组织采取措施控制大气污染水平,为政策制定者和管理者提供证据支持的主要途径。以室内大气污染为例,仅 1987 年至 2021 年间 WHO 发布的 7 部大气污染相关指南中,就有 3 部是针对室内大气污染指南。例如于 1987 年发布的《欧洲空气质量指南》(Air Quality Guidelines for Europe),该指南囊括了 28 种室内和室外大气污染物,并为后期系列指南的制定和发表奠定了良好基础并拟定了初步框架。2000 年,WHO 发布了该指南第 2 版,增加了有机污染物与室内大气污染物,将污染物扩展至 35 种,并提出实际人类生活环境接触的大气污染物多为混合状态,各污染物之间存在协同或拮抗作用。此外,鉴于室内污染物的重要性和相关研究证据的不断更新,WHO 又陆续发布了 3 部室内空气质量指南,包括 2009 年发布的《世卫组织的室内空气质量指南——潮湿与霉》,指出微生物污染是室内空气污染的关键因素,阐明潮湿和霉菌等微生物对健康的影响,总结了霉菌生长的条件及抑制霉菌在室内生长的措施。2010 年发布的《世卫组织室内空气质量指南:特定污染物》,包含 9 种室内空气污染物(包括苯、一氧化碳、甲醛、萘、二氧化氮、多环芳烃、氡、三氯乙烯和四氯乙烯),弥补了以往大气污染指南在室内空气污染证据总结和推荐的不足,降低了室内空气污染对健康影响的风险。2014年又增加了针对家用燃料燃烧的指南——《世卫组织室内空气质量指南:家庭燃料燃烧》,该指南给出颗粒物和一氧化碳排放率目标的推荐意见,总结了燃料使用和排放、人体暴露水平和健康风险的最新证据,以期促进政策制定者制定和实施相关政策,降低家用燃料燃烧的潜在健康风险。

## 二、动物实验证据在大气污染与健康指南中的应用与转化

大气污染领域由于环境和条件限制,较难开展随机对照研究,因此指南中关于大气污染健康效应的证据主要来源于两类:第一类是人体水平的观察性研究,主要包括时间序列研究(time-series study)、地理空间分析(geospatial analyse)、队列研究(cohort study)、病例对照研究(case-control study)和横断面研究(cross-sectional study);第二类是动物水平的毒理学实验。

毒理学实验证据来自动物体内生理指标的测量和体外作用机制的研究。随着医学和生物科学的发展,各类疾病动物模型被广泛应用于人类疾病风险因素的研究。例如,大气污染对健康影响的研究中使用了一系列动物疾病模型,动物实验可以控制动物模型疾病的类型(慢性阻塞性肺疾病、心血管疾病和糖尿病等)、实验条件(实验环境、实验设备、实验剂量和浓度等)、暴露时间(长期、短期)等因素,从而更好地保证动物实验结果的准确性、可靠性和完整性。

目前WHO空气污染指南中动物实验的应用情况如下:2005年发布的《空气质量指南》,结合动物实验证据就$NO_2$、$SO_2$(二氧化硫)和$O_3$等大气污染物给出推荐意见;2010年室内空气污染指南《世界卫生组织室内空气质量指南:特定污染物》中$NO_2$、CO(一氧化碳)和萘等污染气体也应用了动物实验证据。在本节选取指南中部分应用了动物实验证据的重要污染物进行阐述。

$NO_2$是大气中一种含氮的污染物,呈棕红色,有毒,有刺激性气味。2005年环境空气污染指南指出,$NO_2$会对实验动物肺部器官的代谢、结构、功能、炎症变化和防御机制等方面产生影响。关于动物的生化研究表明,急性或亚慢性暴露于超过$3\,160\mu g/m^3$(2ppm)的$NO_2$,会对动物肺代谢产生影响。长期暴露于高浓度[$1\,880\sim9\,400\mu g/m^3$(1~5ppm)]的$NO_2$,会导致肺部呼吸和通气功能紊乱。2010年室内空气污染指南中,$NO_2$应用的动物实验证据表明,长期暴露于$NO_2$会导致动物肺气肿样结构的改变。

$SO_2$是大气中常见污染物,为无色气体,有强烈刺激性气味。2005年环境空气污染指南指出,长期接触$SO_2$会对动物的气道造成损伤。当浓度超过$28.6mg/m^3$(10ppm)时,长时间的暴露会对气道的上皮细胞造成损伤。对不同物种的研究表明,暴露于$SO_2$会导致支气管收缩。此外,$SO_2$与超细颗粒物同时暴露时二者产生协同作用,毒性可能增强。

$O_3$是大气中的一种微量气体,在常温常压下,低浓度时无色,当浓度达到15%时呈淡蓝色,有刺激性腥臭气味。2005年环境空气污染指南指出,暴露于$O_3$会导致动物的皮肤产生氧化应激反应。当SKH-1无毛鼠连续6天每天6小时暴露于0.8ppm浓度时,可以检测$O_3$对其皮肤产生的不利影响。小鼠暴露于10ppm浓度的$O_3$持续2小时后,皮肤内维生素C和维生素E显著减少,并诱导包括角质层在内的上表皮丙二醛(malondialdehyde,MDA)形成。长期接触$O_3$可能加重过敏反应,$O_3$暴露增加了包括灵长类动物在内的实验动物的支气管过敏反应。

萘是一种白色结晶粉末,有特殊气味,具有毒性。2010年室内空气污染指南指出,暴露于萘会导致呼吸道病变,诱发炎症和恶性肿瘤。在对F344/N大鼠进行长期暴露研究中观察到鼻部肿块,以及被侵损的中枢神经系统。动物体内实验证据表明,萘暴露对呼吸道的损伤最为严重,损伤程度与动物的物种、年龄和给药途径等有关。

CO是一种无色、无味、无刺激性、可燃烧的有害气体。2010年室内空气污染指南指出,CO中毒会导致免疫系统功能障碍。短期和长期暴露于CO都与心肺不良事件(包括死亡)的风险增加有关。动物实验证据为研究人员探究CO暴露对人体健康的影响及其作用机制提供了依据。

动物实验在大气污染健康效应研究等领域中正发挥着日益重要的作用,设计方案完善、实施方法严谨的动物实验为指南提供可靠的证据支持。随着对大气污染等环境问题关注度的提高,未来动物实验在环境领域中的应用和指南中的转化将逐步深化。

## 第三节　大气污染与健康领域动物实验系统评价案例解读

在本节将通过具体案例,重点介绍系统评价研究方法在大气污染与健康领域下的应用,并进行深入剖析和解读。

### 案例　短期暴露于颗粒物对心率变异性的影响:基于动物实验的系统评价及meta分析

引用文献:HUANG F, WANG P, PAN X, et al. Effects of short-term exposure to particulate matters on heart rate variability: A systematic review and meta-analysis based on controlled animal studies. Environ Pollut, 2020, 256: 113306.
系统评价的目的:针对颗粒物暴露对心率变异性参数影响的动物对照研究进行系统评价,探究颗粒物暴露对自主神经系统的影响。

**案例解读:**

**(一)选题意义**

颗粒物是影响人体健康的重要环境因素之一,虽然大量研究结果显示暴露于颗粒物下会诱发心血管疾病,但其致病机制仍有待探究。颗粒物诱发心血管疾病的重要假设机制包括系统炎症和氧化应激,以及与二者相关的心血管自主神经功能改变;心率变异性参数(HRV)作为一种心血管疾病预后的独立预测指标,已成为评价心血管自主神经功能的重要手段。目前已有一系列探究颗粒物和HRV关联的动物实验被发表,但这些实验的研究结果并不一致。因此,亟需系统评价和meta分析来探究二者之间的关系。

该研究系统检索和分析了暴露于颗粒物对HRV的影响,通过比较颗粒物暴露对不同HRV参数的影响,探究颗粒物对自主神经系统不同组成部分的影响,结合时域分析和频域分析指标参数的变化,分析短期暴露于颗粒物对HRV的影响。

**(二)优势与不足**

该系统评价的优势主要包括:

1. 研究问题清晰明确,结果揭示了短期暴露于颗粒物可降低啮齿动物的心率变异性,影响心脏自主功能。

2. 该研究对暴露方式进行详细划分,发现暴露方式会影响颗粒物和 HRV 参数的联系。

与此同时,该系统评价也存在一些不足之处:

1. 该研究仅检索中英文数据库,可能导致语言偏倚。

2. 该研究未在注册平台注册计划书,可能导致研究浪费。

3. 该研究未使用证据分级工具对证据体进行分级,阻碍了决策者的广泛使用和传播。

## 参考文献

1. BRUNEKREEF B, HOLGATE S T. Air pollution and health[J]. Lancet, 2002, 360(9341): 1233-1242.

2. WHO global air quality guidelines. Particulate matter(PM2.5 and PM10), ozone, nitrogen dioxide, sulfur dioxide and carbon monoxide[S]. Geneva: World Health Organization, 2021.

3. EHRLICH R, HENRY M C. Chronic toxicity of nitrogen dioxide: I. Effect on resistance to bacterial pneumonia [J]. Arch Environ Health, 1968, 17(6): 860-865.

4. HUANG F, WANG P, PAN X, et al. Effects of short-term exposure to particulate matters on heart rate variability: A systematic review and meta-analysis based on controlled animal studies[J]. Environ Pollut, 2020, 256: 113306.

# 中英文名词对照索引

| Cochrane 手册 | Cochrane handbook | 12 |
|---|---|---|
| Cochrane 图书馆 | Cochrane library, CL | 80 |
| Cochrane 系统评价 | Cochrane systematic review, CSR | 7, 116 |
| Cochrane 协作网 | Cochrane collaboration, CC | 7, 80 |
| Cochrane 协作网推荐的随机对照试验偏倚风险评估工具 | Cochrane Collaboration's tool for assessing risk of bias in randomized trial, RoB | 13 |
| meta 分析 | meta-analysis | 44 |
| RoB 2 | version 2 of the Cochrane tool for assessing risk of bias in randomized trial | 15 |
| R 综合典藏网 | comprehensive R archive network, CRAN | 164 |

## B

| 比值比 | odds ratio, *OR* | 46, 103, 125, 128, 142 |
|---|---|---|
| 标准化均数差 | standardized mean difference, *SMD* | 104, 127, 128, 142, 154 |
| 标准误 | standard error, *SE* | 46 |

## C

| 传统文献综述 | traditional review | 4 |
|---|---|---|

## D

| 倒方差法 | inverse-variance method | 52 |
|---|---|---|
| 动物实验系统评价研究中心 | the Systematic Review Centre for Laboratory Animal Experimentation, SYRCLE | 80, 96 |
| 动物实验研究系统评价 /meta 分析研究协作组 | Collaborative Approach to Meta-Analysis and Review of Animal Data from Experimental Studies, CAMARADES | 80 |
| 多处理比较 meta 分析 | multiple treatments comparison meta-analysis | 152 |

# E

| 二阶段法 | two-stage approach | 142 |

# F

| 发表偏倚 | publication bias | 129, 148 |
| 分析模型 | analysis model | 124 |
| 风险比 | hazard ratio, *HR* | 46, 142 |
| 反正弦差 | arcsine difference, *AS* | 46 |
| 非随机对照试验 | non-randomized controlled trial, non-RCT | 11 |

# G

| 个体参与者数据 | individual participant data, IPD | 46, 48 |
| 共同效应模型 | common-effect model, CE 模型 | 49 |
| 固定效应模型 | fixed-effect model, FE 模型 | 49, 124 |
| 国际化前瞻性系统评价注册数据库 | International Prospective Register of Systematic Reviews, PROSPERO | 7, 80 |
| 国际疾病分类 | International Classification of Diseases, ICD | 11 |

# H

| 合格标准 | eligibility criteria | 11 |
| 灰色文献 | gray literature | 23 |
| 混合治疗比较 meta 分析 | mixed treatments comparison meta-analysis | 152 |

# J

| 几何均数比 | ratio of geometric means, *RoGM* | 47 |
| 基于对比格式的数据 | contrast-based data | 133 |
| 剂量 - 反应关系 | dose-response relationship | 141 |
| 加拿大定期体检特别工作组 | Canadian Task Force on the Periodic Health Examination, CTFPHE | 66 |
| 加权均数差 | weighted mean difference, *WMD* | 127, 128, 142 |
| 检索过滤器 | search filters | 24 |

| 节点拆分法 | node split method | 156 |
| 聚合数据 | aggregated data, AD | 46 |
| 均方根误差 | root mean squared error, RMSE | 145 |
| 均数比 | ratio of means, $RoM$ | 47 |
| 均数差 | mean difference, $MD$ | 104, 154 |

## K

| 空值 | null | 60 |

## L

| 累积概率排序曲线下面积 | surface under the cumulative ranking area, SUCRA | 159 |
| 漏斗图 | funnel plot | 129 |
| 率比 | rate ratio, $RR$ | 47 |
| 率差 | rates difference, $RD$ | 47 |

## M

| 敏感性分析 | sensitivity analysis | 124 |

## N

| 内部效度 | internal validity | 60 |

## P

| 偏倚风险 | risk of bias, ROB | 13 |

## Q

| 确切似然 | exact likelihood | 57 |

## S

| 森林图 | forest plot | 123, 127 |

| | | |
|---|---|---|
| 随机对照试验 | randomized controlled trial, RCT | 11 |
| 随机效应模型 | random-effect model, RE 模型 | 49, 124 |

## T

| | | |
|---|---|---|
| 通用倒方差策略 | generic inverse-variance approach | 52 |

## W

| | | |
|---|---|---|
| 网状 meta 分析 | network meta-analysis, NMA | 152 |
| 危险差 | risk difference, *RD* | 46, 104, 126, 128 |

## X

| | | |
|---|---|---|
| 系统评价 | systematic review, SR | 2 |
| 系统误差 | systematic error | 60 |
| 相对危险度 | relative risk, *RR* | 46, 104, 126, 128, 142 |
| 效应测量 | effect measure | 46 |
| 叙述性文献综述 | narrative review | 4 |
| 循证医学 | evidence-based medicine, EBM | 2 |

## Y

| | | |
|---|---|---|
| 一阶段法 | one-stage approach | 142 |
| 亚组分析 | subgroup analysis | 124 |
| 异质性 | heterogeneity | 123 |
| 医学文摘基金会 | The Excerpta Medica Foundation | 28 |
| 英国牛津循证医学中心 | Oxford Center for Evidence-based Medicine, OCEBM | 66 |

## Z

| | | |
|---|---|---|
| 正态化均数差 | normality mean difference, *NMD* | 104 |
| 证据推荐分级的评估、制订与评价 | Grading of Recommendations Assessment, Development and Evaluation, GRADE | 66 |

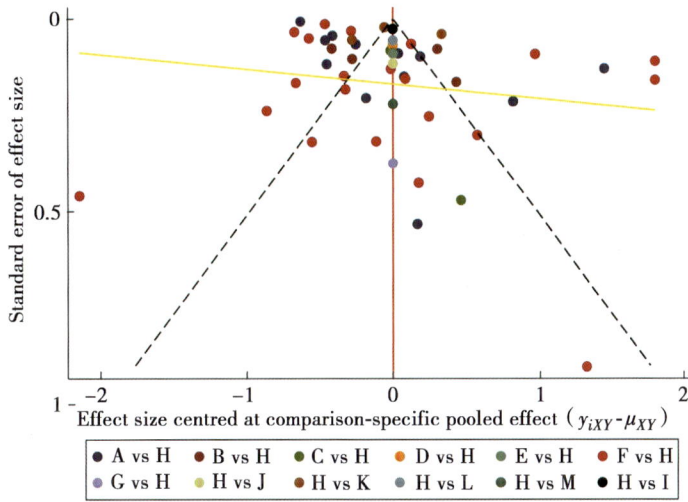

图 3-4-11　校正比较漏斗图

A~M 分别表示 ADMSCs、EPCs、FMhMSCs、Fetal Kidney Cells、HAEC、MDMSCs、NPCs、Placebo、RPCs、SHED、UC_MSCs、USCs、hAFSCs；Effect size centred at comparison-specific pooled effect：以比较特定的合并效应为中心的效应大小；Standard error of effect size：效应量的标准误

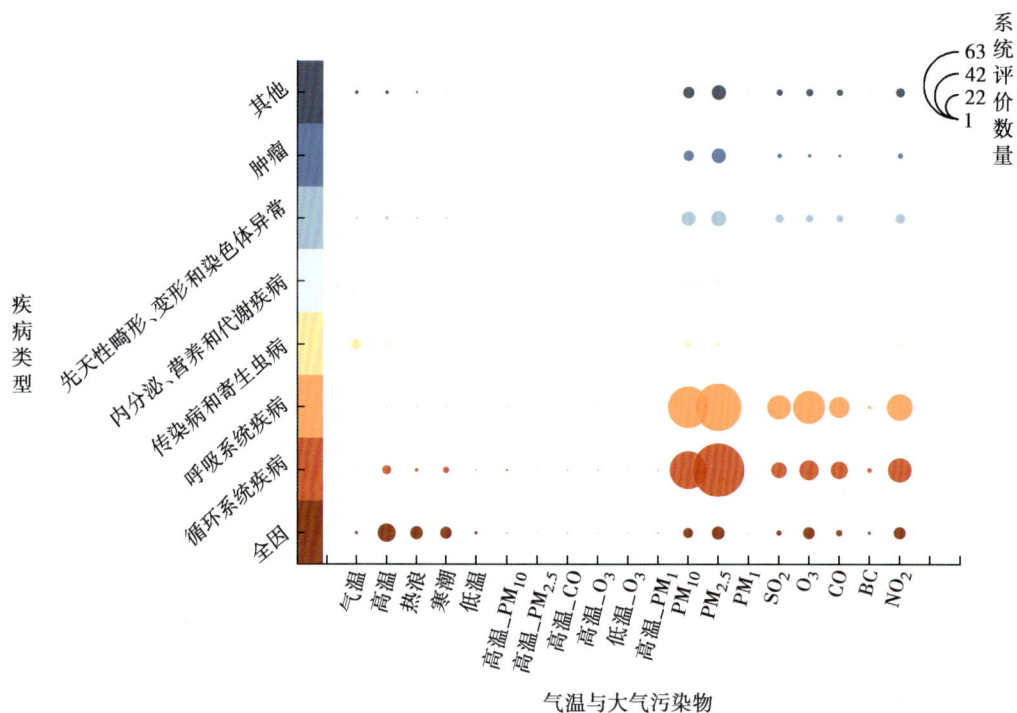

图 4-5-1　极端气温与大气污染物健康效应系统评价证据气泡图
CO：一氧化碳；O₃：臭氧；SO₂：二氧化硫；BC：黑碳；NO₂：二氧化氮；PM：可入肺颗粒物